国外城市规划与设计理论译丛

紧凑型城市的规划与设计

［日］海道清信　著
　　　苏利英　译

中国建筑工业出版社

著作权合同登记图字：01-2009-0354号

图书在版编目（CIP）数据

紧凑型城市的规划与设计/（日）海道清信著；苏利英译 .—北京：中国建筑工业出版社，2010.11
（国外城市规划与设计理论译丛）
ISBN 978-7-112-12394-0

Ⅰ.①紧… Ⅱ.①海…②苏… Ⅲ.①城市规划-研究 Ⅳ.①TU984

中国版本图书馆CIP数据核字（2010）第165243号

Title：Konpakutoshitei no Keikaku to Dezain
Copyright © Kiyonobu Kaido
Original Japanese edition
Published by GAKUGEI SHUPPANSHA, Japan
本书由日本学艺出版社授权翻译出版

本项目由"北京未来城市设计高精尖创新中心——城市设计理论方法体系研究"资助，项目编号UDC2016010100

责任编辑：白玉美　刘文昕
责任设计：陈　旭
责任校对：马　赛　赵　颖

国外城市规划与设计理论译丛
紧凑型城市的规划与设计
［日］海道清信　著
苏利英　译
*
中国建筑工业出版社出版、发行（北京海淀三里河路9号）
各地新华书店、建筑书店经销
北京嘉泰利德公司制版
廊坊市海涛印刷有限公司印刷
*
开本：787×1092毫米　1/16　印张：17½　字数：420千字
2011年3月第一版　2017年11月第三次印刷
定价：55.00元
ISBN 978-7-112-12394-0
（19670）

版权所有　翻印必究
如有印装质量问题，可寄本社退换
（邮政编码100037）

前　言

　　本书根据欧美各国有关紧凑型城市建设的最新潮流以及日本的相关事例，就"什么是紧凑型城市？""如何进行紧凑型城市的规划与设计？"等问题进行了整理与归纳，力求为关心和关注紧凑型城市建设发展的人们提供最基本的相关资料。

　　笔者曾经在2001年8月会同学艺出版社出版了《紧凑型城市——谋求可持续社会的城市形象》一书。该书作为最早用日语就有关紧凑型城市问题进行表述的资料文献，在如今的紧凑型城市指向的政策形成方面起到一定的作用。虽然本书是该书的续篇，但是，距前书的出版业已经过6年左右的时间，"紧凑型城市"的相关状况已经发生了很大的改变。现在，"紧凑型城市"这一理念在政府和地方自治体或者专家、市民间也逐渐得到了广泛的认知。特别是2006年5月有关城市规划建设的三部法律法规的修订，使得紧凑型城市作为理想的城市形象在政策上得以确立。同时，都市再开发事业等为实现中心市区活性化所作的积极努力已经取得了切实的成效，城市中心区人口恢复这一再都市化现象也越发显著。城市规划建设迎来了从以往的向郊外蔓延的城市扩张时代，向在有效利用现有的各种资源的同时，城市空间和城市生活都发生"从量变到质变"转换的成熟型、再生型的时代。

　　从新的社会经济状况、法律法规及政策导向来看，将紧凑型城市作为城市的目标形象正在成为人们共同的理念。但是，在规划和设计的具体实施方面，我们还将面临许多重大的课题。前书是以基本资料的归纳整理和介绍欧美的相关事例为中心，本书旨在通过对欧美的最新动向以及对日本的若干事例的探讨，提出更具操作性的"日本式紧凑型城市"的理想状态。

　　本书的序章部分是围绕2006年修订的有关城市规划建设的三部法律法规，就"什么是紧凑型城市"这一主题，进行基本思想的归纳和整理。书中的第一部分，根据近代城市的空间发展，对作为城市形象的紧凑型城市作进一步的研究和探讨，并从城市设计的观点出发，对其基本原则进行总结和归纳。本书的第二部分，从英国、欧盟（EU）及美国的最新城市政策、城市开发潮流的角度出发，就有关紧凑型城市的具体且广泛的相关事例及经验教训进行了整理和归纳。在本书的第三部分中，就建设"日本式紧凑型城市"这一课题进行了研究和探讨，并特别针对中心市区活性化和市内居住的理想状态进行了论述。在本书的最后章节中，围绕建设日本式紧凑型城市以及今后日本的城市规划建设等方面的问题提出了意见和建议。

由于地球环境问题已经在世界上取得了政策共识，美国从城市蔓延式开发向精明增长政策的转换将会更加明确。始终推行重视环境的城市政策的欧盟（EU），在向东进行的加盟国的扩张中，追求可持续的、具有多样性的城市圈的理想状态。在城市再开发方面已经取得成效的英国，以工党为首，正在进行一场以实现公众参与和经济发展并存为目标的规划体系的改革。日本也正在从以往的应对城市化时代的扩张、扩大型的城市规划、城市建设，向成熟型、再生型的城市建设、城镇建设的方向转变。然而，在日本的城市社会中，"规划文化"尚不十分成熟，成熟型的规划设计手法正在不断地探索之中。同时，担负城市及地区的空间规划和城市设计的人才资源和社会的需求尚显不足。

虽然紧凑型城市具有一定的原则，但是尚无确切的定义。这是由于作为其对象的城市、城市圈的状况多有不同所致。中小城市和大都市圈其紧凑型城市或紧凑型城市空间的理想状态各不相同。不仅城市规模，而且历史、文化、自然条件等方面存在的差异，在理想的紧凑型城市的城市形象及规划理论方面也会有所不同。

经济学家宫本宪一先生运用城市经济、城市问题、城市政策三层结构对城市进行分析和研究。笔者则试图从"城市空间、城市问题、城市规划与设计"的关系入手，对课题加以深入理解和把握，力求使城市空间在更理想的方向上得到改善。

现在，在经济、社会、环境、生活等各个领域，我们正面临着时代的大转折点。紧凑型城市就是象征这样的时代新潮流的城市形象。虽然原理简单，但是在具体运用时所要求的从多方面进行深入思考和不懈努力这一点上，与以前的城市规划建设工作并无别样。或许答案并不是可以轻易地获得。然而，从日本近年来的新的城市建设、城镇建设的潮流中，人们感觉到实现紧凑型城市建设在很大程度上将会成为可能。本书努力采用世界各国和日本的最新潮流以及广泛的学术成果，并就其基本观点和理念进行深入的研究和探讨。如果本书确实能够对在各个领域和地区就人们所期望的、未来城市的理想状态进行摸索的市民、行政官员、专家和学者等有所助益，将使我们感到十分荣幸。

海道清信
2007 年 12 月

目　录

前言　Ⅲ

序章　有关城市规划建设的三部法律法规的修订与紧凑型城市　1

0·1　紧凑型城市政策的出台　1
0·2　在中心市区活性化方面以往对策的局限　5
0·3　有关城市规划建设的三部法律法规的修订与紧凑型城市理念的认同　7

第 1 部分　紧凑型城市的城市形象与设计　15

第 1 章　紧凑型城市的城市空间论　16

1·1　呈现无序蔓延状态的现代城市　16
　　（1）美国城市的市区无序蔓延状况　16
　　（2）欧洲城市的市区无序蔓延状况　17
　　（3）日本城市的市区无序蔓延状况　18
　　（4）市区无序蔓延导致的问题及主要因素的变化　23
1·2　城市空间紧凑度的价值　25
　　（1）城市空间的形态论　25
　　（2）城市形态与交通的关系　28
　　（3）紧凑的城市空间的文化价值　31
1·3　有关紧凑型城市的论争　34
　　（1）可持续发展与紧凑型城市　34
　　（2）对紧凑型城市的期待与面临的课题　36

第2章 紧凑型城市的设计 43

2·1 城市空间构成的设计原理 43
（1）西方城市的空间构成 43
（2）日本的城市空间构成 45

2·2 紧凑型城市的城市形象 47
（1）城市形象的变迁与三种模式 47
（2）日本、美国及欧洲在城市、地区及居住指向方面的比较 52

2·3 实现紧凑型城市的城市设计 56
（1）可持续的城市设计——欧盟（EU）的战略 56
（2）在规划体系中得以确立的城市设计：英国 60
（3）优秀的城市设计所带来的效益 61

2·4 紧凑型城市的空间构成与城市设计 63
（1）紧凑型城市的空间形态 63
（2）紧凑型城市与密度 65
（3）以实现多样性为目标的城市设计 70
（4）有效利用场所性的设计 74

第2部分 欧美的可持续城市建设 79

第3章 规划城市、地区的文化 80

3·1 城市成立的规则 80
3·2 规划过程的市民参与 85
3·3 以建立可持续的规划体系为目标的改革 90
（1）工党进行的改革：英国 90
（2）从统治向治理的转变 93

第4章 欧洲的可持续城市建设 96

4·1 建设紧凑型城市的英国的手法 96
（1）设置绿带 96
（2）可持续的居住区开发 100
（3）住宅、住宅用地价格的上涨与住宅供给 105
（4）抑制汽车交通的交通政策 108

（5）以实现中心市区活性化为目标的努力　　110

　4・2　**英国的城市再生**　117
　　　（1）城市再生政策的战后发展史　　117
　　　（2）世界城市的复合功能开发：伦敦　　120
　　　（3）大城市的城市中心区再生：伯明翰　　123
　　　（4）缩小城市的再生：曼彻斯特　　126
　　　（5）拥有高品质生活的个性化城市：牛津市　　132

　4・3　**欧洲的可持续城市圈规划**　135
　　　（1）欧盟（EU）的城市圈战略　　135
　　　（2）手指形态规划：哥本哈根　　138

　4・4　**汽车依赖度较低的住宅区开发**　141
　　　（1）无车化住宅区的理念　　141
　　　（2）无车化住宅区的事例　　143

第5章　紧凑型城市的美国模式　149

　5・1　**精明增长政策**　149
　　　（1）以实现从城市无序蔓延的转换为目标　　149
　　　（2）精明增长的事例　　153

　5・2　**得克萨斯州中部地区的精明增长**　154
　　　（1）得克萨斯州中部地区的未来设想　　154
　　　（2）奥斯汀市的精明增长规划　　158

第3部分　以实现日本式紧凑型城市为目标　161

第6章　城市生活的意义与价值　162

　6・1　**城市空间的形态与人们的生活**　162
　　　（1）传统城市空间的价值　　162
　　　（2）紧凑型城市的生活原风景：金泽　　164

　6・2　**以实现市内居住的时代为目标**　171
　　　（1）人口构成的变化　　171
　　　（2）市内居住与郊外居住　　174
　　　（3）以促进市内居住为目标　　178
　　　（4）谋求实现可持续的郊外住宅区　　184

VII

6·3　中心市区的规划与设计　188
　　（1）中心市区的价值与城市结构　188
　　（2）繁华空间的设计　194
　　（3）商店街的拱顶　198

第7章　以建设紧凑型城市为目标　204

7·1　城市再生与规划体系　204
7·2　以实现紧凑型城市为目标的规划与对策　208
　　（1）制定紧凑型城市的构想及规划　209
　　（2）中心市区的活性化、再生及城市功能的再集约　210
　　（3）促进市内居住的发展　212
　　（4）对郊外的无序化分散选址的限制　213
　　（5）城市建成区开发优先，有效利用现有资源　215
　　（6）抑制对汽车交通的过度依赖，大力扶植公共交通　216
　　（7）以人为本，实施道路更新改造，建设依靠步行交通亦可满足生活需求的城市　217
　　（8）对扩张型城市基础设施整顿建设的重新评价　218
　　（9）传统的街道景观、建筑物及空间的继承　219
　　（10）促进车站周边地区等据点式复合功能的开发　221
　　（11）对邻近市区的农业空间和自然环境的保全与利用　223
　　（12）采用市民参与及共同合作的方式，进行规划的制定与实施　225
　　（13）综合运用多种手法，提高实施的效果　226
7·3　紧凑型城市的城市形象　227
　　（1）日本、美国及欧洲各国的比较　227
　　（2）大城市型、城市圈型：网络状的紧凑型城市　229
　　（3）中等规模城市型：绿色的紧凑型城市　231

终　章　营造适合成熟社会的城市空间　233

　　（1）谋求实现城市空间的范式转换　233
　　（2）以营造繁华、宽敞舒适的城市空间为目标　236
　　（3）以建设适合成熟社会的城市和地区为目标　242

参考文献　245
日中对照词汇　259
后记——代答谢词　266

序章

有关城市规划建设的三部法律法规的修订与紧凑型城市

0·1 紧凑型城市政策的出台

★从欧洲到日本——紧凑型城市热的兴起

从某地方自治体职员那里听到"不知何故，从今年（2005年）6月开始，突然要在霞关等地推进紧凑型城市的建设？"在各地、各处都可以听到"我市将以建设紧凑型城市为目标"这样的发言和构想。一股"紧凑型城市热"正在日本城市规划领域兴起。

在笔者所著的《紧凑型城市——谋求可持续社会的城市形象》（学艺出版社，2001年）一书中，已经就日本对紧凑型城市也表现出极大的兴趣等方面的内容进行了介绍。但是，在当时这还是一个尚未被人们普遍认识的词汇。然而，近年来，"紧凑型城市"一词在日本的城市规划领域和城镇建设领域已经成为人们最熟知的语汇之一。在社会结构朝着人口减少、高龄化方向快速变化的过程中，紧凑型城市作为极其重要的城市规划建设的理念正在被人们所接受。

在美国，将以满足出售为目的的旧住宅重新翻建称作"更新改造"。由于经历了近百年的近代都市的扩张发展，现在日本的城市和地区也力求将紧凑型城市的城市形象作为未来发展的脉络，进行城市的更新改造。其主要课题是对过度依赖汽车交通的城市结构进行转换，抑制城市向郊外的无序蔓延，以及中心市区的再生。然而，如何将紧凑型城市的理念运用在具体的政策和规划之中？目前，对此的认识理解以及具体的事例尚显不足。

现在，让我们对紧凑型城市政策的形成过程作进一步的归纳和整理（图0·1）。正如我们大家所知道的那样，紧凑型城市一词来自英语，其起源在欧洲。如今的紧凑型城市政策与城市和地区的可持续性密切相关。最早证实

"在地球上，开发与资源、环境有着密切的联系，不可能存在无限制的成长"这一理论，并向世界发出呼吁的是罗马俱乐部发表的《成长的界限》（1972年）。虽然这是科学工作者经过不懈的努力得出的结论，但是，在世界上，从开发、成长和资源、能源的制约，以及环境问题的角度，提出理想的开发政策的是联合国布伦特兰委员会发表的《我们共同的未来》（1987年）中的可持续发展的理念。

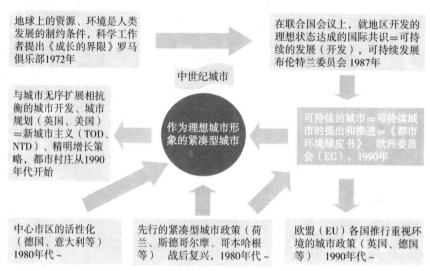

图0·1 欧美各国紧凑型城市政策的形成

明确提出希望谋求紧凑型城市的城市形象的是欧洲委员会（EC）发表的《城市环境绿皮书》（1990年）。在该书中，尽管没有使用"紧凑型城市"这一词汇，但是，却提出了高密度、复合功能这样的传统的欧洲城市的重要性，在各国政府及研究者间引起了强烈的反响（冈部明子，2006年）。在标志着如今的欧盟的成立的《马斯特里赫特条约》（1992年）中，应用了可持续且不会对环境造成不良影响的成长原则。同年，有160个国家参加的联合国里约热内卢首脑会议通过了可持续发展的原则，从而，确定了各国政府环境政策的基本方向。英国决定将《可持续的开发——英国战略》（1993年）作为国家的方针，在城市开发政策等方面，运用可持续性和紧凑型城市的理念。

同前述的各国政府将联合国和欧盟（EU）制定的基本方针进行政策化实施的潮流有所不同，荷兰等国独自推行以紧凑的城市形态为目标的城市政策。譬如，直到20世纪80年代，阿姆斯特丹一直积极地进行郊外新城等的新开发，而在90年代以后，则以谋求实现紧凑型城市为目标，在城市建成区内进行高密度的开发建设（图0·2）。如同在中心市区进行步行者专用空间的整顿与建设、力求实现城市中心区复兴的德国和北欧，对城市中心区的旧街区进行保全修复及整顿建设的意大利，以及进行独具特色的高密度空间整顿建设的西班牙那样，欧洲诸国正在为此进行着各自的不懈努力。

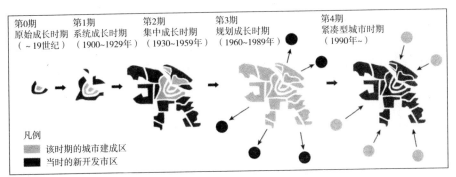

图0·2　阿姆斯特丹市区的不同时期扩张示意图（来源：角桥彻也，2003年）

紧凑型城市的理念之所以在欧洲被接受，中世纪城市的紧凑型历史空间被世人所继承，并成为易于理解的模式，也是其中的主要因素之一。在美国，可持续发展的城市和紧凑型城市的理念，作为城市及城市圈政策的精明增长策略，以及作为提倡进行符合人体尺度的高密度、复合功能开发的新城市主义，得到广泛的运用。

★什么是紧凑型城市

在欧洲，乃至日本，即使是以中世纪城市为起源的城市形态，现实的城市空间也都呈现出城市化和依赖汽车交通的市区不断向郊外扩展的状态。在世界各地都可以看到，由于大型商业设施等的郊外选址导致市区失去昔日繁华的现象。要将这样的现代城市规划建设成为紧凑型城市，需要对以往的低密度、向郊外无序蔓延的城市发展方向加以转换，将城市空间的整体结构（土地利用）改变成为整齐有序的（紧凑的）形态，维持并形成富有活力的城市中心区。紧凑型城市建设还可以表现为尽量维持城市所具有的历史传承的紧凑形态，进行保全、继承，并有效利用地区的空间资源及历史积存的城市规划与建设。

紧凑型城市应具有以下五个方面的空间基本要素：
①高密度，并力求使密度得到更进一步的提高。
②从城市整体的中心（城市中心区，中心市区）到可以满足人们日常生活需求的邻里中心，进行不同层次的中心配置。
③避免市区无序蔓延，尽可能使市区面积不向外扩展。
④即使较少利用汽车交通，也可以满足日常生活（上班、上学、购物、

3

看病等）的需求，并且，能够利用邻近的绿地及开放空间等。维持循环型的生态系，并对城市周边的农田、绿地及滨水地带加以保全和有效利用。

⑤城市圈通过公共交通网络实现紧凑的城市群的连接。

作为城市政策目标的紧凑型城市建设，就是要努力进行尽可能接近上述状态的各种规划、政策的制定以及事业的实施。

然而，当将紧凑型城市作为具体的规划、政策运用时，对于所面临的诸如"如何进行高密度的城市开发？如何进行中心地区的规划与设计？如何促进公共交通的发展？如何使已经形成的郊外地区实现再生？"等各种各样的课题，应该参照各地区的实际情况，进行创造性的思考。

对于紧凑型城市的直接期待效果有如下五个方面：

①力求减少人们对汽车交通的依赖。

②能够有效地利用土地及空间资源。

③力求减少环境污染以及对自然、农田的破坏。

④能够维持并形成充满生机与活力的中心市区。

⑤能够提高城市基础设施和服务的效率性，实现低成本、高效率的行政财政运营。

在此基础上，对于紧凑型城市和紧凑型城市圈的期待效果有如下五个方面：

⑥公共交通实现性的提高。

⑦提高城市的魅力，采用观光、投资的吸引以及城市型产业的形成等手段，实现经济的活跃发展。

⑧通过公众对城市建设、街区建设的参与，促进地区自治和住民自治的发展。

⑨营造出任何人都可以轻松生活的社会生活环境，使不同人群的社会公平度得到提高。

⑩灵活有效地运用地区的个性、历史以及文化资源，使地区的居住稳定性和地区吸引力得到进一步的提高。

在日本，即使紧凑型城市的基本理念能够得到理解，在具体应用时也会感到某种的困惑。其原因之一就是如果真的要实施紧凑型城市政策，那么，就必须对以前的成长型、扩大型的城市政策进行彻底的转换，因此，这不是行政上可以解决的问题，需要由政治决策者作出决断。谋求对公共事业和划一且宽松的限制诱导这样的规划体系进行变革。

再有，就是因为应该实现的城市形象，以及其规划和设计尚不明确。在许多场合，对紧凑型城市的城市形象的描述，我们经常所看到的是"郊区缩小，城市中心区呈现高层化"这样的画面，给人们以错误的印象。作为目标形象来说，目前，日本的城市规划尚不具有明确的空间形态。以前，紧凑的、传统的城市空间大多被作为城市旧区改造的对象。在许多城市，市区无序蔓延不断发展，城市的边界呈模糊状态，建筑的更新也过快，不能形成良好的街道景观。即使城市形象得以明确，也缺乏使其成为现实的方法。或许可以说，要实现理想的空间形态，作为规划技术的城市规划和城市设计技法的不成熟，也是其中很大的缺陷。再有，就是缺乏紧凑型城市的成功事例，以及不能制定出卓有成效的对策（图0·3）。

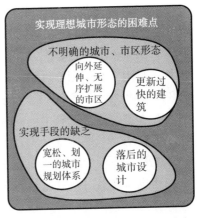

图0·3　妨碍实现理想市形象的主要因素

0·2　在中心市区活性化方面以往对策的局限

★中心市区商业不断衰落的历史

中心市区活性化不限定在商业方面也是本次有关城市规划建设的三部法律法规修订的目标之一[1]。然而，商业振兴及街道繁华度的丧失并不能说明中心市区的问题。如果将"超级商场"一词作为关键词，进行朝日新闻的新闻报道检索，那么，首先看到的就是1962年10月有关超级商场现状的调查报告。报告显示，当时，在日本全国，销售额在1亿日元以上的超级商场有380家，商场面积在500坪（1650m²）以上的有12家，从业人员在500人以上的有5家，现在读起这些数字，恍如隔世。在同年12月发表的社论《从超级商场谈起……》一文中指出，虽然各地超级商场的数量猛增，商店街和零售市场开展了反对其进入的运动，但是，由于对消费者有利，所以，不能一概地加以限制，在此，很重要的一点就是要力求实现超级商场与现有零售业的共存。在翌年6月的新闻报道中，提及"作为陶器商的父子对超级商场的攻势深感苦恼"这样的内容。

20世纪60年代，汽车的普及和城市郊区化现象发展迅速。大型商店与小规模商店街的竞争，起初是在市区内，接着在站前地区与旧有商店街（20世纪60年代，"东京映画"拍摄的、表现站前地区的系列片大受欢迎）、沿街型商业设施与现有商店街（1970年，每千人的汽车拥有量已经超过200辆）以及与地区的小规模商店之间的竞争基本上都取得了"胜利"（从20世纪70年代末，个人经营的零售商店数量逐渐减少），如今，在郊外的大型商店同业间的企业竞争使地区呈现混乱现象（从20世纪90年代末，大型零售商店的总占地面积达到最大限度）。

真正的"（烧去杂草、树木，然后种植农作物的）火田农业"是等待植被恢复的缓慢的农业形态，虽然生产效率低下，但是，在土地循环利用这一点上，满足生态学的原理。如今在郊外所看到的由企业间竞争所导致的开发、选址、封闭、再利用、再封闭以及搁置不动现象，被称为"火田式开发"（矢作弘，2005年）。然而，这样的循环只能造成土地资源和城市基础设施的浪费。在大规模集客设施中，商业设施及弹球盘游戏设施等娱乐休闲设施也成为最胡来的"只顾眼前、不计后果"式的开发。地区空间也使得人们的生活产生混乱，不仅中心市区的商业，就连居住地附近的商店街以及住宅区中的小商店也呈现出逐渐衰退的状态。

★ 以往对策的局限

在中心市区活性化法和城市规划法被修订的过程中，在《关于旨在实现中心市区再生的城市建设的理想状态——咨询会议报告书》（国土交通省，2005年8月）以及国土交通省、通商产业省的各种审议会答复意见、报告书、演讲会及专题研讨会中，就中心市区衰退的现状、原因及以往对策的局限等方面的问题展开了广泛的讨论。为了进一步地推进应对新的活性化政策的规划的制定及实施工作的进行，认定富山市、青森市（2007年2月认定）为率先实施的城市，此后，被认定的城市不断地增加[2]。然而，从目前的情况来看，中心市区活性化的成功事例受到局限，而且，其大部分似乎都限于奋斗中的商业振兴方面。或许在2006年开始实施的新政策的影响下，中心市区将会呈现出复苏的迹象。

据说，在进行中心市区活性化法（1998年）的制定时，是以滋贺县长浜市为样板的。由出色的指挥者进行的地区资源（历史的街道景观及传统文化等）的有效利用以及新价值（玻璃装饰等）的导入，在上述工作中起主导作用的城市规划建设会社"黑壁"取得了极大的成功。在此之后，城市管理组织（TMO）被认为是城市建设中所不可缺少的，各地依据法律规定，成立了城市管理组织。虽然"黑壁"似乎是通过城市观光化手段的运用，取得了极大的成功，使地区出现复苏的景象，然而，从另一方面来说，在各种形式的竞争及追求扩大规模的经营方针，或者同当地现有商店街的合作等诸多方面，尚存许多亟待解决的课题，会社经营面临困难，并且，正在进行新的挑战。

大规模店铺选址法较先前的以保护现有商业者为宗旨的大规模店铺法在选址限制方面趋于缓和，这其中也存在着由日美结构协议所带来的美国方面的压力等方面的因素。尽管城市规划法修正案（1998年）在以前的功能分区条文中，增添了"特别用途地区"和"特定用途限制地区"这样的内容，但是，这对于市区无序蔓延的限制几乎不具有实效性。另一方面，各地都在重点推进以中心市区活性化为目标的公共事业的发展。实际上，所谓有关城市规划建设的三部法律法规还包括从其他方面借鉴而来的诸如"城市建设补助金"这样的广泛对象，且运用灵活的补助制度，但是先前型的公共事业对于中心市区活性化的实现难于奏效。

现将以有关城市规划建设的三部法律法规为中心的先前对策的局限方面集中归纳为以下三点。

◇缺乏抑制包括大规模店铺在内的城市设施向郊外无序扩张的对策

由于对限制市区无序蔓延方面的强制力的软弱，以及尊重地方自治的方针及问题的复杂性、严重性等方面缺乏深刻的认识和理解，因此，在具有实效性的规划的制定、制度的运用以及实施的方式、方法等方面存在很大的缺陷。

◇公共事业和以TMO为主导的商业振兴成为主要的应对策略

虽然各地都在有重点地推进旨在实现中心市区活性化的公共事业的发展，但是，实际上多为先前事业的延伸。作为体现新运作手法的TMO也成为商工会议所的主导，并在商业振兴中起着核心的作用。

◇目标设定、监控及规划更新等方面的欠缺

许多地区制定的中心市区活性化规划的实际效果并未得到充分的验证。

在英国，城市中心区管理人（TCM）在实现中心市区活性化的过程中，起着很大的作用。城市中心区管理人协会事务局局长萨蒙·科因先生曾经担任雷丁市的城市中心区管理人的工作（参照本书4·1（5））。他在对日本的中心市区进行考察后指出，这些地区在城市管理、有成效的合作、综合对策、城市中心区的自我分析（景气状况调查分析）以及与政策相关的舆论等方面存在缺欠[3]。

0·3 有关城市规划建设的三部法律法规的修订与紧凑型城市理念的认同

★从限制宽松政策开始的转换——英国

现在，让我们把目光转向海外。20世纪80年代，英国在国际性的产业竞争中处于失败的境地，在北部的工业城市，失业者增加，城市中心地区呈现快速衰退的状况。此后，由于撒切尔政府采用城市开发公司方式进行的产业用地再开发，20世纪90年代以后，城市中心区的再生取得了积极的进展（参照4.2）。如今，许多老的工业城市都呈现出新兴城市的景象，城市的活力逐渐得以恢复。这充分证明了英国政府推行的"将撒切尔政府所采取的限制缓和政策，向加强对市区无序蔓延的限制，以及重视中心市区发展的方向进行转换"这一政策的成效所在（照片0·1）。

在德国等欧洲国家，即便不是全部，其大规模商业设施郊外选址的抑制政策都取得了相当的成功（阿部成治，2001年）。然而，在英国，从20世纪60年代至70年代，食品零售业呈现郊区化的发展趋

照片0·1 通过中心市区再生事业的实施，重现繁华街景的曼彻斯特市（英国）

势，在20世纪70年代至80年代，家庭用品商店、家用电器商店、家具店等经营大件、大宗商品的商店和超级商场大多是在郊外进行选址。在20世纪80年代，在倡导自由主义的撒切尔政权的领导下，也曾推行积极的郊外选址政策，大规模的商业设施在郊外选址兴建，城市中心区和传统的繁华街道（主要大街）的商业和娱乐设施出现衰退。因此，投资、经营以及市场销售均呈现疲软态势，地区的吸引力有所下降。但是，在20世纪90年代，英国政府将可持续发展作为国家战略，积极着手推进城市中心区活性化事业的进行，并采取措施对大型购物中心及娱乐休闲设施的郊外选址加以抑制。城市建设的重点从郊外转向城市中心区，其政策发生了明确的转换。

作为英国政府所发表的一系列规划政策报告（PPS）的一个组成部分，2005年发表了《城市中心区规划》。该报告指出：作为谋求现有城市中心区的强化与改善的理由，其中包括扩大消费者（特别是受到社会排斥的人群）的选择范围，促进零售业、休闲娱乐与观光产业等的健康竞争，扩大交通手段的选择范围，以及提高交通的可达性。为此，需要谋求实现"社会包容"这一政府重点目标；通过对物质环境的改善，吸引投资，促进经济社会的发展；采用高密度、复合功能开发的手段，实现城市的可持续发展；通过历史性建筑物和公共空间的设计水平的提高，充分体现地区的个性以及人们生活质量的提高等。在规划设计方面，要力求实现（地区）中心的层次化、网络化，进行容量（建筑用地面积）的预测（必要的量的计算），促进城市中心区管理及共同合作（协同配合）的发展，以及做好政策效果的监控等。虽然上述英国的城市中心区振兴方针与日本的中心市区活性化政策有相似之处，但是，仍存在以下不同点：

①作为城市中心区活性化的目标，强调对经济增长的贡献以及对社会上弱势群体的服务。公共政策的目标之一就是力求减少运用市场原理或强者原

理所形成的城市带来的负面影响。如果只能够利用郊外的购物中心，那么，不能自由地利用汽车的人们就会感觉困难。作为公共政策来说，通过城市中心区政策的实施，提高市民的可选择性有着极其重要的意义。

②不仅中心市区，而且还要重视维持各个不同层次的（地区）中心的功能。在日本，此次的新方针中也特别强调"选择与集中"，其中提到：在一个城市（行政区域）中，可以设置1个或者数个城市中心。虽然对所限定的财政资源加以选择、集中，提高政策效果的手法并未被否定，但是，很显然，如果是具有一定规模以上的城市，那么，就需要配置可以作为多层次的网络发挥作用的（地区）中心。

★有关城市规划建设的三部法律法规的修订与紧凑型城市

从在日本的城市政策中引入紧凑型城市的理念这一点上来说，对于构成所谓"有关城市规划建设的三部法律法规"的中心市区活性化法和城市规划法的修订（2006年），具有划时代的意义。担任有关城市规划建设的三部法律法规修订工作的经济产业省的后藤久典先生说："关于本次有关城市规划建设的三部法律法规的修订，将新确立的目标用一句话加以概括，就是通过紧凑型城市的实现以及商业等的振兴，实现中心市区的活性化"（《季刊　城市建设》，2007年第13期，第26页）。在"以谋求中心市区活性化为宗旨的基本方针"（内阁会议决定，2006年9月）中指出：作为其目标，就是要实现多样的城市功能紧凑聚集的、依靠步行交通可以满足日常生活需求的生活空间和充满生机与活力的地区经济社会。根据新的制度规定，要想获得中心市区活性化规划的认定，那么，原则上，必须以紧凑型城市的理念为基础，进行方案的设计。

首批获得中心市区活性化规划认定（2007年2月）的城市是富山市和青森市，其规划方案的共同点在于力求实现紧凑型城市的建设。由此，可以清楚地表明政府及中央省厅进行本次有关城市规划建设的法律法规修改的意图。富山市获得认定的中心市区活性化规划的概念是"采用进一步改善和优化公共交通的手段，实施紧凑型城市的建设"。富山市对汽车交通的依赖度较高，市区也呈低密度扩展的状态。然而，在本次规划中，对先前的以扩张型城市基础设施整顿建设为指针的"城市总体规划"（1998年）进行了重新的修改，其规划的基本目标是以新型有轨电车系统（LRT，照片0·2）为中心，提高公共交通的便捷性及交通节点地区的繁盛度，促进市内居住的发展。

青森市中心市区活性化规划的规划概念更是一语破的，即"紧凑型城市的形成"。其所推行的"将城市空间划分为三个层次、抑制郊外化、推进中心市区活性化建设"的紧凑型城市政策被大家所熟知（山本恭逸，2006年）。在日本全国最早实施以继续深化"城市总体规划"（1999年）中载明的方针为目标的城市规划与建设（照片0·3）。

照片0·2　富山市紧凑型城市战略的要点——新型轨道交通（LRT）

照片0·3　青森市中心市区的广场

政府此次推出的紧凑型城市政策并不是突然出台的。在国土交通省的"依靠步行交通可满足日常生活需求的街区建设"事业（1999年）和经济合作与发展组织（OECD）的城市政策中有关针对日本的意见与建议（2000年）及对此作出应对的中央都市计划地方审议会和住宅宅地审议会的答复报告《从城市化社会向城市型社会的转换》（2000年），以及国土交通省的"城市规划运用指导方针"（2003年）[4]中，都曾推荐采用紧凑型的城市结构。经济产业省中小企业厅的紧凑型城市指向在《中小企业白皮书》（2005年6月）中有明确的阐述。在其背景中，有着对中心市区空洞化的不断加剧，以及全国的商店街呈现衰退趋势产生危机感的日本商工会议所等的强大影响力。日本商工会议所对有关城市规划建设的三部法律法规的修订真正施加影响是从2004年7月左右开始的。在其发表的《城市建设特别委员会中间汇总报告》（2005年6月）中，明确提出应该以紧凑型城市的形成为目标，进行城市规划与建设。北海道及福井等地的商工会议所也在积极努力地推进紧凑型城市建设工作的开展。

这样的潮流产生如若仍然沿袭先前的政策，则不能实现中心市区活性化的紧迫感。从世界先进国家的经验中也可以得知，有关城市向郊外无序蔓延问题的争论点已经十分明确，日本的政策制定者及政治家们也进一步加深了对加强市区向郊外无序蔓延限制的认识和理解。人们逐渐认识到实现中心市区的活性化，并不是单纯出于对商店街经营者的救济这样简单的目的，它还具有应对高龄化社会、促进城市经济的发展、减轻地方自治体的财政负担、有效抑制汽车交通等的环境对策、提高市民的自豪感以及固有文化的维持与继承、城市生活的享受等各种意义和作用。

国土交通省的涩谷和久先生是参与有关城市规划建设的三部法律法规修订工作的主要成员之一，他对将紧凑型城市理念作为主导思想的理由作出如下的叙述（涩谷和久，2007年）：日本执政党针对有关城市规划建设的三部法律法规修改的研究和探讨始于2004年，但是，如果仅是针对商工会议所等所希望的大规模店铺的郊外选址加强限制，则只能是对症的疗法。城市中心区呈现空洞化状态、各种城市设施在郊外选址兴建是当时的问题所在。因此，必须改革原有的扩散型城市结构，采用集约型的城市结构。作为与之相对应的城市形象，应该力求实现方便利用城市功能的城市、城市功能集聚的热闹繁华的城市，以及有效利用城市的历史积存及历史、文化的城市。从整体上来说，就是要以进行"各种城市功能紧凑集约的、依靠步行交通可以满足日常生活需求的城市建设"为目标。旨在实现上述目标的法律法规方面的整顿与建设，就是此次针对有关城市规划建设的三部法律法规所作的修改[5]。

★日本的紧凑型城市指向的背景

现在，让我们对大力推行紧凑型城市建设方针的理由作进一步的归纳和整理。其一是由于中心市区的空洞化现象正在不断地加剧；再有，如果继续听任呈无序蔓延状的市区结构的发展，那么，将无法应对今后的人口减少及高龄社会。在国土交通省、经济产业省相关的报告书及审议会的资料中，就中心市区的现状及其衰退的原因进行了实际的分析。从1998~2000年所谓"有关城市规划建设的三部法律法规"的制定开始，至今已经有7年的时间，人们要求对未能被列举出成果的原有对策、措施进行重新修改。并且，紧凑型城市作为应对前面所提到的两个课题，应该实现的、理想的政策目标及城市形象得以确立。

以建设紧凑型城市为方针的政策方向得以明确是由于作为原先的城市规划、城市开发的前提条件的城市状况发生了如下大的变化：

- 出现财政危机，继续进行大规模的公共投资面临困难。国民对过剩的公共投资提出批评。
- 人口减少的预测。已经有半数以上的道、县出现人口减少的现象[6]。
- 高龄社会的到来。人口向即使不利用汽车也可以满足日常生活需求的市内地区的回归。对高品质城市生活的追求。单身家庭的增加以及城市中心区居住指向的增强。
- 郊外住宅用地需求的减少，郊外住宅区的人口减少及高龄化。
- 中心市区（商店街）的空洞化及衰退呈发展趋势。城市整顿建设手法的僵化。

- 采用转换产业结构，对泡沫经济时期的经过土地整理的闲置地、空置建筑的有效利用以及诱导民间资本向大城市进行投资等经济再生政策。
- 地价的下降。在城市中心区可以购买的公寓式集合住宅的供给。以提升地价为前提的城市再开发、土地区划整理事业手法的僵化。
- 由农业政策失败导致的来自农村方面的、对市区无序蔓延式城市开发的引诱。
- 国民的环境意识、自然保护意识的提高，以及与此相关的社会性活动的增加。

关于此次有关城市规划建设的三部法律法规的修改过程请参考铃木浩先生所著的《日本式紧凑型城市》（2007年）一书等相关资料。虽然，目前尚不能明确此次新制定的政策、措施将会取得怎样的成效[7]，但是，它所传递的"抑制无序蔓延的市区形成"的信息是明确的。

★ 向顺应发展趋势的紧凑型城市的方向转换

以有关城市规划建设的三部法律法规的修订为契机，今后，以紧凑型城市为目标的城市建设，或许在任何地区都会成为必然的方向。面临城市规划法修正案的即将实施（2007年11月），福井县在2007年3月发表了"有关推进紧凑而富有个性的城市建设的基本方针（草案）"，以求实现中心市区的活性化及大规模集客设施的合理选址。谋求通过采用地区住民共同参与的城市建设、明确商店关闭时的对应等特定大规模零售商店的社会责任，以及快速设立分店时的自我约束要求等手段，"实现立足长远发展的紧凑型城市建设"。或许今后在各地都可以看到如此这般的努力。成熟时期的城市无序扩张与城市化时期相比，其状况有所不同。通过基于规划的开发控制，形成理想城市的手法，正是从先前的以基础设施建设为主导的城市建设，向成熟社会的城市建设转换过程中所要求的。

像限制城市无秩序地开发（在用途、形态受到更严格限制的方向上进行指定或变更）和会产生既成违章（如果对照现状的法律法规制度，则处于违章建筑的状态）这样的制度变更，在取得地权者和建筑物所有者的认同方面也存在困难，以前几乎不会被采用。从这一点上来说，此次的有关城市规划建设的三部法律法规的修订，对于在城市规划许可的处置方面极其软弱的日本的城市规划体系来说，具有极其重大的意义。然而，紧凑型城市的理念，乍看起来，似乎非常简单，但是，如果将其进行具体化运用，则存在着许多需要进一步深入思考的问题。"原理简单，应用及具体化操作多种多样，且涉及诸多方面"，这似乎是紧凑型城市的性质之一。

现在，需要将"由从前的扩张型城市建设、以公共事业为主导的基础设施建设所导致的量的扩大、重视效率性、千篇一律且缺乏个性的城市空间"这样的城市建设方向加以转换。因此，政策理论、规划理论以及空间设计理论等方面的水平有待进一步提高。在推进规划体系改革的英国，规划师的待遇也正在得到进一步的改善。人口减少及高龄社会，其发展的速度有所不同，在日本全国正在逐渐成为现实。在经济全球化的背景下，产业结构也将会发生大的改变。紧凑型城市建设或许真的可以成为面临人口减少、少子高龄社会发展趋势的日本城市的拯救者。

★注★

1 2006年5月获得日本国会通过的"有关城市规划建设的三部法律法规"修正案的概要：
《城市规划法修正案》
(1) 将可供大规模集客设施（占地面积超过1万 m² 的商业设施、展览馆、电影院等）选址的、按功能分区规定的地区缩小在商业类等范围内，并在广域地区进行选址调整。
(2) 加强对控制市区化地区、空白地区及城市规划区域之外的地区的大规模开发的限制。
(3) 将公共公益设施（医院、福利设施、县市政府办公设施等）作为开发许可对象。
《中心市区活性化法修正案》
(1) 取代根据旧法设立的城市管理机构（TMO，Town Management Organization），设立由不同组织参与策划的中心市区活性化推进组织，进行新的中心市区活性化规划的制定和认定工作。
(2) 将国家援助的促进活性化地区作为重点地区（选择与集中）。
(3) 包括居住在内的多功能的中心市区的形成。
《大规模店铺选址法》
未作修订。

2 2007年5月第2批共11个城市的中心市区活性化规划得到认定。它们分别是：久慈市（岩手县）、金泽市（石川县）、岐阜市（岐阜县）、府中市（广岛县）、山口市（山口县）、高松市（香川县）、熊本市（熊本县）、八代市（熊本县）、丰后高田市（大分县）、长野市（长野县）、宫崎市（宫崎县）。

3 Urban Environment Today, 16. May. 2002.

4 2003年11月制定有《A 中心市区的功能恢复》、《B 对产业结构变化的应对》、《C 低环境负荷的城市的构建》，此后又制定出《D 工作与居住平衡的大城市城市中心区结构的构建》、《E 高龄者也能够享受健康快乐生活的城市环境的实现》、《F 对存在防灾隐患的市区的改善》，据国土交通省的网上资料介绍，总共制定有大约涉及10个不同方面的城市规划运用指导方针。

5 《季刊 城市建设》第13期（2007年，学艺出版社）以"特集 实现紧凑型城市的可能性与城市中心区"为题，刊登了千叶大学教授福川裕一、城市建设公司西乡真理子、经济产业省负责人等撰写的论文和访谈文章，重点介绍了此次有关城市规划建设的法律法规修订的宗旨以及高松市丸龟町商店街的具体事例。在该期刊的后记中指出："自明治时期颁布东京市区改正条例以来，这或许是国家首次提出紧凑型城市这样特定的城市形象"。
在政府公文中所使用的"集约型城市结构"、"紧凑的城镇建设"等词语，可以看做是"紧凑型城市"的同义语。在当今的行政事务中，人们普遍认为"城镇建设"在城市规划领域中，是指综合的城市整顿与建设。譬如，国土交通省城市·地区整备局城镇建设推进科，用英文表述则是"Urban Policy Division"，负责除公园和道路等的个别设施整备部门之外的、涉及广泛的城市形成及城市政策方面的工作。因此，虽然"紧凑的城镇建设"一词的本身，其用法使人感觉有些怪异，但是，从"建设紧凑的城镇和城市"这样的含意上来说，现在，通常可以被人们所理解。

6 从 2002 年至 2003 年（3 月末），住民基本统计资料的人口数据显示：在日本全国 698 个城市中，人口减少的城市为 356 个；在 2537 个町村中，人口减少的则为 2004。全国人口增长率为 0.17%，但是，家庭户数增长率为 1.28%（源自日本总务省统计局网页）。日本的人口数量以 2005 年为峰值期，随后开始转入人口减少时代。

7 正如从城市规划法的修改至实施（2007 年 11 月）的一年时间里，没有快速选址的情况发生那样，各地的商工会议所等都明确提出对此要严加限制。譬如，东京都商店街振兴组合联合会呼吁仅是进行有关城市规划建设的三部法律法规的修改，并不能使中心市区和商店街恢复往日的繁荣，需要商业者、行政方面及住民共同努力进行对高龄者和环境友好的，给人以安全、放心、优美之感的紧凑型城市建设。然而，其中也存在预料到城市规划法修正案的施行而快速设立分店的情况。在城市规划法修订之前的 2005 年秋天，永旺购物中心向青森县和福岛县递交了以"对大规模店铺设立分店的限制存在'违反宪法之嫌'"为内容的通知书。在将紧凑型城市作为城市建设方针的青森市，购入郊外的原工厂用地、正在准备进行大型商业设施开发的开发商们，欲向青森市要求损害赔偿。在"郊外型购物中心将会对现有的商店街和中心市区造成冲击"这样的批评声浪日渐高涨的各地的相关事例中，可以屡屡看到永旺购物中心涉及其中。1999 年前后，相对于大荣（现有店铺 346 家，新规划店铺 12 家）、伊藤洋华堂（现有店铺 169 家，新规划店铺 30 家）、西友（现有店铺 189 家，规划店铺 30 家）等商家，吉之岛（永旺集团）采取积极的经营策略，在现有店铺 281 家的基础上，计划新开设分店 55 家（《地区经营新闻通讯》1999 年 11 月，16 卷）。至 20 世纪 90 年代中期，在规模上落后于大荣、在收益方面不及伊藤洋华堂的永旺，近年来采取在远离市区的地区开设分店的经营策略（杂志《选择》2007 年 3 月号，"被永旺毁坏的日本的地方"）。据笔者的独自调查，在永旺的 82 家店铺中，在三大城市圈以外地方选址的占到四成。例如在福井市的商业范围圈之内的鲭江市的选址、需要进行农业振兴地区指定解除的能代市的选址、对岐阜市内现有店铺形成夹击之势的各务原市的选址、在邻接甲府市的昭和町的选址等，在其新设立分店的店址选择上，倾向于以广域的商业范围圈为对象，在开发条件相对简单的地方选址。然而，近年来，也可以看到像设在金泽车站前的"FORUS"店和近畿·高原车站站前商店那样的、在铁路车站附近设置新业态设施的倾向。

第1部分

紧凑型城市的城市形象与设计

★

现在,让我们就紧凑型城市理论方面的内容进行归纳与整理。

虽然,这其中多少也包括一些专业方面的内容,但是,主要还是就紧凑型城市的基本理念和基本的规划技术进行论述。

另外,还要进一步探讨正在不断改变以往城市状态的城市无序扩展的状况以及与此相对的城市空间紧凑度的价值。

在介绍了围绕紧凑型城市的种种议论和看法之后,对使紧凑型城市理念变为实际形态所必需的城市设计的基本技术、在城市规划体系中的定位以及密度、多样性、场所性等要素作进一步的整理和归纳。

第1章

紧凑型城市的城市空间论

1·1 呈现无序蔓延状态的现代城市

(1) 美国城市的市区无序蔓延状况

许多的文献和研究报告,都对美国的城市无序蔓延的现状、课题以及城市、地区政策等方面的问题有所论述。譬如,"现在,除阿拉斯加之外的大陆 48 个州的人口的四分之一、6000 万以上的人口在被称为'准郊区'的、郊外更外侧的地区生活。……完全没有文化气息和地方特色的美国的郊外,……在某种意义上说,象征着美国梦的终结"(理夫肯,2006 年,照片 1·1)。

照片 1·1 远离城市的、拥有大面积住宅用地的、市区无序蔓延式的住宅区开发(得克萨斯州奥斯汀近郊)

在世界上的发达国家中,美国是唯一继续保持人口增长的国家。在题为《未成长状态下的城市无序扩大》(Pendall,2003 年)的研究报告中,介绍了即使人口没有增加,市区也会呈郊区化蔓延的事例。在纽约北部地区,15 年间(1982~1997 年)人口增加了 2.6%,市区面积大约增加了 30%(17.2 万 hm^2),市区人口密度减少了 21%,农田减少了 20%。在此,我们所看到的现象表明小城镇在成长扩大,城市的集聚功能逐渐出现衰退(图 1·1)。10 年间(1990~2000 年)人口从规模较大的城市(人口在 10 万人以上的 4 个城市、5 万~10 万人的 5 个城市、2.5 万~5 万人的 34 个城市)流向更小规模的城镇和部分农村。在城市中,不仅人口减少,企业及就业者人数也在不断地减少,而在小城镇则呈现出增加的趋势。另外，从住房空置率来看，人口在5万人以上的城市为12%，而人口在0.5万~1.5万人的小城镇的住房空置率最低，仅为前者的一半左右。

据研究报告分析，出现这种情况的原因可以归纳为小城镇的不动产税费低，小村庄和小城镇的住房价格低廉、房屋新且面积大，同时，其周围还配置有好的学校。对此，该研究报告建议：为了缓和市区无序蔓延现象的发生，应该均衡地区之间的差别，进行市町村的合并以及规划上的改善。另外，该研究报告还警告说：人口的停滞和减少，并不能够消除市区无序蔓延现象的发生。如果不进行广域性的适当应对，那么，市区无序蔓延的危险因素将不会消失。

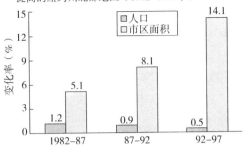

图1·1 纽约州北部地区的市区无序蔓延状况（来源：Pendall，2003年）

(2) 欧洲城市的市区无序蔓延状况

在欧洲的许多城市，市区无序蔓延也呈现发展的趋势。在欧洲委员会（EC）的欧洲环境机构的报告书《欧洲的城市无序扩张被忽视的挑战》（EEA，2006年）中，对欧洲各国城市无序扩张的现状、影响以及所采取的相应对策作了详细的总结和归纳。城市无序扩张问题不仅影响到各国的经济、社会和环境，而且，对文化也产生了极大的影响。该报告书中指出，欧洲各国的城市都拥有紧凑的、高密度的、传统的城市中心区，并保持着体现紧凑型城市特征的"集中建筑群"这样的城市形态。因此，人们认为市区无序蔓延是美国的问题。然而，现在，欧洲也产生了同样的问题。以前，人口增加是城市扩大的主要原因。然而，如今非人口性的因素，例如：交通手段、土地价格、个人对住宅的选择、人口构成的变化、文化的传统、现有城市的吸引力如何，以及土地利用政策等都会成为市区无序蔓延的原因所在。越是进行强有力的土地利用限制的地区，就越能够保持更紧凑的城市形态。作为欧盟（EU）来说，为了追求可持续的城市发展，不损害京都议定书的条约，决定推行抑制城市无序扩张的政策。

在该报告书中，对不同地区的市区无序蔓延的实际状况进行了整理和归纳。在调查对象城市中，从1980年至2000年，城市扩大的比率要比道路建设和人口增加的比率高出许多（图1·2）。但是，并不是所有的城市都是如此，例如西班牙的毕尔巴鄂，其密度是呈郊区化扩展的城市的3倍，属高密

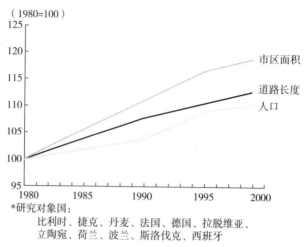

图1·2 欧盟各国的城市无序蔓延状况（来源：EEA，2006年）

度的紧凑型城市。毕尔巴鄂之所以形成紧凑的城市布局，地形方面的因素固然重要，严格的限制也起到了积极有效的作用。虽然，欧洲南部的城市过去多为传统的紧凑型城市，但是，近年来，由于进行别墅等的开发，市区呈现出快速无序扩张的状态。现在，这些城市正在积极采取措施，进行严格的土地利用限制。

欧盟一直在进行如何遏制城市无序扩张方面的研究和努力，但是，若仅是采取针对城市层面的对策，则会有一定的限度，需要重视广域的应对策略。新政策指出，相比于城市基础设施建设这样的供给方面来说，采用限制手段进行的需求控制更为重要。然而，根据预测，欧盟新加盟国（东欧）的汽车保有量将快速增加。在这样的地区，还需要进行新道路的规划与建设。因此，谋求汽车交通政策方面的建设与限制的平衡，成为当前所面临的尤为重要的课题。

(3) 日本城市的市区无序蔓延状况

★状况和原因

日本城市的市区范围通常是以国势调查中所采用的人口集中地区（DID[1]）来定义的。自1960年以后，城市的市区面积始终呈扩大的趋势。1960年全国的DID面积为$3865km^2$，DID人口为4083万人，平均人口密度是10563人/km^2。其中，城市市区的DID面积为$3555km^2$，人口为3865万人，人口密度为10869人/km^2。此后，从20世纪60年代后半期至1980年的15年间，人口密度快速下降。而从20世纪90年代后半期开始，DID的面积和人口都呈现持续增加的趋势，尽管人口密度增幅有限，但是也保持增加的趋势（图1·3）。

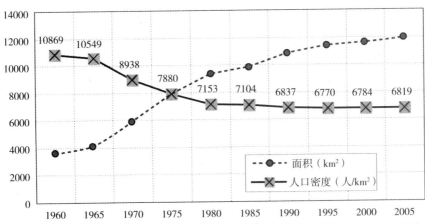

图1·3 全国城市市区人口集中地区的面积及人口密度的变化情况（根据国势调查资料作图）

都道府县的政府所在城市等49个主要城市的数据显示，1960年时人口密度最高的城市是神户（176.2人/hm²），其次是东京（173.8人/hm²）、大阪（159.4人/hm²）等的巨大城市。和金泽（140.8人/hm²）、长崎（148.9人/hm²）等一般的大城市一样，一些地方城市的人口密度也比较高。然而，在2005年时，人口密度大致超过100人/hm²的城市只有东京、大阪周边的部分卫星城市和东京特别区、大阪市以及京都市，即使是县政府所在的城市，也存在着像富山市等城市这样的约40人/hm²的低密度城市。

造成此前的市区无序蔓延的主要因素，除城市规划体系方面的原因之外，主要是人口的增加和人口向城市的集中。但是，下面所谈及的生活条件的改善也会带来大的影响。

◇乘用车的普及

随着汽车的不断普及，市区的分散开发成为可能，分散式开发使必须利用汽车出行的生活方式得到进一步的普及。1960年时日本的乘用车保有量只有44万辆，因为，当时的人口数量为9430万人，家庭户数为1968万户，所以，每千人的乘用车保有量为5辆，每千户家庭的乘用车保有量仅为22辆。在20世纪60年代后半期，这一数字急剧地增大。从20世纪90年代末开始，乘用车增加数量达到最大限度，2005年时乘用车的保有量约为1960年的100倍，达到4275万辆（图1·4）。

◇住宅规模的扩大

住宅用地占全国土地面积的4.9%，为185万hm²，其中，作为其主要用途的住宅区用地为110万hm²，占住宅用地的60%²。住宅规模也不断地扩大。

从人均居住面积的变化来看，1963年人均居住面积为4.91叠（译者注：日本计算面积单位。通常1叠约合1.62m²），2003年增加到12.17叠，约为1963年人均居住面积的2.5倍（图1·5）。在此期间，每户平均人口从4.28人减少至2.70人，住宅平均占地面积从72.52m²提高至92.49m²，住宅户数从2109万户增加到5389万户。在家庭规模变小的同时，住宅户数增加，住宅规模也在不断地扩大。虽然上述状况的变化带来了居住水平的提高，但是同时也成为促使市区低密度扩张的主要因素。

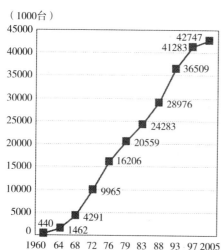

图1·4　日本乘用车保有量的变化情况（根据国土交通省汽车交通局资料作图）

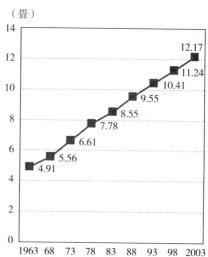

图1·5　人均居住面积的变化情况（根据土地、住宅统计调查资料作图）

◇ 商业设施的大型化

各种各样的城市设施的数量和规模都在不断地扩大。在这40年间，诸如医院、体育设施，以及图书馆和学校、剧场、美术馆等文化设施，这些人们生活居住地附近的城市设施，在数量增加的同时，也逐步趋于大型化发展。譬如，1960年零售业的卖场面积约为3100万m²，人均面积为0.33m²。从20世纪60年代后半期开始急剧增加，2004年卖场面积为1960年的4.5倍，达14400万m²，人均面积也是1960年的3.5倍，达到1.14m²（图1·6）。

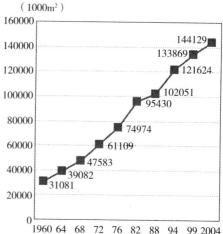

图1·6　零售业卖场面积的变化情况（根据商业统计资料作图）

★呈无序蔓延状态的城市空间：岐阜市

现在，正在面临如何有效地应对城市无序蔓延和中心市区衰退这一课题的岐阜市，1960年DID（人口集中地区）面积为20.4km²，人口约20万人，人口密度高达128人/hm²，中心市区呈现繁荣兴旺的景象。虽然，从江户时代所形成的城下町（译者注：以诸侯的居城为中心发展起来的城邑、城市）地区到南部地区，进行了铁路车站和区域干线道路的整顿与建设，市区面积有所扩大，但是，基本上是在从有轨电车车站步行可达的范围内形成城市区。此后，1966年县政府的向郊外迁移仿佛起到了牵引作用，从60年代到70年代，市区沿干线道路向东、西、南、北方向低密度扩展。同1960年相比，2000年的

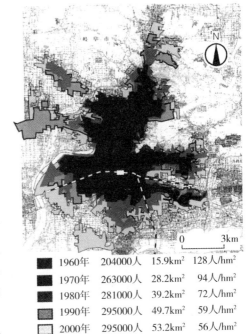

图1·7 岐阜市的DID的变迁（1960~2000年）
（根据国势调查资料作图）

1960年	204000人	15.9km²	128人/hm²
1970年	263000人	28.2km²	94人/hm²
1980年	281000人	39.2km²	72人/hm²
1990年	295000人	49.7km²	59人/hm²
2000年	295000人	53.2km²	56人/hm²

DID人口为1.5倍，面积为3.5倍，而人口密度尚不足1960年的一半（图1·7）。近年来，岐阜大学医学部附属医院的迁址（2004年）、大型商业设施的郊外选址也在继续进行，在2005~2006年间，城市中心区的百货商店也相继撤出。由名古屋铁道有限公司经营的市内有轨电车亦于2005年4月停止运营（秋山、山本，2004年，第86-91页）。

岐阜市及其周边城市曾因纺织业而发展，后来，逐渐陷入衰退。如今，大型的商业购物中心接连在原工厂的旧址上选址兴建。在尚未进行市区化调整区域设定的岐阜市周边地区的分散选址也时有发生。乘坐电车不足20分钟就可以到达的名古屋市的商业集聚吸引力反而得到进一步的提高。

岐阜的中心城区"柳濑"地区也经历了同样的地区变化，出现明显的衰退。平日的每日步行者交通量从20世纪80年代的30万人，减少到2004年的15万人，减少幅度达50%；休息日的每日步行者交通量更是急剧减少，从50万人锐减到10万人。休息日的人流较平日还要少许多。虽然，当地的商店街组织进行了种种的努力，以城市再生特区的方式进行的高岛屋百货商店的整修工作取得了一定的效果，但是，严峻的状况依然继续。花费巨资进行的JR

岐阜车站站前地区再开发事业初显成效,被认为是岐阜市象征的、位于车站站前地区的、经营服装批发业务的服装街的再开发事业也在积极进行之中。再开发要解决的核心问题就是力求通过公寓式集合住宅的建设,实现市内居住的回归。

由于中心商业区的衰退,使得地价急剧下跌(图1·8)。柳濑大街的地价,1983年时为144万日元/m²,泡沫经济高峰时期,地价飙升至520万日元/m²,而在2006年,地价仅为36.5万日元/m²,是泡沫经济高峰时期地价的十五分之一,即使是同泡沫经济时期之前的地价相比较,每平方米的地价也只是那时的四分之一。如此低廉的地价,无疑促进了公寓建筑的建设。然而,复杂权力关系的交织,以及与地价水平的快速下降相比房租价格相对偏高,这一切都削弱了人们进一步有效利用土地的热情以及对建筑进行翻新改造的共识的形成。

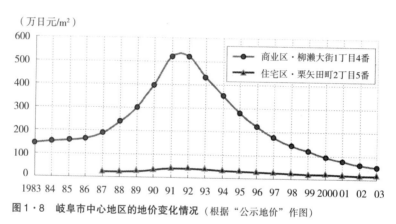

图1·8 岐阜市中心地区的地价变化情况(根据"公示地价"作图)

★小城镇的市区无序蔓延状况

岐阜县郡上市八幡町是三面环山、拥有1万余人口的、小而优美的旧城下町。每逢夏季,这里都会举办为期将近2个月的盂兰盆节庆典活动,以"水都"、"滨水城市"而闻名。地方行政和当地住民自主地进行街道景观的保全、整顿与建设工作,在小城中可以看到以翼墙和用铁丹涂饰的格子装饰为特征的连续的建筑景观。八幡町的人口(据国势调查资料)在高峰时的1950年为23464人,2000年人口减少至16541人。

尽管是小城镇,在八幡町的中心市区也形成了国势调查中定义的人口集中区,并且拥有较高的居住密度。然而,由于家庭人数减少导致的家庭户数增加、汽车利用的便利以及住房老旧、难于居住等因素,城市郊区化得以发展。虽然图1·9所示为八幡町的中心地区和郊外的土地利用状况,但是却清楚地显示出城市郊区化所导致的低密度、分散的土地利用状况。这并不只是八幡町所特有的状况。不仅商业设施和住宅,行政、医疗、教育、福利、业务等几乎所有的城市设施都向郊外迁移、分散。据对该町的郊外居民的抽样调查,大家普遍认为,这样可以更加接近自然,可以自由地利用汽车,同时还可以享受宽敞的住宅。"高龄者住在老城中、处于家族形成期的年轻的家族住在郊外"这样的家庭结构,与大城市圈是同样的。

 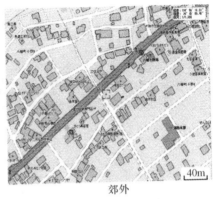

中心城区　　　　　　　　　　　　　郊外

图1·9　郡上市八幡町的市区与郊外（同一比例尺）（来源:赞林"数字化全国地图"）

(4) 市区无序蔓延导致的问题及主要因素的变化

促进市区无序蔓延的无疑是汽车交通,尤其是私人汽车的不断增加。作为交通工具的汽车,是可以实现自由出行的极好手段。然而,却成为导致"社会窘境",即每个人都追求各自的最大价值的结果,使社会付出很大成本的主要因素（秋山、山本,2004年,第57页）。通常人们认为汽车交通是城市的交通手段,但是,实际上,汽车交通对于呈低密度、分散状态的城市、地区空间才是最适合的。这是因为它与大容量的交通工具不同,可以满足个人自由的交通需求。依赖汽车交通的、市区呈无序扩展的城市,在经济、财政、社会、环境等诸多方面会产生出各种各样的问题（图1·10）。

在对欧洲的城市无序扩大状况进行总结和归纳的报告书（EEA,2006年）中,对于市区无序蔓延所带来的问题,主要谈及能源利用效率的低下、CO_2等温室气体的发生程度,以及自然环境和农田的丧失等方面,并且,通过具体的事例,对环境问题、经济损失（长距离通勤、交通拥堵、交通基础设施整顿建设费用）,以及城市生活环境的恶化（由噪声、安全、大气污染等导致的健康损害）等诸多方面作了进一步的分析和说明。但是,正如图1·11所显示的那样,"低密度城市的能源效率低"这一点是十分明确的（左图）,而在 CO_2 产生量方面,同城市人口密度的相关性较低（右图）,同其他各种各样的因素相关联。

23

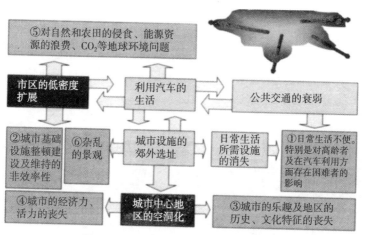

图 1·10　市区无序蔓延所带来的各种问题

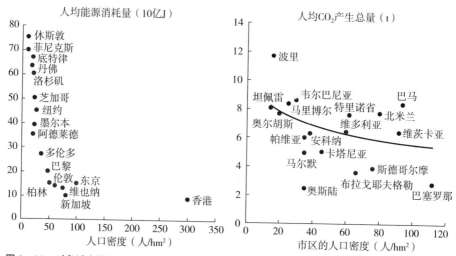

图 1·11　对象城市的人口密度和人均能源消耗量（左图）及人均 CO_2 产生量（右图）（来源：EEA，2006 年）

正如前面所讲述的那样，城市化时代的市区无序蔓延的主要原因在于汽车交通的扩大以及各种各样的城市功能的扩展。然而，今后成熟社会的市区无序蔓延的主要因素并不是成长扩大所产生的新需求。企业间竞争所导致的新的建设用地选址和以汽车利用为前提的漫无计划的开发成为其主要的因素。因此，如果控制开发的结构及其实效性不强，那么，就不能够有效地遏制城市的无序蔓延。并且，处于人口减少社会状态下的城市，如果不能对地区空间进行适当的规划、设计以及对规划设计成果的有效实施，那么，呈低密度扩散的市区将会呈现出更加荒废的景象。

1·2 城市空间紧凑度的价值

(1) 城市空间的形态论

★城市的发展阶段论

荷兰学者克拉森、帕林克对20世纪60年代荷兰多个城市的人口变动情况进行了研究和分析，试图以人口的地区性增减变化情况说明城市空间的时间性变化情况（表1·1）。首先，将城市成长期分为城市化和郊外化两个时期。城市化的最初阶段是绝对集中的时期，城市中心区的人口增加；而后，进入相对集中时期，不仅城市中心区，郊外的人口也有所增加。该时期为城市空间高密度地形成、成长阶段。

表1·1 克拉森和帕林克的城市发展论

＋增加、＋＋大幅度增加、－减少、－－大幅度减少

	成长期				衰退期	
	城市化		郊外化		逆城市化	
	绝对集中	相对集中	相对分散	绝对分散	绝对分散	相对分散
（阶段）	(1)	(2)	(3)	(4)	(5)	(6)
中心市区人口	＋	＋＋	＋	－	－	－－
郊外人口	－	＋	＋＋	＋	＋	－
城市圈总人口	＋	＋＋	＋	＋	－	－

（来源：Klaassen & Paelinck，1979年）

城市进一步地成长，进入郊外化阶段。开始迎来郊外的人口增加大于城市中心区的相对分散的时期。也就是所谓的人口的面包圈化现象。至此阶段，城市圈的人口都处于增加状态，但是随后城市便进入衰退期，迎来逆城市化时代。其初期是仅郊外地区人口增加的绝对分散时期。但是，随着衰退期的进一步发展，最终会导致城市中心区和郊外的人口同时出现减少。该时期城市中心区的人口减少尤为明显。

图1·12将克拉森、帕林克的城市发展阶段论变换为城市市区和郊外的成长、衰退的过程，并以图示的方式加以表现。首先，从图中的①至②所示阶段可以看出，人口集中在城市中心区，城市处于成长状态；在③的阶段中，郊外得到充分的发展；但是，到了④的阶段，在郊外继续成长扩大的同时，城市中心区的人口开始出现减少的现象。在图中所示的⑤的阶段，在城市中心区依然继续呈现人口减少倾向的同时，郊外的发展也几乎处于停滞的状态。

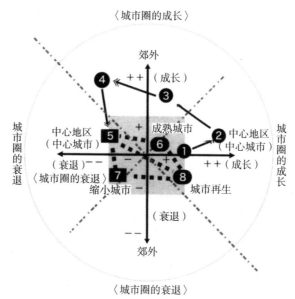

图1·12 从城市中心区和郊外的角度进行分析研究的城市的发展阶段（根据克拉森、帕林克的学说作图）

之后，图中还对城市发展过程中可能出现的若干情况加以描述说明。郊外、城市中心区都呈现持续衰退状态的城市即成为缩小城市（⑦）。如果尽管郊外的衰退状况依旧，但是城市中心区的人口得以恢复，城市圈整体又恢复到发展状态，那么，我们可以将其称为城市再生（⑧）。如果郊外也呈现人口稳定、恢复的状态，则进入成熟城市阶段（⑥）。

如今，日本的许多城市都处于⑤、⑦或者⑧的阶段。

★迎来第三阶段的城市化

人们通常认为近代的城市化分为三个阶段。在第一阶段，产业结构的工业化导致大城市和工业城市的人口急剧增加。交通手段以公共交通（电车、地铁、公共汽车）和步行交通为中心，在以车站为中心的步行圈的范围内，满足人们的日常生活所需。中世纪所形成的高密度、复合功能的紧凑的城市结构，其相当多的部分得以维持。在总人口不断增加的同时，人口从农村向城市的流动也十分显著。家族结构方面，还保存有由3代人等组成的大家族制度，人口密度较高。

在第二阶段，由于作为城市成长的经济要素的城市型产业和第三产业（部门）的发展，汽车交通渐成优势。城市不断地向郊外快速扩张。像是要追赶上人口的郊区化发展那样，商业、业务等城市设施也呈郊外化发展。虽然，人们获得了移动的自由和宽敞的住宅，但是，城市的人口密度、市区密度却在不断地下降,生活圈向广域化方向发展。"核家族"(译者注:由夫妇和未婚子女组成的小家庭)成为典型的家庭模式。在总人口的增加速度降低、经济出现衰退的地区,也呈现出人口减少的倾向。

在日本,大约从1990年代的后半期开始,城市化的状态较先前有所改变,在此,且将其称为第三阶段的城市化吧。作为经济方面的主要因素来说,具有全球化、知识服务产业化这样的特征。单身家庭、双职工家庭、高龄家庭等,家族形态呈现出小规模、多样化的特点。如果将郊外和城市中心区分为两个部分进行思考,可以观察到"衰退的郊外"和"集中聚集的城市中心区"这样的倾向。然而,虽说是郊外衰退,市区无序蔓延式的开发也并不会停止。

在第二阶段的城市化过程中,由于人口增加及产业的发展,预测市区面积将会扩大,因此,采取相应措施,对开发行为进行必要的控制。在城市化的第三阶段,即使人口和经济没有增长,由于个别设施的某种原因、企业间的竞争以及汽车交通指向的用地选址,导致设施的分散选址或者从市区撤出。这样的分散选址对现有的城市空间造成极大的打击,同时,也削弱了城市存在基础的自身。

★新城市化的特征

因此,"如果进入人口减少时期,那么,城市化压力就会减弱,开发控制的必要性也将降低"这样的理解是错误的。在当今低地价的状况下,不得不对"如果在城市的中心区进行容积率和建筑密度较高的商业地区的指定,那么,自然而然就会形成求心型的城市结构"这样的城市规划的范式加以转换。所谓作为有关城市规划建设的三部法律法规修订目标的"城市的结构改革",可以理解为"防止第三阶段的城市化导致的城市结构混乱"这样的含义。

我们将"今后许多的城市圈都将面临的人口减少过程中所表现出的城市化特征"称作"城市的缩退"。然而,这并不是单纯地指城市轮廓线(边缘部)缩小。也有人把低密度化看做是提高居住环境水平的机遇。但是,现在根据城市圈结构的理论方面的探讨和实际情况提出新的城市形象,尚不充分[3]。

拉贝兹(Ravetz,2000年,第42页)对城市化发展早于日本、如今城市再生成为政策课题的英国的城市圈的变化情况,作了如下的整理和归纳([ ]中的内容为笔者所加):

- 稀疏化[低密度化]:家庭规模的缩小和人口从现有市区的分散。
- 城市化[市区无序蔓延]:市区向城市边缘地区的扩大。

- 逆城市化［田园居住指向］：人口从城市向农村地区移动。
- 再城市化［市内居住指向］：城市的中心地区和内城的人口增加。
- 集中化［向部分地区的移动］：超越城市和地区的界限，人口向东南部地区、边远地区及沿海地区移动。
- 不均衡发展［地区差别］：成长与衰退、机会与贫困、安心与不安等空间上的不均衡。

上述倾向对日本来说也十分的适合。从住民的移动动向来看，以1997年为分界点，东京都区部的迁入人口转为增加趋势，出现了戏剧性的变化。2001年大阪市迁入人口转为增加；2002年以后，名古屋市的迁入人口也转为增加的趋势。也可以说，人们退休后向农村和小城市移居所导致的"集中化"和"逆城市化"现象是英国文化的特征。虽然，近年来，在日本的一些地方也可以看到农村生活志向者和农业志愿者显著增多，但是，尚未看到年轻阶层向农村、山村的迁移增加（法国）及拥有养老金的生活者向边远地区和沿海地区移居（英国）的倾向。然而，假如日本追随欧美成熟社会的发展足迹的话，那么，可以预见季节性的别墅利用、乡村居住等悠闲的居住方式将会有所增加[4]。

（2）城市形态与交通的关系

★ 紧凑型城市与交通

近年来，土木学会就对紧凑型城市的认识与理解这一课题进行了大量的调查研究工作。譬如，在土木学会规划学研究会上发表的论文有："紧凑型城市的利与弊"（2002年）、"从郊区的撤退"（2003年）、"日本式紧凑型城市的发展方向"（2004年）等。以前的交通规划的主要任务就是应对未来交通需求的增加，制定最适合的道路规划。然而，近年来，在交通规划中引入了"对交通需求的增大并不是不加批判地予以接受，而是力求减少需求的本身，并使之合理化，对道路建设加以抑制"的规划理念（交通需求管理，TDM）。紧凑型城市就是TDM的政策之一。另外，该学会还进行了有关土地利用、城市结构对交通的影响及力求减少汽车交通等方面的对策手法的研究。该领域的最新研究成果之一是谷口守教授（冈山大学）领导的研究小组所作的《常见的街角处规划布局图鉴——从居住区角度考虑的紧凑的街区建设》（2007年）。

在纽曼·肯沃迪所作的表示世界主要城市的人口密度与人均汽油消费量的关系的图表雄辩地证明了紧凑型城市给城市环境带来的成效，同时，也向各国的政策制定者显示出极强的说服力（海道清信，2001年，第197页）。在交通规划领域，对紧凑型城市的理念并不完全是赞成的意见。在英国，布雷赫尼教授等人发表了对紧凑型城市持怀疑态度的论文,其主要论据为"实施紧凑型城市建设,果真能削减汽车交通吗?"(海道清信,2001年,第174-175页)。另外,还有些人认为呈低密度扩散的城市形态较一点集中型的城市,其通勤的路途缩短,但是,交通能源的浪费却加大,郊外地区的交通堵塞现象也在不断地蔓延(家田、冈编,2002年,第78页)。

★土地利用对交通的影响

关于这个课题,加拿大的比克特利亚交通政策研究所的所长里特曼根据大量的学术论文和研究报告,对土地利用与交通的关系,尤其对与精明增长和新城市主义相关联的土地利用特性对交通的影响等问题进行了总结和归纳(Litman,2007年,表1·2)。他指出,土地利用对交通的影响是复杂的,在城市的中心区、郊外以及农村等不同的地区,交通状况具有不同的性质。

然而,如果对以前的研究成果进行整理和归纳,那么,从中可以得知,如若进行更进一步的高密度、混合土地利用,那么,汽车的利用就会减少。其他的因素,譬如,中心区人口集聚程度的高低、交通网的建设与交通服务、步行道与自行车道的整顿建设水准、停车场政策等,都会对汽车交通和汽车保有造成影响。

换言之,可以说,在实现更紧凑的空间形态及土地利用的城市和地区,汽车交通相对减少。使汽车交通减少(或增加)的因素并不仅仅是土地利用形态。要降低和减少汽车的利用,促进公共交通、步行者交通以及自行车利用的发展,需要对交通管理和服务、步行交通及自行车交通的利用环境以及公共交通等加以改善,同时,还需要进一步推行紧凑型城市政策。这样的结论易于理解,而且,也合乎我们的常识。

★移动性与可达性

卡林格沃斯(Cullingworth,2002年)指出,在城市地区的交通规划中,在任何时间、任何地点都可以自由移动的"移动性"本身并不是至关重要的,在此,重要的是可以方便到达目的场所的"可达性"(第324页)。这两个概念看上去似乎有些相似,其实,含意完全不同。为了提高移动性,要进一步扩充以汽车交通为中心的城市设施,力求尽可能地应对交通需求的增大。对此,他在同书所作的结论中指出:"进行新的道路建设,不仅会使交通量有所增加,同时,也会进一步增大汽车的保有及其利用欲望。"另外,可达性优先的设计理念,在对土地利用和设施配置的理想状态、公共交通、步行及自行车等的替代交通手段等诸多方面也进行特别考虑的同时,寻求旨在尽量抑制交通需求的发生与集中的综合政策。

交通是指从起点（如居住地）到目的地（如工作地点、商业设施、医疗设施）的移动。为了营造尽量不依赖汽车交通的城市，需要使起点与目的地更加接近。然而，不仅接近，而且需要能够方便地利用替代交通手段。同时，人们自觉地不利用汽车交通的态度以及针对汽车交通的各种政策措施的相互结合，使得减少汽车交通量及行车距离成为可能。虽然，城市的紧凑化是抑制汽车利用、降低对汽车依赖度的根本对策，但是，如果没有其他各项政策措施的配合，亦不能取得理想的效果（图1·13）。

表1·2 土地利用对交通行动的影响

要素	定义、含义	影响
密度	单位土地面积（英亩，hm^2）的人口或就业者人数	研究事例表明，如果密度提高，则人均汽车交通量趋向减少。城市密度每增加10%，人均VMT（vehicle miles traveled，行车里程）减少1%~3%
功能混合	不同功能的土地利用（住宅、商业、工业）相互接近选址的程度	研究事例表明，土地利用的混合程度越高，人均汽车交通量趋于减少，替代交通手段尤其是步行交通趋于增加。在有效实施混合土地利用的地区，交通距离减少5%~15%
地区可达性	与地区中心相关联的开发项目的选址	研究事例表明，得到改善的可达性，可减少人均行车距离。在更靠近城市中心的地区，人均行车距离较城市边缘部减少10%~30%
中心性	主要活动中心地区的商业、雇佣及其他活动的比例	研究事例表明，中心性可使替代的通勤手段的利用增加。前往主要商业中心的通勤者的30%~60%利用替代交通手段，而分散选址地的通勤者选择替代交通手段的只有5%~15%
与路网的结合	步行道和道路与目的地直接连接的状况	如果提高道路的连接性，则可以使汽车的行车距离趋于减少；如果步行道的连接性得到改善，则使步行和自行车的利用趋于增加
道路的设计与运营	道路的规模、设计、管理	能够满足更加多样化交通手段的道路可以使替代交通的利用增加。实施交通稳静化措施，可以使汽车行驶减少、步行及自行车利用增加
步行和自行车利用的状态	步行道、人行横道、通道、自行车道的数量、质量及安全性	如果改善步行和自行车利用的状态，将会使非汽车利用的移动增加，汽车利用的移动减少。更适宜步行的地区的居住者，其步行距离是依赖汽车交通地区的居住者的2~4倍，汽车的利用减少5%~15%
公共交通的质量和可达性	公共交通服务的质量和运用公共交通手段前往目的地的便捷程度	公交服务的改善可以使乘坐公共交通工具的意向增大，汽车移动减少。与更加依赖汽车的地区相比，进行公共交通指向开发（TOD）的地区的住民，其汽车的保有减少10%~30%，汽车移动距离缩短10%~30%，替代交通手段的利用频度是前者的2~10倍
停车场的供给与运营	每栋建筑或单位建筑占地面积的停车数量以及停车场的运营	如果减少停车场供给，停车费将会提高。停车场运营战略的有效运用，可以明显地减少汽车保有量和行车距离。向停车设施利用者直接收取费用的规定的运用，可以使利用汽车的出行减少10%~30%

续表

要素	定义、含义	影响
建筑用地设计	建筑物与停车设施的布置与设计	在谋求可利用多样交通手段进行规划设计的地区，如果公共交通的服务得到改善，则可以使利用汽车的出行减少
交通管理	促进更具效果的移动模式的政策及相关建设	交通管理可以使利用汽车的移动明显减少。通常，汽车交通可以减少10%~30%

（来源：Litman，2007年）

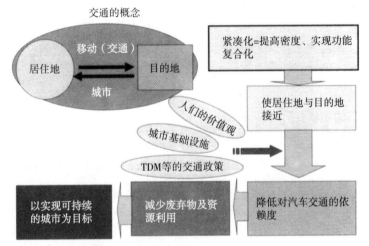

图1·13 城市的紧凑化与交通的关系

（3）紧凑的城市空间的文化价值

★简·雅各布斯和理查德·佛罗里达的城市论

曾经在《美国大城市的死与生》（初版1961年）一书中对近代城市规划理论进行猛烈抨击的简·雅各布斯（1919~2006年）再度受到人们的广泛评价。雅各布斯就城市的多样性和可能性做出如下的论述：被作为城市规划目标的景观、外观并不重要，重要的是城市的功能以及本质的秩序。霍华德和勒·柯布西耶等人所倡导的城市形象贻误了近代的城市规划。"没有生机和活力的、寂寞的城市，实际上其中蕴涵着破坏城市自身的'种子'。而充满生机、功能多样、高密度的城市，拥有自我再生的'种子'，能够应对必须面对的诸多课题以及外部环境"（Jacobs，1961年，第585页）。

格拉兹谈到，可持续发展的城市、以人体为设计标准的空间尺度、传统空间原理的应用等城市规划设计的手法是雅各布斯率先提出来的。雅各布斯通过观察，发现了城市的积极含义。其本质在于有机的复杂程度，并且，与人们的生活相关联；英国的有关都市村庄的讨论是将雅各布斯的理念具体化所作的积极努力的一个组成部分；在考虑城市理想状态的问题上，密度是其中的关键等诸多方面（Gratz，2003年，第17-29页）。

美国的大学教授理查德·佛罗里达认为，由创意阶层承担的经济是今后经济发展的中心。同时，他还指出：根据对美国大都市圈的统计分析，吸引创意阶层的创意性城市拥有"3T（人才，talent；技术，technology；以及宽容性，tolerance）"；而不是城市无序蔓延的郊外，城市内的高密度的邻里社区拥有吸引创意人群的魅力。他向人们推荐譬如雅各布斯所描述的像纽约格林尼治村那样的地区。在那样的地区里，聚集有许多古老的建筑和创意性的小企业，各种各样的人群在狭小地区的小的私人空间和街道上进行着交流。总之，创意性的社区需要多样性和适合的物质环境，以及带给我们创意性刺激的人们（Florida，2002年，第xix、32、41、42页）。

★城市形态的重要性

城市规划所处理的不仅是物理性的空间，还要将那里进行的生活和产生出的文化一并进行思考。早稻田大学的佐藤滋教授提出，所谓城市形象，假设是包含三维城市空间实体的城市建设、街区建设的目标形象，那么，它将不是固定的空间规划，而是"作为结构的城市形象"（佐藤，2007年，第219页）。英国等国的有关城市形态论的研究，将焦点主要放在构成城市形象的物理性的方面，并且，将其作为重要的研究领域。在欧洲，有关历史城市的道路和广场等的物理性形态的研究（城市形态）也十分盛行。

然而，在日本，以前对城市形态学并未给予足够的重视。其主要原因之一是由于区划整理事业等的进行，传统的市区空间已经发生了很大的改变，所以，缺乏研究的对象。再有，日本的城市没有明确的边界，城市空间、建筑物的更新、变化也过于剧烈。城市内木结构房屋密集的市区是展现雅各布斯所倡导的高密度社区生活的、日本独特的社区空间。但是，无论是作为居住空间，还是从防灾的角度考虑，由于其质量低下，且存在潜在的危险，因此，被列为改造和重建的对象。同时，建筑基准法的若干规定也对传统城市空间的价值以及建筑物样式的存续起到了否定的作用，助长了"近代化"建设的进行。

在英国，与理查德·罗杰斯同为城市复兴政策倡导者的安·帕瓦在其最近出版的《相互交错搭接的城市：大场所与小空间》（2007年）一书中，进行了如下的叙述：城市在不完全的空间被相互交错搭接般地有机构成这一点上存在着价值。二战后的英国，虽然，城市规划担当着重要的角色，但是，与呈传统的紧凑形态的邻里社区相比，新城开发优先的政策，在某种程度上促进了城市无序蔓延的发展。然而，另一方面，通过采取设置绿带等手段，也取得了保护田园和绿地这样的成果。工党政府积极推行以紧凑型城市为目标的 2000 年的城市复兴政策，并且，2003 年开始推进可持续发展的社区规划工作的进行。

安·帕瓦认为，要将上述政策具体化，实现真正意义上的拼图游戏般的（不完全的空间被）相互交错搭接的城市，其重要方面在于精明增长与紧凑的城市形态、邻里社区的再生与地区管理、可持续的开发、多样化住民构成的社区以及城市规划建设的市民参与等诸多方面。

据该书介绍，巴塞罗那的市区户数密度为 400 户/hm^2，郊外也达到 200 户/hm^2。书中援引了该市市长的话语"我喜欢密度"。同时，该书强调指出，高密度与多样性的城市形态和邻里社区，以及基于市民参与的城市规划体系是城市的活力所在，是能够享受高品质生活的基本要素。要实现经济的效率性及生活的便利性、舒适性，需要以人性尺度及社区活动为基础，对以汽车交通为基础进行公共设施整顿建设的日本的城市规划原理进行重新评价。

★支撑生活品质的城市空间——第三场所

无论信息化社会、居家办公或者互联网和电子邮件那样的网际空间（假想空间）多么发达，对于人类的生活来说，充满欢声笑语的空间、人们相互问候的近邻生活、娱乐文化空间（酒馆、美术馆、电影院、广场、令人放心无忧的大街和小巷）同自然环境（树木、花草、人们居住地附近的山林、野生动物、小溪及水岸、柔和的风）一样，是不可缺少的环境。人们要进行生活，就需要有自己的住宅、工作单位以及人们可以进行交流的第三场所（土井勉，2004 年，第 31 页）。所谓的"第三场所"是美国的城市社会学者雷·奥尔登巴克提出的观点（Oldenburg，1991 年）。他指出，除住所（第一场所）和工作单位（第二场所）之外，可供人们轻松聚集的场所是社会和社区所不可缺少的[5]。在欧美国家，它是指酒吧、咖啡馆、商店等，可以说这是继承了 17～18 世纪时在英国流行的"咖啡屋"的传统。这样的场所是不拘形式的（非正式的）公共空间，对于地区的民主主义和社区的活性化来说，也是不可缺少的（图 1·14）。这样的空间重要的是任何人、在任何时间都可以自由地利用，并且充满着给人以舒适、轻松愉快之感的氛围（Carmona，2003 年，第 113 页）。

以英国为首的许多欧洲国家之所

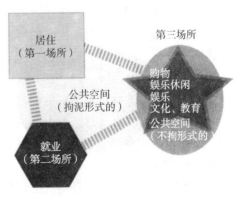

图 1·14 体现城市生活魅力的第三场所，不拘形式的公共空间的魅力

以采用紧凑型城市政策，并不只是应对地球环境问题这样的绝对命题。城市是现代社会的经济活动和各种文化活动的中心。在不受汽车困扰愉快地购物和欣赏眼前游人往来的街道风景的同时，在历史性建筑物营造的文化环境中，同朋友、家人一起用餐、交流，城市可以带给我们如此这般的生活乐趣。在街道的周围配置高密度的建筑群，进行给人以宽敞舒适之感的、可以自由通过的富有魅力的公共空间的建设，抑制城市无序的郊区化蔓延，在为人们提供在丰富的自然环境中娱乐消遣享受的同时，农田也得到有效的保护。

紧凑型城市遵循将城市形态在理想的方向上加以控制，为社会带来丰富的城市生活、环境以及经济活动这样的理念。尽管日本在经济上已经达到了世界的最高水平，但是，日本的许多人却没有"幸福感"，其原因之一就是居住空间、城市空间及地区景观的贫乏和缺乏安定感。虽然，同欧美各国相比较，日本的城市历史并不算短，但是，近代的变化过于快速。现在，需要对"偏重便利性、高效率和以经济发展为主导的城市"这样的目标形象加以转换。

1·3　有关紧凑型城市的论争

(1) 可持续发展与紧凑型城市

★地球环境问题与可持续性

2007年2月联合国《政府间气候变化专门委员会（IPCC[6]）第四次评估报告》发表，对全球气候变暖的原因作了大体上的分析和判断，指出温室气体排放的增加是导致全球气候变暖的主要原因。并就在2050年时应将CO_2的排放量较现状排放量减少50%，将产业革命时期以后的气温上升控制在2℃以下等问题达成国际上的共识。对全球气候变暖对策不抱积极态度的美国，国家议会和州政府也提出了相应的削减CO_2排放量的对策[7]。该报告将人与自然共生的概念，从以前的给人以"人与自然充分接触"这样的印象，扩大到"人类怎样才能同地球的自然生态系统共生"、"能否维持作为人类生存基础的地球生态系统"这样更加高深的层次。

换言之，可以将其归结为人类究竟是"作为生态系统的一员，在其限界中'共生'地生存？"，还是"追求运用技术手段，摆脱自然的制约？"这样根本性的问题。以前，日本多支持后者的立场。譬如，采用可循环利用及可再生利用的资源、能源或者不会对环境造成污染的资源消耗，通过调节（替代）的手段实现自然环境的恢复和保全（内藤、今川，1999年）。也有人指出：与其说可持续性是科学上的概念，毋宁说是由政治上的妥协而产生的理念（冈部明子，2002 年，第 127 页）。最激进的主张是基于"将绝对的价值置于自然生态系统的维持、保全之中，有可能否定人类活动本身"这样的"深层生态学"的思想。

"环境共生"理念多种多样，由此引导的城市、地区形态也各不相同。然而，作为关系到人类生存的深刻问题，我们生活在必须积极面对地球环境问题的时代这一点却是不争的事实。因此，需要对作为人类活动基础的城市和地区空间的理想状态进行重新的研究和探讨。

★可持续的城市与紧凑型城市

可持续性的基本要素包括可持续进行的经济活动、社会的公平性和市民参与的运作机制、循环型能源的利用以及节省能源等诸多方面。当我们思考可持续的城市的理想状态的时候，需要在其中加入与城市空间相关的要素。维拉指出，要提高城市的可持续性，以下要素具有重要的作用（Wheeler，1998 年）：

- 紧凑而有效的土地利用；
- 汽车交通的限制；
- 资源的有效利用；
- 自然生态系的保全；
- 良好的住宅和居住环境；
- 健全的社会生态[8]；
- 持续的经济活动；
- 市民的参与和共同协作；
- 地区文化和智慧的保全。

上述的可持续的城市的基本概念如图 1·15 所示。

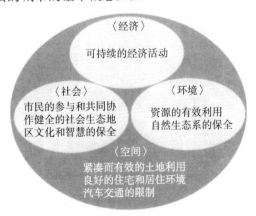

图 1·15　可持续的城市的要素（根据维拉的论述作图）

（2）对紧凑型城市的期待与面临的课题

★ 理想的期待与现实性

紧凑型城市的建设目标和所期待的效果是多种多样的（图1·16）。然而，实际上真的能够取得这样的效果吗？如果假设可以取得，那么，取得的效果能否超出所需费用和付出的努力呢？有否反作用和副作用？在英国乃至欧洲，围绕紧凑型城市的有效性等问题展开着积极的讨论。讨论的问题主要涉及以下三个方面[9]：

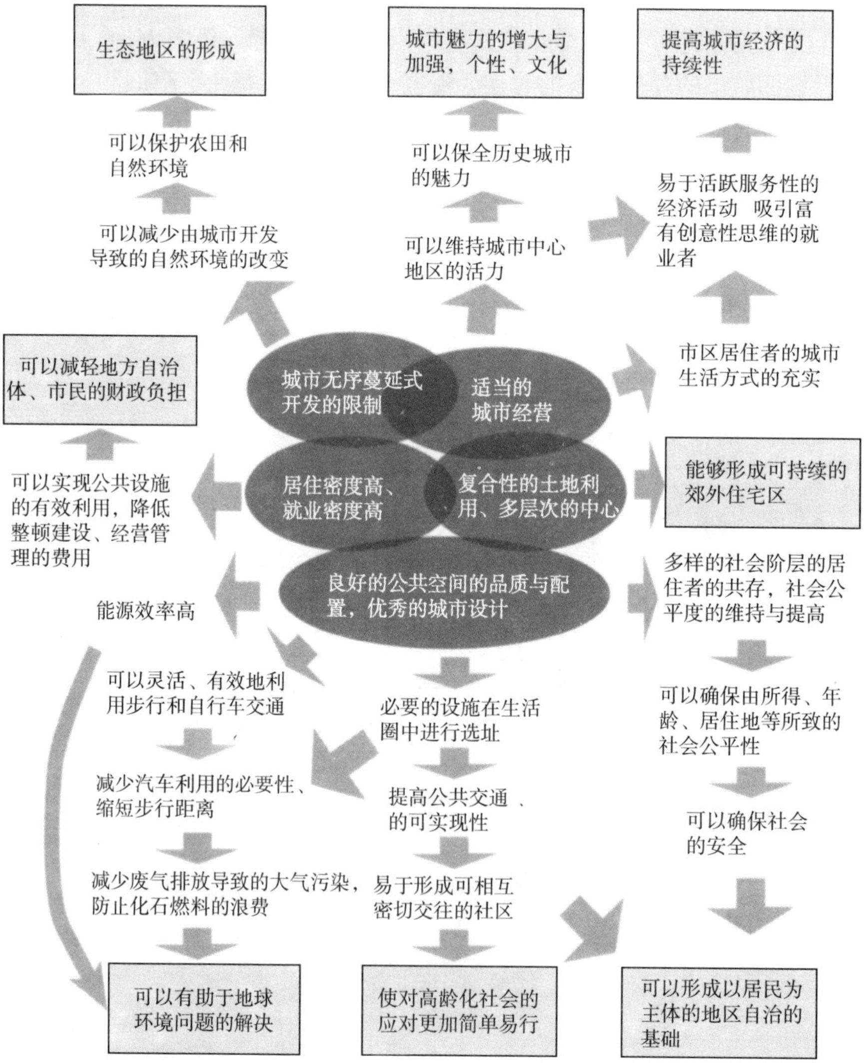

图1·16　紧凑型城市的特性和所期待的效果

第一，虽说是称作"可持续的城市形态"，但是，紧凑度的有效性并未经过数值等的明确证实。即虽然其"效果"是从感觉的角度、被定性地加以说明，但是，是否尚缺乏定量的、科学的依据？第二，由于与呈郊外化发展的现实的城市相悖，能否得到市民的支持，具体的实施手法和政策是否有效等规划理论及政策理论方面的问题。再有，也有人对此持怀疑的态度，他们认为：紧凑化政策和事业的实施是否具有使市区环境恶化等的反作用、副作用？

紧凑型城市在政策层面上被以欧洲国家为首的众多国家所接受，并作为理想的城市形象，得到积极的推动和发展。但是，在现实社会中，要实现紧凑的城市形象，就要伴随对土地利用、城市开发的自由的限制。同时，也会遭到开发者、土地所有者等利害关系者的反对。譬如，对于美国的精明增长策略和新城市主义，也有持坚决反对意见者（譬如，American Dream Coalition，2003年）。

★紧凑型城市的反论

荷兰从20世纪80年代开始推行紧凑型城市政策，在那里常常可以听到"虽然可以认为在广域的或地球环境中，紧凑的城市形态是理想的。但是，对于市区的邻里环境来说，有可能产生负面的影响"这样的"紧凑型城市的反论"。的确，居住的高密度和功能的复合化具有许多的长处。然而，从居住环境方面来说，诸如噪声和交通混乱、地价的上涨、公共空间的削减、景观阻碍、犯罪的增加以及对个人隐私的侵犯等有可能产生的副作用又会使人感到担忧。由于紧凑型城市政策其长处体现在大的区域，而短处体现在邻里社区，因此，难于被人们所接受。

在《紧凑型城市与可持续开发》（Roo & Miller，2000年）一书中，登载了有关该课题的五篇研究论文。英国简克斯教授领导的研究小组受英国政府的委托，就"有关'城市的封锁'对地区的影响"这一专题进行了大规模的调查工作。在他们撰写的论文中，对该调查结果作了进一步的总结和归纳。调查结果印证了紧凑型城市反论的担忧之处。在12个调查对象地区（对当地住民和过往行人的抽样调查，对地方管理人的采访等）中，正面评价超过负面评价的有4个地区，在19个评价项目中，被明确作出正面评价的只有2个项目（公共交通的改善和商店的增加）。关于以加强城市发展为目的的开发，正面的和负面的评价基本上各为50%。虽然，从上述调查结果尚不能看出密度的绝对高低与居住区评价的相关性，但是，对于密度提高所导致的变化，调查结果却作出否定的评价。在城市的封锁策略方面，应该适用的规划的内容、场所的特性，以及政策的支持具有重要的作用，住民参与规划制定的运作程度如何，也会使住民的评价产生差异。

罗副教授指出：在荷兰，虽然紧凑型城市政策有利于城市的多样化和多功能化的实现，但是却导致地区环境问题的产生。将空间规划和环境规划进行综合思考的重要性，成为20世纪90年代所面临的重大课题。迪季斯特副教授指出，在人们移动距离的长度方面，与城市形态（大城市、新城、中等规模城市、原有的郊外地区）相比，所得阶层将受到更大的影响。在其他的论文中，也就紧凑型城市政策并不是万能的、紧凑型城市的利与弊等问题进行了论述。

★有关紧凑型城市的论争

《世界建筑环境评论》杂志（GBER）2005年第1期以"紧凑型城市与可持续性"为题，出版了专集。负责编辑工作的克拉克教授指出：无论在任何地方，最初的城市都是紧凑型的城市，借助步行交通就可以满足办事的需求。欧洲大陆的传统的城市空间深深地吸引着众多的观光者。然而，在现实的城市中，人们对于汽车的利用已经非常普遍，利用郊外的大型购物中心也成为理所当然的生活方式。传统的城市空间已经不能应对现代城市的复杂需求。未经规划的紧凑型城市——东南亚等发展中国家的大城市，伴随着经济的成长，正逐步向低密度居住区的方向变换。然而，紧凑型城市的概念恰好与现代的许多新倾向，譬如特定的生活方式、城市中心区的环境改善、抑制汽车交通的政策以及综合的交通政策等相吻合。在紧凑型城市政策的运用方面，还需要在效果、公平性、环境影响的减少、生活的质量、对历史的尊重以及历史遗产等方面进行深入的思考。同时，他还指出：有些人将紧凑型城市政策同联合国正在推进的"全球城市契约"混为一谈[10]，2001年9月11日在纽约发生的恐怖惨案使人们规避市中心居住的想法得到进一步的加强。

围绕紧凑型城市政策的争论现在依然在继续。该专集对2002年在荷兰召开的国际会议的成果进行了归纳和整理。正如克拉克教授所讲述的那样，紧凑型城市的成功事例在荷兰。在对现代城市进行有计划的控制和设计的领域，或许我们应该从荷兰的事例中，汲取包括自行车利用这一交通政策在内的、更多的有益的经验。

★紧凑型城市与现代城市的紧凑化

紧凑型城市有两个侧面。其一，是在交通手段以步行为主的时代所形成的历史的市区形态。包括英国在内的欧洲南部的许多城市都是在古罗马时代建立的。直到18世纪才形成了成为城市中心的城市空间。在其外侧逐步形成了产业革命时期以后的以直线道路连接的住宅区、基于20世纪的城市规划理论营造的街区，以及二战后的公营住宅区。

历史上形成的中心地区正是那个城市的个性所在。在现实中，对道路网重新进行拓宽建设是非常困难的事情。与其这样，不如尽量从城市中心地区排除汽车交通，营造富有魅力的步行者空间，以及城市的热闹与繁荣。这已经成为当前所面临的重大课题。高密度且具有人体标准尺度的传统的城市空间已经成为紧凑型城市的一种模式。

再有，就是根据城市再生政策营造的紧凑型城市。紧凑型城市的城市形象作为相对于20世纪呈郊区化发展的近代城市的反命题，向人们提供了颇具说服力的信息。然而，具体的空间形态可以是多种多样的。譬如，即使是作为紧凑型城市的易于理解的指标——人口密度值，大城市和中小规模的城市所希望达到的水平也存在差异。而且，使城市紧凑化的政策和相应的开发事业，给地区住民带来的也并不一定只是有利的方面。

因为在一定范围的空间，低密度化意味着人均空间量的增大，所以，如果净密度低，则显示每个居住者的居住空间量大；如果毛密度低，则显示公共空间量大[11]。对于享受着充裕的空间量的人们来说，对城市紧凑化政策的排斥也更加强烈。

有人批评说，虽然持紧凑型城市论者提出了所要实现的理想的形态，但是往往轻视实现的过程。如果将问题简单化，那么，如果居民的参与不充分，且未能适用高质量的"设计"（空间设计），则实施紧凑型城市政策的结果，也有可能造成居住环境的恶化。

对紧凑的城市空间和使城市紧凑化的规划与政策必须加以区别。城市是复杂的功能复合体，也是生活共同体。各种各样的利害相互对立、竞争。地方行政官员、规划师、市民、开发商等相关者应该相互理解、共同描绘自己的地区的未来形象。

★ 在城市紧凑化方面应该注意的问题

卡思伯特（Cuthbert，2006年）对在实施城市紧凑化方面应该考虑的若干事项进行了整理，他指出：虽然对于作为紧凑型城市的中心概念的密度问题，已经进行了漫无边际的争论，但是，有两点是可以明确的：其一，以依赖汽车的城市形态为指向的城市规划如今已经是不可能的事情；其二，要实现这一过程，还应该确立和恢复公共部门的地位和作用。

◇高密度与舒适环境的并存

与呈低密度扩散、功能分离的城市相比，紧凑型城市的汽车交通发生量明显减少，这已经是相当明了的事情（海道清信，2001年，第206页）。在日本的主要城市，也存在着如果人口密度高，则汽油消费量减少的倾向。高密度的城市其公共交通的可实现性也高。尽管是容纳同样的人口，如果密度高,那么,在平面上以较小的土地面积就可以应对,伴随外延式的开发,绿地开发也会减少。一般来说,这是很容易令人理解的事情。

从另一方面来说,高密度的城市空间也会给生活环境带来不良的影响。譬如开放空间的减少、热岛现象、使用空调机导致的能源消耗、噪声以及对个人隐私的侵犯等。这样的问题可以通过设计和规划的手段进行某种程度的应对。因此,对于高密度的城市来说,公共空间的布局与设计比低密度的城市显得更为重要。

◇可满足多样的人群需求的舒适的生活环境

在欧美,由所得阶层及人种等因素导致的社会分割成为很大的问题。各种各样的社会阶层的人们在相同的邻里社会中居住的混合居住社会是紧凑型城市的长处之一。但是,由此产生新的社会紧张的忧虑也随之提高。对于有着种种不利因素的人们来说,与呈低密度扩散的城市相比,在不使用汽车也可以轻松满足日常需求的紧凑型城市中生活要有利得多。

从经验的角度可以说,要在公共空间和地区实现充满生机和活力的、颇具吸引力的邻里生活,最好是使那里达到一定的密度,并且实现不同社会阶层的人们混合居住的社区形式。正如我们在高密度的欧洲城市的广场和步行者空间所看到的那样,人们轻松愉快地在那里散步、聊天、餐饮、欣赏街道两旁商店橱窗的陈列、观看露天的文艺演出……,这是城市紧凑化的目标之一。

◇培育新经济的基础

现在,在世界上的发达国家,服务经济化和知识型产业得到进一步的发展。城市的聚集空间为其形成和发展提供了有利的条件。譬如,在英国的伯明翰和曼彻斯特等城市,可以看到力求使处于衰退状态的城市中心区周边的旧产业空间实现再生、采用与廉价的设施及大学等挂钩的手段,创造出信息相关和文化创意新产业的事例(参照4·2(3))。

在英国,城市的中心区被视为城市经济成长的引擎,各城市都在积极努力地进行城市再生方面的工作。在此,首先要提高城市的吸引力,抑制人们对田园生活及远离大城市(基本上是以前的工业城市)的生活的向往,这已经成为英国的整体的经济振兴政策。同时,还试图通过进行紧凑的城市开发,实现伦敦的成长扩大,从而进一步提高国际的竞争力(照片1·2)。

照片1·2 伦敦市内设有互联网设施的咖啡馆

由于信息化、通信技术数字化以及网络化的发展，或许，城市集聚的含义也在逐渐发生着变化（居家办公、远程办公等）。然而，不仅电话和互联网这样的网络（假想的电子）空间，而且在城市的猥亵而杂乱、热闹喧嚣或者高雅氛围中进行的人与人直接接触和争论的场所中，存在着激发创造力的源泉。这样的见解颇具说服力。

◇成熟社会的生活品质

城市的本质特点在于人口、雇用、服务、资金、信息等的集中、集聚与交流。汽车利用的普及化使得向城市集中所带来的集聚性出现分散。汽车利用优先的公共空间产生出无机质的、功能化空间，并且，夺去了在城市空间中停留、交流这样的人间乐趣。许多的地方自治体之所以将人口增加列入城市的发展

照片1·3　意大利古都的城市生活乐趣（锡耶纳）

目标，是因为他们相信这一指标可以表现出城市的发展。在田园生活中无法享受到的城市的乐趣，在城市的中心区中得到集中的体现。这是因为购物、餐饮、娱乐消遣、文化等诸多功能凝集在独特的空间之中（照片1·3）。

紧凑的城市建设的大目标是提高如前所述的最能体现城市特点的空间——城市中心区的多样的魅力。居住、就业、商业、业务等各种各样的城市功能向郊外扩散的城市，其城市中心区的功能必然会减弱。随着人们选择到生活便利的中心城区和车站周边地区生活的居住指向的不断增强，作为日本独有课题的快速到来的高龄社会正逐渐地呈现在我们的面前。

◇可以应对变化的空间设计

城市是复杂的有机体，是开展各种社会经济活动的场所。要提高城市的持续性，就需要进行能够应对变化的空间设计。如果从住宅设计方面进行思考，针对某种特定的人（家庭）的生活方式进行特殊化设计的住宅，很难进行转售。另一方面，由于是向不特定的多数人大量供给的住宅，所以通常考虑作"nDK型设计"。许多供出售的公寓建筑都呈相似的3LDK型设计，也是基于这样的考虑。

建筑师古谷诚章列举了根据长期预测编制的总体规划进行设计的城市，不能应对时代变化的事例，推荐进行不使总体规划固定化的城市建设。同时，他还主张："是否应该将总是处于建设中的城市看做是更自然、更常态的真正的城市写照，……我们需要有使规划能动地不断进行变化这样的新的城市设计概念。"（古谷诚章，2006年，第84-85页）

在日本，要营造合乎时代潮流的城市空间，往往是对古老而低效率的城市和建筑不断地进行拆除。然而，在欧洲的城市，则在维护传统的城市中心和建筑的形态的同时，改变其使用的方式，应对所发生的变化。在此，最重要的是要慎重地把握好城市空间的符合人体标准尺度的舒适性。

★注★

1. DID，人口集中地区。从1960年国势调查时开始引用，通常是作为市区的定义所使用的日本独有的指标。调查区的人口密度在4000人/km² 以上、连续的调查区的人口在5000人以上的区域。

2. 引用自"第三次国土利用规划"中的2005年数据。道路面积占全国国土面积的3.6%，大于住宅占地面积的比例。

3. 城市规划师蓑原敬在"回归的思想·21世纪的城市建设思想中所缺少的"（《季刊 城市建设》第16期，2007年，学艺出版社）一文中指出：21世纪的城市"总体上来说，是否不是在缩小，而是在沿网状结构进行凝缩的结扣状建设的同时，形成活力逐渐散失，却仍在不断展开的城市圈。"

4. 存在以新研究制定的国土形成规划中提出的"两地居住"这样的形式实现的可能性。

5. 矶村英一提出了同奥尔登巴克同样的如下观点。他指出，城市为人们提供了〈第三场所〉，即除热闹场所的大众空间、住所和工作单位以外的、包括道路、交通设施、广场、公共设施等在内的空间。现代城市同中世纪和封建时期城市的不同点在于：这样的第三空间越来越扩大，正在成为人们的自由空间（矶村英一，1997年，第9页）。并且，作为第三场所的广场，在成为市民聚集、构建民主主义的基础的同时，对于权力者来说，也是向大众显示权力的合适的场所（矶村英一，1991年，第30页）。

6. IPCC：Intergovernmental Panel on Climate Change.

7. 朝日新闻2007年3月28日登载的新闻报道"对气候变暖负有责任的国家"。

8. 将通常在自然界所看到的生态系（生态学的相互关系）应用于社会的思想。主张人与人之间应该建立更自由、更自然的关系，注重公平性和正义，尤其是要谋求消除人种差别等。有些研究者存在着反资本主义的无政府主义倾向。
Wikipedia, http://dwardmac.pitzer.edu/Anarchist_Archives/bookchin/socecol.html.

9. 从20世纪90年代初，围绕紧凑型城市这一课题展开了各种形式的讨论（海道清信，2001年，第174-179页）。对紧凑型城市持激烈批评态度的布雷赫尼教授（2002年去世）所属的雷丁大学的格雷伊（Colin Gray）教授等人，在经过充分的研究讨论之后，接受了"紧凑型城市是可持续的城市形态"这一观点，并提出了诸如对个人生活方式的适用、产业结构、住房和家庭等十多项紧凑型城市需要面对和解决的问题。由此反映出尽管紧凑型城市的基本理念和模式是明确的，但是，在具体应用时，还需要有丰富的经验和对地区具体情况的分析和思考。
http://www.rdg.ac.uk/PeBBU/state_of_art/urban_approaches/compact_city/.

10. Compact一词还另有"契约"之意。全球契约（GC）是1999年联合国秘书长安南提倡的，旨在敦促企业采取负责任的行动，谋求解决伴随全球化所产生的问题。
http://www.unic.or.jp/globalcomp/index.htm.

11. 将相对于一定地理范围的整体面积的量（人口、家庭数、住宅户数等）的值称作"毛密度"。将除公共空间等之外，相对于建筑用地面积的量（同前）的值称作"净密度"。在日本，也有人将相对于除去以大区域为对象的干线道路、大型公园、大的河流之外的地区面积的量（同前）的值称作"不完全毛密度"。人口集中地区DID的密度为毛密度。

第2章

紧凑型城市的设计

2·1 城市空间构成的设计原理

(1) 西方城市的空间构成

★城市与自然

"人类从历史久远的时代开始,创造出彻底的意识的世界。那就是被四方形围合的世界,即城市"(养老孟司,2001年)。在西方,因为城市空间和自然环境是对立的概念,所以,要在城市空间中配置绿色等的自然空间,就必须进行规划性的应对。然而,如果从日本的自然观和自然环境的角度来看,自然就在身边,而且同城市融合为一体。日本的城市"不具有像在西欧所看到那样的,确有城市气势的粗大骨架和规整布局。这不仅是回归自然这样的天然自然这一意义上的自然性原理在起作用,而且是社会意义上的自然秩序,即平等主义所导致的结果"(川添登,1985年,第43页)。

随着城市化的发展,城市空间和人类活动的规模都会增大,此时,如果我们未能有计划地操纵自然,那么,贴近城市的自然就会慢慢地失去。人们同自然的距离就会越来越远。日本城市很难在人们的印象中留下具体的城市形态。同自然环境的连续性、循环性是日本城市空间的特征。它也被想象成为呈现出外延的、分散的市区的"精神风土"。然而,在城市数量的成长扩大即将迎来终极的今天,我们正在寻求应该作为理想空间形态的新的城市形象。

★中世纪城市的原理

现在,让我们就被称为欧洲紧凑型城市原型的中世纪城市的空间构成原理进行简略的介绍。莫里斯对从古代至19世纪中期的世界不同地区的城市形态进行了研究和调查,他指出:中世纪城镇的起源有五种情况,即古罗马时代建设的、军事城镇、由村庄的村落发展而成的、战略性的城堡城镇,以及规划建设的城镇。

中世纪城市的形态中,包括有着棋盘状道路的经过规划的和未经特别规划而成长形成的。然而,它们也有着共同的空间特性,即设置有塔和门的城市外围的城墙、同街道连续的空间、露天市场、商业性建筑、教会及其周边、一般性的城市建筑物的集聚。正如芒福德所指出的那样,这样的特征与其说是近代城市的商业中心区,其实更接近于村庄的空间构成(Morris,1994年)。

图2·1所示为意大利北部的中世纪军事城市帕尔玛诺维亚当初的规划设计图。城市的四周被大的护城河所环绕,并且,在那里构筑了类似四方形形状的堡垒。城市的外围设有城墙,进入城市的只有被作120°分割的、向3个方向延伸的街道。城市的中心部位设有广场。城市内的街道由向广场方向延伸的及呈同心圆状的两种不同形式的道路构成。使人感觉这是再明快不过的构成。这样形态的城市是中世纪建设的,并且,现在仍然留存着。

照片2·1所示为20世纪70年代荷兰的新城。两条笔直的城市轴和环绕城市中心区的环形道路。明确的城市边界。并不存在像中世纪城市那样的城墙和城市中心的广场。对于汽车交通来说,是便利而高效率的城市。但是,从其明确的空间构成可以感受到西方的城市空间设计的传统。

图2·1 意大利的中世纪城市帕尔玛诺维亚的规划设计图(来源:Kostof,1991年,第19页)

照片2·1 荷兰的新城,阿姆斯福特市卡腾布鲁克区,表现几何形体的城市形态的传统(来源:Ibelings,1999年)

★效率化的现代城市与有机的城市

被列为世界遗产的摩洛哥非斯市的旧城区街道呈不规则弯曲状,其空间构成的原理似乎有些令人感到难于读懂。因为汽车不能进入这条街道,所以,货物的搬运都是依靠人们的肩扛和驴子的驮运来完成的。但是，实际上，当你走在大街上的时候，就会感觉到这里研钵状的地形。道路是沿着等高线环状延伸的，如果沿着在某种程度上可以说是宽阔的街道向前行走，那么，自然而然地就会到达中心广场。有机的构成与胡乱的设置有所不同。这是由土地形状自身所引导的合理的构成（照片2·2）。

照片2·2 被列为世界遗产的非斯市的旧城区（摩洛哥），汽车不能进入，弯曲而又狭窄的小道

决定了现代城市形象的勒·柯布西耶说："曲线的街道是驴子行走的道路，直线的街道则是人类行走的道路。曲线的街道是轻松快乐、凡事毫不介意、休息、精神放松，以及动物性的结果。直线道路则是反作用、作用、行动、自由支配的结果。它是健康而高贵的。城市是生活和紧张工作的场所。对休息、精神放松毫不关心的民族、社会、城市，很快就会被行动自我支配的民族、社会所战胜、吸收。这样一来，城市消亡，统治权发生转移"（勒·柯布西耶，1967年，第23-24页）。

的确，运用非斯的城市构成原理不能构成现代城市。但是，对柯布西耶式的城市形象持怀疑态度的荷兰的大学教授萨林卡洛斯说："有思想的人都会感觉到20世纪的城市在什么地方出现了问题。不幸的是，改变决定的力量过于接近既有的利害关系和立法者（政治家），从而，形成了这样混乱的状况。……重要的例外是新城市主义者们，其新城市主义的思想在迅速地扩大。……排除城市的复杂性、过于简单化的模式破坏了我们的城市"（Salingaros，2005年，第12-13页）。

(2) 日本的城市空间构成

★公共空间与建筑空间的关系

塔博尔是中世纪城市空间留存至今的捷克的一个小地方城市（照片2·3）。众所周知，在欧洲，被建筑围合的是街道，由建筑的外饰面部分形成市区的外部空间。这里的旧城区建筑连绵设置，街道与建筑融为一体，是典型的由两侧建筑包围形成的街区。在德国所见的典型的中世纪城市的结构，城市的中心非常明确，譬如在可进行物品交易的广场周边，配置有大教堂、同业行会（同业公会）、事务所、市政厅等。尽管是中世纪，城市内的住宅已经为多层建筑。

45

在日本，也可以看到像广岛的竹原（照片2·4）那样，被建筑围合的空间成为街道的事例。但是，建筑物基本上都是沿着城下町（译者注：以诸侯的居城为中心发展起来的城邑、城市）的街区划分和建筑用地划分进行配置的。即使是在设有驿站的村镇等，建筑物也是沿着街道布置。公共空间处于前面的位置，在其后进行建筑物的建造。在沿街型城市街区，大多为高密度选址建设的、以平房为主的商家店铺和简陋的住房。

照片2·3 中世纪城市塔博尔的街道景观（捷克），街道与建筑物的外墙被截然区分

照片2·4 竹原市的传统建筑保存地区的街道景观（广岛县），用方格状装饰将街道与建筑物巧妙柔和地连接在一起

在欧美，有着格网型（方格状）的街区划分，并沿着这些街区逐渐形成城市的事例，也作为自希腊以来的棋盘状道路的样板，被人们所熟知。这样的道路样板，被作为美国许多城市的道路范例来采用（Morris，1998年）。

在城市空间的构成原理方面，西方与日本究竟在哪些地方存在差异呢？从日本方面来说，农村与城市之间没有边界，有的则是连续性、交流与相互依存。农民也可以在城市中生活。在大坂（译者注：即现在的大阪），设有街区共同拥有的集会的场所，公共空间由商人和手艺人们进行管理。按照各自所使用建筑的门面宽度，负担邻里生活的管理费用（垃圾、粪便、大街的清扫、消防等）。在堺市等的地方自治城市及寺内町，城里的民众进行城市的治理，但是，这样的事例属于例外。在城下町，城堡是城市的基础，统治城市的不是市民。

在街道空间与建筑物之间的关系方面，在日本，虽然方格形式是典型的处理手法，但是，却是具有连续性的。的确，日本的城市空间也是以街道为基础构成的，但是，建筑物围合街道的作用并不明显。正如芦原义信在《街道景观的美学》一书中指出的那样，与西方建筑那样的"内与外"的断绝所不同的、柔和的关联性是日本房屋的传统。在日本，由于土地区划整理事业等的进行，作为城市骨架的道路的构成在很大程度上被改造，许多的建筑物也同时被改造。建筑形成城市形态的意识比较淡薄。

★城下町的传统

　　三重县伊贺上野的小城镇（伊贺市）作为芭蕉的出生地而闻名。在江户时代建设的东西走向的道路两边设有许多的店铺。城堡建在上野台地的北端，其南端、东端和西端是上级武士的居住区。在小城的西端和南端设有寺院群，小城与城堡之间的地区是下级武士的居住区。城下町的东部是从事农耕的人们聚集居住的地方，由此可以看出，即使是在城市内部，同农村的联系也十分密切。城下町的道路是由直线构成的。小城的周边既没有修筑围墙，也没有设置广场。与统治市民的精神世界、在城市的中心部高高耸立的西方的大教堂不同，寺院被设置在城下町的周边，同时还具有军事的作用。

　　在城下町的经营管理方面，除战国末期的堺市和寺内町之外，即使是在伊贺上野，"町人（市民）"也不是城市经营的主角。在英国的牛津市，英国市民战争（17世纪中期）时，统治阶层与市民之间发生对立。在日本，虽然也发生过农民的武装暴动，但是，市民、工匠们与作为统治者的武士阶级之间没有过战争。在江户时代近300年间，虽然，各个城下町的经营具有作为藩的自律性，但是，都是处于江户幕府的强力统治和监视之下的。

　　在华沙和许多的德国城市，可以看到许多诸如将第二次世界大战时遭到极大破坏的城市中心地区的市区空间按照战前的建筑物和道路状况进行复原建设的事例（安索尼·坦，2006年）。因为，由坚固的建筑物形成的具体的城市形象是市民所共同拥有的，所以，可以实现城市空间的复原。在日本，不能共同拥有明确的城市形象的理由之一，是否就是因为市民自治的软弱、城市空间与自然的交流、街道与建筑物的连续性这样的日本的特征呢？另一方面，这样的空间意识是否会产生出农田、自然、市区相互交织的市区无序蔓延的城市形态呢？

2·2　紧凑型城市的城市形象

(1) 城市形象的变迁与三种模式

★过去的城市？抑或未来的城市？

　　简克斯教授（当时任牛津布鲁克斯大学建筑学系主任）在日本发表演讲时曾作如下论述（2003年11月）："对于欧洲的人们来说，紧凑型城市给人们以强大的印象。其根源在于欧洲中世纪的城市，尤其是荷兰的中世纪城市。根据各地区的历史和条件等方面的因素，紧凑型城市的具体形态和实施方法多有不同。需要找出适合各自具体情况的解决策略及城市形象。"简克斯教授对于将紧凑型城市的具体形态（高层或是低层等）和密度等作为规划和设计的方法和手段加以表示这一点，持有怀疑的态度。

下面的两段文字，在思考紧凑型城市的意义方面，将给我们以很大的启迪。

"由于采用步行等的交通手段，最初，所有的城市和城镇都是紧凑的"（Clark，2005年）。

"紧凑型城市或许就是未来的城市，但是，为了尽可能地减少危险，应该慎重地处理地球的表面"（Marker，2005年）。

第一段文字出自英国的大学教授迈克尔·克拉克，第二段文字是英国政府规划部门（ODPM）的负责人布莱安·马克讲述的。

近代以前的城市都是紧凑的。这是因为城市的主要交通手段是步行。从世界最古老的城市群，到古希腊、古罗马的城市，乃至中世纪的城市，都是紧凑型的城市。在日本，譬如，以古时诸侯的居城为中心发展起来的城下町，因为是以低层木结构房屋为主，所以，由于门面窄小、进深很大的临街商铺和陋巷内的简易住宅，形成了高密度、依靠步行交通也可满足日常生活需求的城市形态。明治时代中期以后，引入了有轨电车，在大城市，郊外电车有所发展，并开始进行郊外居住区的开发，但是，基本上还是维持紧凑的城市形态。

在先进的工业国家，城市开始失去紧凑的城市形态是近150年的事情。

近代西方城市经历过几次大的变化。最初的变化是由19世纪的产业革命所导致的城市化。许多的中世纪城市，为了应对城市的扩大，纷纷拆除城墙，将市区不断地向其外部延伸扩展。即使是在没有城墙的日本，市区也呈现出外延式的扩大。由于恶劣的居住条件及城市卫生状况的恶化，英国在19世纪后半期，开始实施住宅政策，并且在20世纪初发明了城市规划。在经过各种各样的乌托邦式的构想之后，在英国，埃比尼泽·霍华德的田园城市的构想得到提倡，并被付诸实践。时至今日，这一思想对城市规划领域仍然有着很大的影响。

其次的变化是从20世纪中期开始，真正意义上的汽车的普及导致城市的低密度、市区向郊外的扩展以及人口更进一步地向城市集中。在许多的城市，公共交通特别是轨道交通被逐出。城市建设及建筑建造的技术有了很大的发展。勒·柯布西耶的"现代城市"理念提倡运用汽车交通手段支撑高层建筑的发展，并在地面进行公共绿地和开放空间的建设。直至现在，这一理论对城市的理想状态仍然产生很大的影响。即在郊外建设的新城，及在市区建造的柯布西耶式的高层建筑成为城市的印象，并形成了城市的形象。

20世纪后半期，在郊外兴建的单调的住宅区不断地扩大，市区的高层建筑对现有的传统城市的优越之处进行着不断的破坏。越来越多的人开始认识到，高层建筑作为居住环境并不是理想的。美国的简·雅各布斯对规划性城市开发的单调，以及以功能分离为原则的城市规划进行了批判，主张各种不同的要素交织在一起的城市的繁华才是城市的魅力所在。人们开始寻求针对城市中心区繁华度丧失的应对策略，内城问题逐渐成为主要的城市政策。在20世纪的最后阶段，不是局限于个别城市的理想状态，而是从地球环境问题的角度出发，思考城市的理想状态，并据此提出了紧凑型城市的理念。

★欧洲模式

现将紧凑型城市政策的欧洲模式归纳整理如下。

◇充满活力的城市中心区的维持与形成

现在，许多城市留存有中世纪以来的历史空间，同时，在文化活动方面也是重要地区所在。维持和形成以广场为中心的、充满活力的传统空间是欧洲模式的中心命题。城市的中心区由以步行者为中心的、安全而富于吸引力的公共空间和居住、商业、娱乐、业务等功能复合的空间所构成。

◇谋求市区扩大的连续及高密度市区的维持

虽然是大城市，但是，仍然维持高密度城市形态的巴塞罗那，作为推行"从部分到全体"、"从质量到数量"、"从最困难的地方开始"的城市政策的巴塞罗那模式，被众人所熟知（《可持续的城市》，岩波书店）。巴塞罗那由狭窄的小路和历史建筑密集的中世纪城市（在吸引观光客的同时，也是贫困人们的居住地）、20世纪前半期的规划城市（棋盘状道路的样板）以及20世纪后半期的现代城市（与举办世界奥林匹克运动会相关联的整顿与建设、人工海滨、中高层住宅）这样具有不同性格的三个构成部分连续构成（Marshall, 2004年）（照片2·5）。

照片2·5 毕尔巴鄂旧市区（西班牙），被历史建筑围合的小巷的生活场景。同巴塞罗那一样，中世纪城市与近代城市邻接，现正致力于城市再生事业的紧凑型城市的事例

在拥有这样的城市构成的同时，从20世纪末开始，成为欧洲的城市政策特征的是城市圈规划。国界的意义逐渐淡薄，无论是在制度方面，还是在金融、货币方面，都朝着欧洲一体化的方向发展，城市圈的作用不断加大。从另一方面来说，这同经济的全球化、人们生活行动的广域化、流动化，以及在经济结构方面，以城市为基础的知识型、创意产业逐渐成为今后的发达国家型的经济发展的样态密切相关。由IT等带来的在网际空间进行信息交换的发展，要求人们重新思考面对面的直接交流的作用价值。

西山夘三（1990年）指出，在经济、社会、文化及地区生活方面，城市具有比以往更加重要的作用。富于魅力的城市设计连同历史和文化一起，提高城市的价值。富于魅力的城市吸引着众多的人群。景观是生活环境质量易于读懂的指标。同时，它也适用于各种各样的城市状况及城市的设计。进行进一步继承和发扬城市文化的传统、市民共同参与、专家的卓越能力也得到有效发挥的规划的制定工作。通过基于上述规划的社会空间体系的运用，现代城市可以得到持续的发展。

★美国模式

在国土辽阔、资源丰富、汽车道路建设发达的美国，人口的增加依然在继续。如何从由美国梦产生出的郊外低密度住宅区的开发中加以摆脱，成为亟待解决的问题。进一步提高密度和抑制市区的无序蔓延是当前所面临的重大课题。在郊外进行新的住宅区开发，如果运用新城市主义的思想，并采用以前的美国基准的话，那么，应该进行高密度的开发。虽然确实有很多人现在依然偏爱低密度的住宅区，但是根据新城市主义思想进行的住宅区开发，譬如，有效利用传统的邻里社区优势的开发（NTD[1]），以及在公共交通设施周边进行的复合功能的开发（TOD[2]）等使得不动产价格得到提升这样的事实，充分显示出也有不少的人喜欢同美国梦完全不同的生活方式。

作为美国社会最佳特征的、以个体为基础的市民社会的传统被称为"投票箱的民主主义"。在考虑负担与收益的同时，自己选择城市的理想状态。在汽车社会深入广泛地进行渗透的美国，各地也在进行有轨电车系统（LRT[3]）的恢复及整顿建设工作，一些城市还导入了在市中心免费乘坐的公共汽车系统。许多人对此持支持的态度，他们表示即使缴纳一定的赋税，也要确保城市中心区的活力，确保社会的公平性。

以促进同广域规划整合的社区规划与设计的实现为宗旨的分区规划（功能分区）是美国城市规划的基础所在。重视力求促进人们社区活动的开展所作的种种努力，旨在不招致资产价值下降的住宅管理组织（HOA[4]）的普及，也是美国的特征之一。通过进行复合功能的开发,在所开发的地区内,尽量确保日常生活设施以及就业的场所。虽然,由于城市向郊外的无序扩展,以前的城市中心区空洞化、荒废化现象在不断地加剧,但是,因为便利性和房租低廉等因素,现在,在一些地方也可以看到年轻人重新返回城市中心区生活的倾向(照片2·6)。美国人的移动性的高低表现出在生活质量的高低以及就业场所的确保等方面的城市间的竞

照片2·6 拉莫纳大街(加利福尼亚州帕洛阿尔托),20世纪中期设计、建设的,经过20世纪80年代的更新改造及保护性建设,这里又恢复了昔日的繁华景象

争。许多地方还采取了在城市的近郊设置成长边界、限制市区无序蔓延的"精明增长"政策(参照5·1)。

★日本模式

　　同欧洲及美国的城市相比,日本城市空间的合乎理想的特征在于自然的丰富,与农业、农田的接近,地区特征的保持,复合功能以及地区社区的稳固。留存在城市的内部和外部的滨水地带、生活居住地附近的山林以及给人以四季之感的环境,尽管在程度上存在差异,但是,却体现出日本城市环境的丰富。温暖、多湿多雨的气候,产生出强大的自然恢复力。在靠近城市的地方拥有许多经过农业投资的优良的农业用地。然而,这样的农业用地却成为城市开发需求最强的地区。只是一味地强使农耕者和农业用地所有者忍耐、担负由农业和城市的土地利用导致的收益力的巨大差距的做法,不能够持续下去。采用通过对靠近城市的农业用地的利用、谋求农业持续发展的手段,不仅可以使城市的市民亲近农业,同时,还可以使他们享受到当地的农产品。今后,还需要让城市的住民认识并负担农业用地所具有的诸如防灾、气候缓和、水源涵养等的多样的价值,以及作为娱乐消遣和多样的动植物生息的场所这样的生活居住地附近山林的价值。

　　由地震所代表的自然灾害使得建筑物的永续性遭到破坏。在过于短的期间内,住宅、建筑物被毁坏,又被重新建设。这样的社会发展及成长的速度也是日本的特征之一。然而,未来的作为社会整体的量的缩小和成熟化,将会使既有空间的利用期限得到确实的延长。或许,今后在许多地区将不会再看到曾经作为城市改造理由的成长扩大。城市基础设施的整顿与建设将从量的需求扩大应对型转为难点解决型及环境改善型。要有效地利用先前整顿建

设的社会资本积存，需要大家群策群力，进行更加深入的研究和思考。

如何才能发掘并继承江户时代以来的日本城市传统中的优秀部分，成为摆在我们面前的重要课题。欧洲在城市整顿建设中所使用的词汇"翻新改造＝旧装置的改造"，在日本也成为关键词语。如何对符合人性尺度的城市空间和生活行动（即不是配合汽车交通的速度与需求的城市整顿与建设），以可步行范围为基准的生活圈，以及公共空间的质量和配置进行创造与再生，成为我们所面临的重要课题。

中心市区的再生与城市无序扩展的抑制及整序，二者相辅相成，缺一不可。其目标在于促进市内居住、恢复人口以及进行依靠步行交通可满足日常生活需求的城市建设。同时还需要以在人口减少和空洞化过程中处于弱化状态的居住者为对象，进行日常生活服务设施的改善和充实。在缺乏良好积存（空间资源）的地区，通过再开发事业和共同翻建、改建工程的进行，在形成

照片2·7 花菖蒲大街（滋贺县彦根市），以住民为中心，长期致力于修复型街道景观的整顿建设及街区的活性化建设

新的集聚的魅力的同时，公共空间的魅力也得到进一步的提高。在许多城市，人口减少和高龄化发展迅速，尤其是在郊外住宅区的发展速度很快。这样又产生出引起新的居住区问题的地区。通过采取应对地区状况的各种对策以及住民的积极努力，可以使住宅区的居住环境水平得到维持和提升。市区空间与农田、自然的共存、循环再生也成为今后面临的重大课题（照片2·7）。

(2) 日本、美国及欧洲在城市、地区及居住指向方面的比较

★日本、美国及欧洲的比较

现实的城市空间承担着各种各样的矛盾和利害关系的对立。不可否认，在宽裕的生活、高品质的住宅，以及城市型观光方面，日本还落后于欧洲各国。由于20世纪60年代以后的经济快速发展，已经成为经济大国的日本，在生活的充实及生活的质量方面依然是贫困的。在今后的全国人口减少过程中，地区及社区都必须应对由此所产生的大的变化。

如同在城市的空间形态方面，美国、欧洲及日本存在很大的差异那样，在紧凑型城市指向的背景方面，也存在着共同性及独自性（表2·1）。特别明显的不同点在于：在日本，人口的急剧减少、高龄化和财政方面的困难成

为紧凑型城市指向的强大理由。同依然呈现人口增加、住宅需求旺盛的美国，以及伴随社会的成熟化发展，人口增加率下降，预测今后人口仍会缓慢减少的欧洲相比，其差异越发显著。

表2·1 日本、美国及欧洲的城市、社会及居住状况的比较

相关项目	欧洲	美国	日本
地区文化、个性	悠久的城市历史，在许多地区实施历史性保全、特性的继承与复原	短暂的城市历史，城市的历史保全指向	本地资本、本地产业，快速的城市更新，文化的多样性
城市形态	城市与农村的区分、绿带、开发限制	城市无序蔓延	城市无序蔓延，城市与农村、自然的连续性
人口增加、住宅需求 土地/住宅	某种程度的增加。高龄化。住宅价格上升的地区差。古老建筑的留存，城市型住宅的传统	大的增长压力。年龄构成的年轻化。住宅价格的地区性上涨。郊外单户独立住宅指向	人口减少预测。对高龄社会的应对，地价、住宅价格的下降。短周期的更新循环，虽然单户独立住宅较多，但是公寓建筑趋于增加
城市中心区的空洞化	历史环境保全。活性化的维持相当成功，再生事业的成功范例。城市型观光兴盛	历史的短浅。空洞化极其严重。9·11恐怖袭击事件导致的规避城市中心区的倾向	城市改造所导致的变化、统一化，大量的公共投资。空洞化导致社会问题的产生，少量再生成功事例
地区经济	通过城市的结构调整及再生，进行经济成长的基础建设	面向发展的基础性建设的定位，全球一体化	公共投资的期待，强大的第二产业，服务产业的扩大
社区	个人主义、契约社会、非营利组织（NPO）、志愿者		节日庆典，自治会，乡土关系、血缘关系的重视，非营利组织（NPO）活动的快速普及
社会的公平性、融合，社会不安	克服人种间及社会背景差异的指向强烈。犯罪对策指向	犯罪担心的加大，外国人居住的地区性增加	
对环境问题的应对	农田的保全、生物多样性、汽车等的CO_2排放量削减政策、农田保全指向、可持续发展指向	野生生物环境保护意识强	农田保全指向弱。自然保全指向的提高。京都议定书遵守意向。对于环境问题的国民意识的提高
市内居住指向	英国的田园生活指向，逆城市化的生活方式增加	美国梦的郊外单户独立住宅指向稳固	单户独立住宅指向强，但是市内居住指向在不断加强
财政问题	对低密度化导致的负担增加的防范	力求减少财政支出的指向	追求财政负担少的城市结构
城市规划手法	以土地利用限制为中心、协作、规划民主主义	详细分区规划、协议型、市民参与的规划民主主义、自治体参与带来的多样性	以基础整备为中心、市民参与体系薄弱、采用学术专题讨论会方式的市民参与

或许，对于快速发展的城市化，采取经济发展优先、设施自由选址以及进行道路等扩张型城市基础设施建设的策略，致使日本的市区无序蔓延，正是因为厌恶此种现象的发生，今后，即使是城市开发及新的住宅用地需求并不旺盛的地区，也被强烈地要求需要进行紧凑型城市及地区的建设，并且，

必须向其进行挑战。然而，这在世界上也是特异的样板，是困难的挑战。

★欧美诸国郊外居住指向的变化

将现代城市的呈无序蔓延状态膨胀的市区全部更新改造成为像中世纪城市那样的紧凑型城市会成为现实吗？紧凑型城市是否只能适用于中世纪所形成的城市中的部分城市的、浪漫的怀旧情结呢？紧凑型城市被确立为欧盟（EU）的城市环境政策以来，欧美诸国对此也展开了反复的批判。可以怎样进行现代城市的郊外地区的规划和再生呢？

美国的文明评论家利弗金指出："访问过欧洲的美国人一定会注意到，那里的一切都是紧凑规整的、道路狭窄、所有建筑物都呈密集的状态、咖啡馆的混杂状况，以及在那里用餐时所给食物在量的方面也是如此之少"（利弗金，2006年，第201页）。

一般来说，在欧洲，城市无序蔓延得到有效的抑制，而且，富有活力的中心市区亦得到很好的维持和发展。然而，现实上，不仅在美国，即使是在欧洲，被认为不具魅力的郊外地区也成为众多人的居住地。在德国，既是行政官员、同时也是研究者的狄巴图就进行郊外地区更新改造的必要性作出如下的论述（狄巴图，2006年）：要实现紧凑型城市，需要对有着种种利害关系的组织和个人的自由活动加以限制。但是，因为在现代的民主社会行使这样的政治上行政上的权限是一件困难的事情，所以，紧凑型城市的实现也将是困难的。在现代社会，不可避免地会出现城市功能分离和生活圈扩大的现象。因此，提高处于传统的城市和田园的"中间的城市空间"的品质成为现实的应对策略。在此，重要的是生态系统的改善。作为对广域城市圈的环境赋予意义与价值的创意性过程的样板，可见 IBA 埃姆夏公园的建设事例。在此，重要的不是成长指向，而是要使内在的变化在提高经济与内部品质的方向上集中地发生文化的渗透。

狄巴图的论述指出了在民主主义的社会，即使是已经导入强有力的规划体系，也不可能通过强制力改变市民、住民的资产、人权以及人们的生活方式。虽然紧凑型城市政策是以抑制城市无序蔓延及形成充满生机和活力的中心地区为目标，但是，从另一方面来讲，就郊外地区而言，几乎被排除在对象地区之外。但是，从现实情况来看，即使是在保留有大量的紧凑型传统城市的德国，从19世纪末以来，市区向郊外的扩展始终在继续，在城市的周边形成单调而低密度的郊外地区。尽管都市村庄和新城市主义的理念在新的开发及成长型城市的形成方面具有一定的效果，但是，就现有郊外地区的再构成而言，也不一定能够作出城市形象的提示。郊外居住区的再生同时也是现代城市政策的新的挑战课题[5]。

★田园居住指向稳定的英国

英国及欧洲各国推行紧凑型城市政策的目标在于重新恢复并维持既是现代经济活动的中心、又是人们生活场所的城市的生机与活力。一方面,作为抑制城市无序蔓延的势力,有谋求保全自然环境的国民意识及各项相关的活动。同时,还有从开发农业资源转向保护农业资源的社会共识以及农田所有者的意向。一次,我骑自行车去牛津市郊外,偶然路过马萨巴尔顿村。在那里,看到有的人在骑马,有的人在悠闲地散步,村里的广场上

照片2·8 英国的丰富的田园生活(牛津郡马萨巴尔顿村),19世纪的农村如今已经成为城市富人们的别墅区。住民可以在这里享受骑马、打板球、散步等的休闲乐趣

正在进行板球比赛(照片2·8)。在19世纪的城市化过程中,英国的农村日趋凋敝,许多的农民都流向城市。随之而来的是城市的富裕阶层买下农民的房屋,进行别墅的建设。正如我们从"乡村绅士"一词中所知道的那样,英国的资本家是地方的地主阶级出身。对这样的地方及田园的评价有着与日本不同的文化背景。在英国,城市被认为是工人阶级的工作场所。在城市中,形成贫民窟,即使在现代,内城也依然是低收入人群的居住地。

与之相抗衡,力求使城市更具魅力的建设目标始终贯穿在紧凑型城市政策和城市再生事业之中。图2·2所示为英国及日本的人们的居住地移动倾向。在日本,人们向虚线所示的城市中心地区和更近的郊外地区回归的倾向在进一步加强。

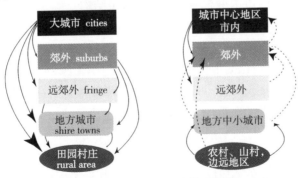

┈┈┈▶ 所示为最近的倾向

图2·2 人们的居住地移动倾向,英国(左)和日本(右)(来源:左图源自DETR,2000年。右图为笔者所作)

2·3 实现紧凑型城市的城市设计

(1) 可持续的城市设计——欧盟（EU）的战略

★所谓城市设计

"紧凑型城市"一词在日本也给人们以强烈的空间印象。对城市空间进行设计，就是城市设计。在欧美，城市设计被认为是以城市的三维空间为对象，将与土地利用和公共空间相关联的建筑用地与建筑物进行一体化设计的方法。具有使建筑设计与城市规划结合在一起的作用。某外国学者说，所谓城市设计，就是将从建筑物的窗口向外可以看到的一切作为设计的对象（Carmona，2003年，第3页）。

卡尔莫纳将成为城市设计对象的空间规模分为建筑、空间、地区、新住宅区（Carmona，2002年）。在此，如果以紧凑型城市为题进行思考，可将城市空间作如下三个层次的划分：

①街区层次：将公共空间和建筑空间进行一体化设计。譬如城市中心区再开发、商业中心、象征性的道路以及广场这样的公共空间和建筑群等。

②地区层次：住宅区和新城等的具有一定空间规模的地区设计。美国的TOD（进行与公共交通一体化的开发）、TND（采用传统地区形态的开发）和英国的都市村庄（符合人性尺度，具有高密度及复合功能的开发）等。

③城市、城市圈层次：城市整体和城市圈、地区的形态和结构，以及开发模型的设计。美国的精明增长（抑制城市无序扩展的城市成长政策）、哥本哈根的人手形城市结构（通过在公共交通设施的沿线进行高密度的开发，实现城市成长与紧凑的市区形态两者并存的城市结构）等。

紧凑型城市的实现属于城市设计的领域。

现在，让我们简单地回顾一下如今的城市设计的历史。通常，人们认为，城市设计始于19世纪巴黎市长奥斯曼进行的巴黎大改造项目。通过该项目的实施，贫民窟被拆除或改造，并进行了成为城市骨架的林荫道（香榭丽舍大街）等的整顿与建设。在英国，人们认为由建筑师昂温等人进行的、霍华德所倡导的田园城市莱奇沃斯的规划与设计是城市设计的开端。此后，在20世纪初，美国各地都开展了城市美化运动。通过对道路等的公共设施和大型公共建筑的美化，创造优美的城市空间的手法，使城市设计得到进一步的发展。

对当今世界的城市规划界、建筑界具有强大影响力的城市设计理念是CIAM（近代建筑国际会议）和勒·柯布西耶提倡的城市形象。主张城市应该具有能够满足"居住、工作、休憩、交通"这样的基本功能以及"阳光、绿色、空间"的形态。它给人们以拥有宽阔、笔直的道路和高层建筑,其周边被绿地环绕这样的城市印象。这样的城市空间印象产生了极其强大的示范效应。不仅影响到世界上的建筑师和城市规划师,而且,作为理想的、应该实现的城市空间,通过大学的教育,也成为专家们的常识。在当今的中国的大城市里,摩天大楼林立,这一理念在这里得到很好的实践。然而,这样的功能主义的城市形象同时也带来了人性的空间尺度的破坏、对地区个性和历史性的轻视以及促进汽车交通的发展这样的现代城市问题。

1960年哈佛大学创设城市设计学科,持续至今的城市设计运动是在20世纪60年代的美国开始的。然而,即使是到了20世纪60年代的后半期,城市设计的理念在美国仍然没有得到很好的理解。此后,为了谋求作为居住地来说、存在诸多问题的内城的改善,开始进行试图重新认识城市的历史或者场所的意义的运动。支援此项运动的是由美国建筑师协会(AIA)进行的地区、城市设计支援团队的活动。该团队由各个领域的专家组成。此项活动被认为是将个人和家庭与城市(住宅、门廊、街道、邻里居住区)结合在一起的活动,城市设计成为民主主义的词汇(Urban Design Associates,2003年,第9-10页)。

城市设计这门技术同社会有着很强的相关性。如今的城市设计在城市的整顿与建设、再开发以及城市政策方面也得到更加广泛的应用。在欧美,还进行专业人员的教育以及人才的培养,在行政方面,政府机关内也设有相关的工作部门[6]。作为一般专业人员的教育,需要从空间设计的专门性以及对社会问题的理解与应对的必要性等方面,进行以建筑系毕业的大学生为对象的大学院水平的教育。然而,在日本,目前大学、大学院教育的体制以及专家、民间事务所的数量等也受到一定的限制。

★欧盟(EU)的紧凑型城市战略

始终推行重视环境的城市及地区政策的欧盟(EU),在2002年发表了有关环境政策会议议程(行动计划)的"七个战略课题"。它们分别是海洋环境、大气、土壤、农药、自然资源、废弃物和城市环境。城市环境战略的中心课题是可持续的城市经营管理(运营)、城市交通、可持续的建设与设计。在城市交通领域,重视生活服务设施等的利用便利程度(可达性)的提高、减少对汽车交通的依赖、促进公共交通和步行交通、自行车交通的发展等。

在城市设计领域,继续采取重视抑制城市无序蔓延,维持地区个性、文化、历史、绿地及生物多样性,形成紧凑的城市地区的城市战略。在欧盟(EU)的城市环境战略中,十分注重城市设计。紧凑型城市战略在城市设计、尤其是在可持续的城市设计中得以确立。

在该战略课题发表以前，由欧盟（EU）资金支持设立的研究小组经过对相关数据和资料的归纳整理，发表了《可持续的城市设计》（ENERGIE，2000年）。此后，欧盟的专家小组经过大量的调查研究工作，发表了题为《以实现可持续性为目标的城市设计》的研究报告（Working，2004年）。在该报告书中，对1990年的《城市环境绿皮书》发表以来，欧盟推行的紧凑型城市政策进行了总结，并且，对今后的工作提出了意见和建议。该报告书提出，可持续的城市设计的最终目标是力求在现在以及未来的时期，使所有的人都能够享受健康、高品质的生活。为此，要通过采用维持公平性和地理上的平衡、促进经济发展的手段，减少对地球及地区环境的影响。

在今后的城市设计中，需要注重以下几个方面的问题：
- 既有市区的再设计（重新设计）、翻新改造（传统形态的维持与继承）。
- 对社会高龄化、小规模家庭，以及新住宅需求的应对。
- 高品质生活的实现。
- 对由全球化导致的内城等的衰退、移民流入的应对。

在该报告书中，就作为本书主题的紧凑型城市问题，用了将近4个版面的篇幅进行详细的探讨。在此，欧盟推行的紧凑型城市战略与世界自然保护基金会（WWF）[7]等倡导的以减少生态足迹为目标的理念的对立与统一成为重要的课题（麦道斯，2005年）。

生态足迹是将人类活动所消耗的资源、能源的数量换算成土地面积加以表示的手法。如果城市化发展、农业面积缩小，则生态足迹就会变大。要实现更小的生态足迹，"短循环周期战略"被认为是行之有效的方法。所谓短循环周期战略，就是在更小的范围内，创造出生态学的资源、能源的循环结构。其所设想的城市及地区空间模式同紧凑型城市相反，呈低密度居住区、地区的形象。即作为城市环境战略，欧盟正在推行的紧凑型城市战略同从应对地球环境问题角度考虑的短循环周期战略是对立的。

该报告书从不同的角度对这一问题进行了研究和探讨，再次对紧凑型城市政策的有效性进行确认。并且，就此得出结论：紧凑型城市政策与短循环周期战略的统一是可能的，应该促进两者的结合。作为采用合并方式形成的城市（圈）模式，在城市的层面上，提倡在城市内进行保全并配置有绿色网格和绿色结构的"绿色的紧凑型城市"的建设；在城市圈的层面上，提倡采用"分散式集中（多中心模式）"的处理手法。

★可持续的城市设计理念与事例

在专家小组的报告书中，将19世纪以前的欧洲城市作为紧凑型城市模式的样板，并力图推荐《美国大城市的死与生》一书的作者简·雅各布斯所描述的城市形象。然而，假如也可能有像香港那样的由高层建筑组合而成的紧凑型城市、给人以自立印象的都市村庄的理念，以及无论是大城市、还是中小城市都可能适用的紧凑型城市模式的话，那么，多样的城市空间的理想状态将会得到肯定的评价。

现在，让我们对可持续的城市设计的基本理念作进一步的整理与归纳。专家小组指出，在建筑用地单元和地区单元，要尽可能地进行高密度、多功能化的建设，提高各种服务设施利用的便利性和城市基础设施的效率，以及公共交通的可实现性。从另一面说，如果从自然和农田的保全、生态学的循环或者生活居住地附近的自然环境的保全以及在大自然中娱乐消遣的享受这样的观点来看，所追求的应该是低密度的环境。在此，可以采用提高净密度（建筑用地单元、地区单元的密度），并使毛密度（大区域整体的平均密度）呈中低密度状态的处理手法，谋求城市空间与自然、农田的保全及利用的并存。这样一来，使得看上去对立的两种城市形态的有机结合成为可能。这样的理念，即使是在自然环境被引入市区空间、城市与农村的循环与交流繁盛的日本，同样也是可适用的理念和手法。但是，基本上是以防止城市无序蔓延为前提。

另外，该报告书中还着重强调景观设计的重要性和理想状态，以及在设计理念实现过程中的市民参与和协作这样的治理过程。作为可持续的城市设计，除美国的 TOD（公共交通指向型开发）、巴西库里提巴的公共交通战略，以及英国弗雷教授的网络城市构想之外，在国土、城市圈、地区，以及邻里社区的层面上，还可以看到许多正在进行实际努力的相关事例（表 2·2）。

表 2·2 欧盟（EU）各国有关可持续城市设计的事例

国家	全国	城市圈、地区、邻里地区
法国	地方 21 世纪议程的实施（地方性的规划与设计）	—
荷兰	由政府主导进行城市设计及相关指导	ABC 战略
斯洛伐克	国土层面的可持续开发框架的设定	—
瑞典	地方 21 世纪议程报告	斯德哥尔摩城市圈的紧凑型城市规划。内城开发（斯德哥尔摩、哈曼比、肖斯塔德的复合功能开发）。郊外的高密度、多功能开发。戈特贝尔克的交通节点周边地区的低密度开发
意大利	地方 21 世纪议程报告	—
芬兰	全国层面的建筑指导方针	比克、霍哈拉蒂（赫尔辛基）：高密度、复合功能，传统的街道形式，步行者、自行车交通指向 比基（赫尔辛基东部）：生态建筑设计、绿地的配置、科技园、环境共生住宅 赫尔辛基市的住宅政策（基于市有地的长期租约的、根据民间开发的总体规划进行的诱导；私产房及租赁房两种形式的混合存在；对规划过程的参与）。内城开发（图尔库的复合功能开发）

续表

国家	全国	城市圈、地区、邻里地区
爱尔兰	依据欧盟（EU）空间战略（EDSP）的国土空间框架	—
西班牙	在3个中小城市进行的使现有的紧凑型城市实现复苏的空间规划	—
奥地利	国土规划"OREK2001" 维也纳采用自下而上方式进行的规划制定	索拉市、比奇林格（林茨）：节省能源、节省资源、社会阶层的混合。在格兰茨进行的地方自治体能源规划的制定在由小规模地方自治体进行的开发控制方面的顾问、咨询作用
匈牙利	—	内城开发（布达佩斯的费伦克巴洛斯的住宅区开发） 布拉迪斯拉发的城市副中心开发（紧凑型、复合功能）
挪威	—	内城开发

（根据"Working，2004年"制作）

（2）在规划体系中得以确立的城市设计：英国

★规划政策与城市设计

在英国的城市规划体系中，城市设计作为重要的要素得以确立。在社区与地方政府部（DCLG，2006年设置）[8]的网页上，有人提出"什么是好的城市设计？"这样的问题，对此，人们认为城市设计不仅创造人们用眼睛可以看到的富有魅力的场所，而且还具有如下的价值：

● 提高资金的价值：用比建设费少的费用，提高质量、实现可持续的建设。

● 增强地区社会的独有个性。不是在任何地方的场所，而是要创造能够应对人们需求的场所，促进社区的有序发展。

● 长期的居住舒适度的改善：采用促进街道和公园等公共空间和建筑环境的清洁度、安全性以及绿化建设的手段，使得运营及日常维护管理更加简单易行。

● 能够有利于可持续的发展：通过对历史文脉和资源的最佳运用，轻松应对各种不同的变化。

现在，在英国，试图对规划体系和地方自治体的体系进行大的改变（参照3·3）。在成为政府制定新规划方针的基础的题为《有助于实现可持续的开发》（PPS1，2005年）的规划政策报告中，提出作为在进行开发规划的审查许可决定时应该考虑的基本事项，其中包括可持续性、对地球的可持续性的贡献、高品质的包容性设计的运用、项目的选址与可达性，以及社区的参与等方面。另外，在报告的第33节中还强调指出，为了采纳设计，并实现可持续的发展，设计是主要的要素。好的设计和好的规划是两件事情，高品质的设计会产生使利用场所的感觉良好、乐于长久利用且易于被人们所接受的设计效果，并且成为可持续发展的关键的要素。同时，该报告对城市设计的作用作了如下规定：

- 将工作场所和主要的服务设施相连接，为人们提供利用的便利。
- 考虑到对自然环境的直接与间接的影响，对既有的城市形态和自然、市区环境进行整合。
- 创造任何人都可以作为社会的一员被接受的环境，有利于作为英国重点政策的"社会排斥"的克服。

★什么是包容性设计

要实现可持续的地区社会，就必须营造拥有各种各样的阶层、多样的特性、尤其是对于有着种种不利条件的人们来说也适宜居住的地区社会和地区空间。作为该领域的设计原理，有无障碍设计，在日本，也以所谓的爱心建筑法、交通无障碍法的形式，纳入法律制度之中。使无障碍作为一般的设计手法加以发展的理念是通用型设计。这是不仅以残障者为对象，对于一般的人们来说，也便于利用、经济实惠且易于理解的设计理念。

最近，在英国，受到人们普遍重视的包容性设计（亦称涵容性设计或非排斥性设计）在政府推行的包容性社会（涵容被社会排斥的人们）的形成战略及可持续社区的形成规划中得以确立。在美国，包容性设计被作为得到广泛应用的通用设计的欧洲版本。对于在现实中难于实现的通用设计，包容性设计的基本理念是重视同使用者一起、共同进行设计的处理手法。人们认为，这反映了相对于权利社会美国的、拥有多样文化的欧洲社会（平井泰之，2007年）。受英国政府的委托，2006年建筑建造物环境委员会（CABE[9]）总结归纳出《包容性设计的原则》（CABE，2006年）。伊丽莎白·巴顿等人根据不同情况的现状调查资料，以街道为对象，提出了具体的意见和建议（Burton，2006年）。

（3）优秀的城市设计所带来的效益

在日本，许多情况下都会将优美景观形成的必要性界定为文化价值和精神方面的问题。然而，在英国，人们会更现实地认为这其中包含有经济的价值，能够给予城市开发相关联的许多利害关系者带来利益。在《设计指南——规划体系中的城市设计》（CABE，2000年）中指出，好的城市设计可以提高经济、社会、环境方面的价值，为利害关系者（投资家、开发者、设计者、入住者、利用者、整体的社会以及公共机构）带来利益（表2·3）。

为了使城市设计带来更大的价值，需要努力做好以下几个方面的工作：

表2·3 好的设计对于利害关系者的意义

利害关系者	基本的动机	对好的城市设计的关心
1. 个人的关心		
土地所有者	收益的最大化	不损害利益，且保有物的价值得到保全
出资者（短期的）	减少投资的风险性	高风险、高回报的平衡
开发者	建设的可行性、市场性、收益性、早期的整顿与建设	好的设计如果能够取得收益，则是理想的
设计专业人员	能够得到委托方的满足、个性化的设计革新	与城市设计相比，更关心建筑设计
投资家（长期的）	长期取得利益	设计能否产生收益，并降低运营成本
经营管理部门	提高经营管理的效果	能否设定与成本相称的收费
入住者	金钱、自由度、安全、功能、正确印象的价值	能否以适称的价格为自己带来更适合的、好的工作环境
2. 公共部门的关心		
规划当局	地区舒适度的保全、符合规划方针、对于公共的普遍关心问题的适合、环境影响小	虽然高度关心，但是，难于进行明确的表现，难于同社会的、经济的目标相妥协
高速道路当局	安全性、效果、适应性	最好能够长期使用
消防、防灾当局	对危机的应对性	不太直接关心
警察	克服犯罪的设计	好的设计可以使犯罪减少
建筑限制	维护公共安全性的设计	不太直接关心
3. 社区的关心		
舒适度、团体性	设计与利用的互换性	高度关心，但是，在外观的设计方面倾向保守
地区住民	地区特性的反映以及资产的保全	虽然高度关心，但是，在开发方面并不是好意的

（来源：CABE，UCL and DETR，2000年）

- 扩大对超出市场评价的广泛价值的关注。
- 发挥公共部门的作用。
- 以进行更优秀的城市设计为目标的教育工作的实施。并将其作为旨在实现更优秀的城市设计应该考虑的问题。
- 通过从公共部门获取补助金的方式进行诱导。
- 更小规模开发的灵活运用。
- 对使用期限成本（长期的价值）的考虑。
- 功能的复合（混合）。
- 提高公共空间和（环境、房屋等的）舒适度的功能。

好的城市设计可以吸引高所得居住者以及他们的雇员及会社。另一方面，维持社会的多样性在力求使更多的人能够共同分享城市再生所带来的便利等方面也有着重要的作用。

仅凭市场的交换价值（金钱性的价值、价格、收益）不能衡量出城市设计的价值。尤其是不能衡量出公共财产（公共空间）的价值。因此，在民间开发方面，对美化度、环境、健康、安全、经济、文化的成本及收益（费用、有利条件）进行影响评价，是非常重要的事情。对于公共部门来说，需要从法律、制度方面对城市设计进行通俗易懂的评价（CABE，UCL and DETR，2000年，第15页）。

在建筑建造物环境委员会就有关设计所带来的价值进行调查，并撰写的报告书《好的设计的价值》（CABE，2002年）中，对各种调查结果进行了总结和归纳。调查结果显示，好的设计在提高办公室的工作效率、对学校孩童们的教育效果、医院患者的康复、街道犯罪的抑制以及住宅价格的提升等方面均有一定的效果。

2·4 紧凑型城市的空间构成与城市设计

(1) 紧凑型城市的空间形态

★五个城市空间层面的设计

紧凑型城市的城市形态，可以根据对象空间的大小，分为以下五个层面加以考虑。

◇城市整体的平面设计

紧凑型城市尽量使市区在平面上不向外扩展：被城墙围合的西方中世纪城市和以河流等自然地形及由集中的寺院形成的街道等作为城市境界的日本的城下町，在城市的原始形象方面有着很大的差异。在由于盆地等自然条件的因素、城市扩大受到制约的中小城市，城市形态易于操作。在今后人口减少的过程中，虽然，大规模地采用"逆开发、自然化"的手法，将呈蔓延状态的郊外住宅区和产业用地等作为森林和自然地，进行地区更新改造的做法存在一定的难度，但是，在一定的空间单元情况下，亦存在实现的可能。

◇城市核心区

紧凑型城市拥有城市及城市圈的充满生机与活力的中心区：在意大利的城市再生事业中，进行了历史性城市中心区的更新改造工作。英国的抑制市区扩展和城市的再生也是以富有活力的城市中心区的形成为目标的。在日本的许多城市，原本在中心区集聚的商业、业务、文化、娱乐消遣、行政、居住等各种高级的城市功能逐渐向郊外分散，城市中心区在同郊外的竞争中败北，处于衰退的状态。要实现城市中心区的再构成，将分散、迁出的城市功能在中心区进行重新配置，或许这将成为有效的实施手法。通过文化设施及信息相关设施等的新的用地选址，以及空置楼房、空地的更新改造与利用，形成功能化环游型的城市结构。

◇日常生活圈

紧凑型城市的城市空间由拥有多元化居住者的日常生活圈重新构成：由于消费生活的高级化、近代的人际关系以及生活圈的广域化，因此，自立的邻里居住区只是幻想。在以前开发的新城中，许多的邻里中心呈现衰退的状态。然而，对于许多人来说，不依赖汽车也能够满足日常生活需求的地区生活圈是必要的环境，同时，也能够支持开展各种生动活泼的社区活动。这是新城市主义和都市村庄作为目标的城市及市区的形态。在日本，从江户时代到战前，典型的城市住宅为多户人家合住的简陋住房，现在，需要取代进行城市型住宅及居住区模式的开发。英

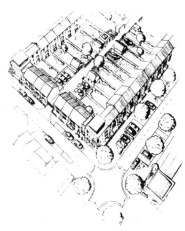

图2·3 英国人喜欢的紧凑的邻里住宅区
（来源：Schoon，2001年，第251页）

国的新闻媒体记者施恩向大家介绍了旨在实现紧凑型城市的英国式的市区住宅（图2·3）。

◇据点式的开发事业

提高市区密度，实现功能复合化：提出要实现城市再生和紧凑型的城市，在东京进行的巨大城市开发，使得紧凑型城市的概念产生混乱。据点式的城市开发事业，如果不能够有利于提高包括其在内的圈域的可持续性的话，那么，它只是单纯地停留在实现开发者的开发利益方面。可持续性与城市的紧凑度并不是同一件事情。虽然紧凑、却不可持续的城市的事例，可见19世纪后半期英国的贫民区密集的工业大城市和公共交通未得到整顿与建设的亚洲大城市。对紧凑型城市理念的简单理解和运用，不能创造出可持续的城市和城市环境。

◇建筑物的高度与布局

需要进行能够提高城市的优美景观和可持续性的设计：即使人口及户数密度相同，建筑物的高度和布局也可以有各种各样的形式。在日本，在宽松的城市规划限制的最大限度的控制过程中，一些在用途、高度及容积方面都

给人以凌乱之感的建筑物在市区得以建造。柏林的再开发规划是由传统的围合型街区构成。在充满活力的巴塞罗那，历史市区、20世纪的市区以及新开发地区各自营造出完全不同的氛围，使城市充满着魅力。或许是御堂筋那高度齐整的美丽的建筑群阻碍了大阪经济的发展[10]。要做到不仅有利于新的、优美的城市风景的创造，而且还能得到邻里的人们的支持，需要在邻里的文脉中，对建筑加以控制。对于人们来说，被接受的形态中有着文化的或者风土的背景。

★符合人性尺度的紧凑型城市与设计规则

荷兰的数学家、城市研究家萨林卡洛斯教授认为，紧凑型城市不只是起到取代城市无序扩张这样的消极的作用，而且也是更具根本性的方案（Salingaros，2006年）。给人以紧凑型城市印象的高密度开发、高层建筑、超高密度的巨大城市并不是人们所希望的。小规模、中等程度的密度、对于农田和自然的接近性、充分体现历史性和地区文化的环境，总的说来，符合人性尺度的、能够营造高品质生活的紧凑型城市才是我们应该努力实现的。作为具体的空间设计，在美国正在实现的新城市主义的"精明规则"（Smart Code，2005年，图2·4）所表示的T1~T6的空间形态之中，紧凑型城市与T3所表示的空间形态相对应[11]。

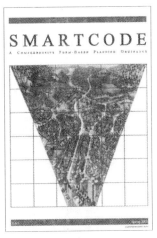

图2·4 "精明规则"的封面，表示多种类型的城市空间（来源：http://www.tndtownpaper.com/images/SmartCode6.5.pdf）

（2）紧凑型城市与密度

★服务设施的可达性与密度

E·巴顿指出，作为街道的包容性城市设计应该具备的要素，除亲切感、易于理解、独有的个性、舒适度、安全性之外，还应具有可达性（巴顿，2006年）。他认为，在地区生活方面，日常生活设施中，基本的设施，譬如邮局、银行、食品店、医疗设施及健康设施等应该在距住所500m的范围之内进行设置；其次的设施，譬如娱乐休闲设施、阵亡者慰灵设施、开放空间、社区设施、图书馆及车站等应该在距住所800m的范围之内进行设置（图2·5）。

在紧凑型城市的定义中，最基本的要素是"高密度"。如果密度高，则易于提高可达性。图2·6所显示的是根据大伦敦厅的报告书《旨在实现紧凑型城市的住宅供给》（GLA，2003年）得出的密度与服务设施可达性之间的关系。在伦敦的城市中心区，虽然也有200户/hm²的地区，但是，如果到郊外，人口密度则为100人/hm²左右。报告书中指出，在居住区的人口规模为7500人的场合，如果毛密度为50人/hm²左右，则公共交通的实现较为困难；如果毛密度为100人/hm²，那么，公共交通的实现成为可能；若毛密度达到150人/hm²，则公共交通服务可以得到充分的实现，且依靠步行交通也可以满足日常的生活需求。

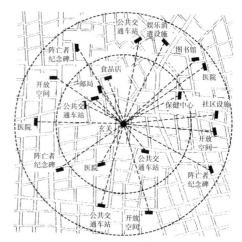

图2·5 生活服务设施应该在500～800m的范围内进行选址（来源：巴顿，2006年）

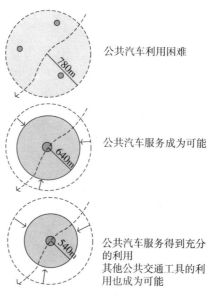

图2·6 基于人口密度的空间紧凑度与服务设施的便利程度（来源：GLA，2003年）

★ **城市形象与密度**

如果单纯运用在城市规划中通常使用的人口密度，则不能描绘出城市的空间形象。要规定城市空间形象，需要运用建筑高度、容积率、建筑密度、土地利用，以及户数密度这样的指标。在各种各样的城市形象中，就对如今的城市规划有较大影响的四种城市形象，从密度、建筑高度以及建筑密度等方面进行研究和分析，其结果如表2·4所示。

表2·4 城市形象与密度

城市形象	现代城市方面的应用事例	毛密度人（户）/hm²	建筑高度、形态	用途	建筑密度
E·霍华德	郊外城市	74人，13.6户	低层	居住、工业、农业	中等建筑密度
勒·柯布西耶	再开发事业大城市中心区	300~3000人	低层建筑区和高层建筑区独立型	住宅，办公	低建筑密度
简·雅各布斯	商业区内城	250人以上	中低层建筑街区型	多样的功能及形式的混合	高建筑密度
都市村庄、TOD、NTD	郊外中等规模新市区的再开发	54户左右	低层建筑沿街型	在步行圈范围内的用途混合	中等建筑密度

在欧美，在开发规划中，通常使用户数密度或者室数密度。因为要根据住宅供给政策进行开发限制，就需要明确户数或者同住宅水准相关联的室数。再有，为了将住宅政策确立为城市规划的基本方面，因此，"如何供给住宅户数"也成为重要的指标。

在日本，虽然人口密度也是规划、设计中经常使用的指标，但是户数密度基本上不被使用。与户数密度相比，在开发限制中，通常还是使用最低建筑用地面积这一指标。与住宅相比，土地更具有资产价值，由于地价高，因此，建筑用地被进行细小的划分，这样一来，就有产生恶劣居住环境之虞。在美国的精明增长政策方面，可以看到规定最大建筑用地面积的事例。

据说，在日本，在住宅公团实施的城市再开发地区，曾经希望实现150~200人/hm²（能够维持居住环境的限度）的人口密度。作为高密度的再开发地区，比较有名的是广岛的基町地区，这是人口密度为1400人/hm²（净密度。包括大规模公园在内的整个规划地区有4570户，12000人，33.36hm²）的超高密度的开发规划。在这40年间，DID的人口毛密度急速地下降。以前，除大城市之外的主要城市，人口密度多为100~120人/hm²，但是，近年来，人口密度降至60~80人/hm²左右。由于这终归是各城市的平均数值，所以，在国势调查的统计区单元中，可以看到接近城市中心区的地区，现在的人口密度仍为120人/hm²左右。

由佐藤圭二教授（中部大学）领导的"户数密度与住宅区形象研究会"进行了以通过设计准则的运用，对日本的居住区景观及环境水准加以控制为目标的调查研究工作。名古屋市的不同功能分区的户数密度（净密度，不同建筑用地）如表2·5所示。从表中可知，在公寓建筑的情况下，与户数密度为200~300户/hm²的欧洲相比，有些地区显示相当高的户数密度。

表 2·5 名古屋市全市不同功能分区不同建筑形式的住宅户数密度（净密度，户/hm²）

功能分区	单户独立住宅联立式住宅建筑	高层公寓建筑	中层公寓建筑	低层公寓建筑
商业类地区	61.2	388.4	272.2	285.9
工业类地区	61.8	227.2	231.9	291.1
居住地区	55.1	207.3	178.4	240.9
中高层住宅专用地区	52.3	153.9	153.0	267.4
低层住宅专用地区	35.5	216.1	120.2	180.8
全市合计	54.9	299.7	208.3	256.1

（来源：佐藤圭二等，2006 年）

★ 高密度开发

有关城市紧凑化的目标数值，尤其是密度，不一定是明确的。那是因为由于国家和地区的不同，绝对的密度水准存在差异。认为根据各个地区的文化、城市形态以及住宅形式，理想的密度水准会有所不同，这成为常识性的应对。

关于新住宅区的开发，在英国政府的"规划政策指导方针 PPG3（住宅）"中，要求净密度为 30～50 户/hm²。在英国，存在着"要保全田园风光，城市开发应该是高密度的"这样的思想潮流。1971 年出版的《西维利亚》一书中提出的观点，在英国被众人所知晓。如今，英国田园保全协会主张 90 户/hm² 的更高的密度。负责规划方面工作的大臣——副首相布雷斯科特在 2002 年 10 月召开的城市峰会上表明，今后，凡是 30 户/hm² 以下的规划必须告知政府，由政府对此作出决断。经过归纳和整理的英国密度基准的变迁情况如表 2·6 所示。众所周知，在欧洲的主要城市中，巴塞罗那是人口密度最高的城市。然而，巴塞罗那市长约翰·克罗斯却表示，为了实现城市的再生，将进行 300～400 户/hm² 的高密度开发（Moughtin，et al，2003 年，第 17 页）。

表 2·6 英国的密度基准的变迁（户数/hm²）

时期	提倡者、组织	住宅	住宅和公寓	公寓
1918	杜达·沃尔塔	20～30		
1924	住宅法	20～30		
1944	达德雷	25	40～60	～100
1952	MoHLG[注1]	15～35		40～70
1962	MoHLG	30～75（城市部分）30～50（全国）	50～75（城市部分）	～115（城市部分）

续表

时期	提倡者、组织	住宅	住宅和公寓	公寓
1970~1980	地方自治体的开发基准	~35		
1999	城市课题研究小组(注2)	35~40		
2000	PPG3（住宅）	30~50		

注：1. MoHLG：Ministry of Housing and Local Government 住宅与地方自治体部。
　　2. 城市课题研究小组：布莱尔政权的顾问组织。提倡城市复兴。
（来源：Jenks and Dempsey, 2005年，第298页）

从总体上来说，牛津布鲁克斯大学的简克斯教授将英国城市规划的战后时期的密度限制的变迁，作为高密度化的潮流进行了归纳和整理（表2·7）。由该表中可以看出，在英国，尽管理由不尽相同，但是，战后政府始终将高密度开发作为城市规划建设的方针[12]。

表2·7　城市规划以更高密度为指向的理由（划有着重线的部分为添加的）

1950~1979年	1990~2009年
农业和营造舒适环境所需用地的保全 城市无序扩大的抑制 土地利用效率 紧凑的形态 建筑形式的混合 社区与社会问题 与设施、交通及工作场所的接近性	农业和营造舒适环境所需用地的保全 城市无序扩大的抑制 土地利用效率 紧凑的形态 建筑形式与土地利用的混合 可持续的社区与社会问题 与设施、交通及工作场所的接近性 可持续性与环境问题 对汽车依赖的减少及步行交通、自行车交通的利用，公共交通利用的促进

（来源：同表2·6，第302页）

在《以城市复兴为目标》（DoE，1999年）一书中，介绍了同一密度条件下的三种典型的建筑形态（高层建筑，中层、围合型布局，低层、条型建筑行列式布局）（图2·7）。在日本的城市规划中，缺乏对建筑物的形态、高度进行限制的手法。在用地单元内自由建筑被认为是理所当然的事情，不是高度限制，而是采用容积率限制的手法加以控制。这成为产生高度呈无秩序状态的城市景观的主要因素（照片2·9）。然而，该图同时显示出根据容积率和建筑密度不能决定城市形态。

在柏林，在对各种各样的再开发构想进行研究探讨的过程中，也曾对导入容积限制、取消高度限制的问题进行了探讨。其结果在城市的再开发中，还是沿用从前的对高度进行限制的手法，以保持整齐的建筑轮廓（照片2·10）。在日本，作为新的景观政策，2007年京都市决定导入的通过采用划定建

类型	高层	中层·围合型街区	低层·行列式建筑
形态	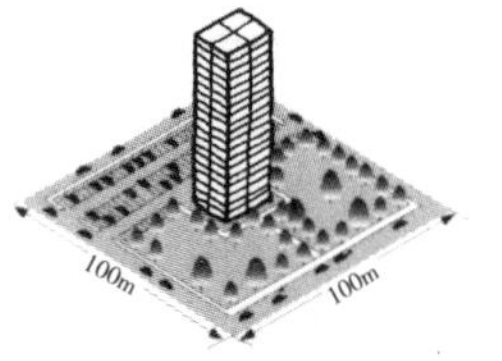	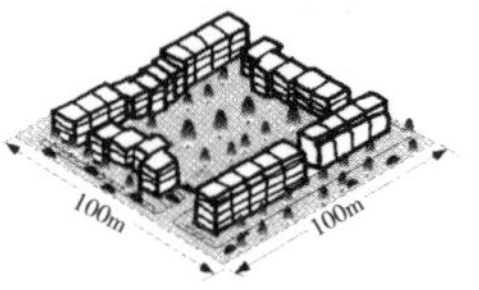	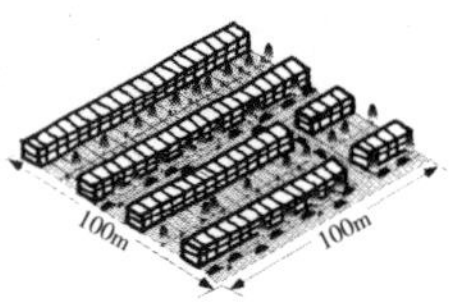
密度 容积率 建筑密度	75 户/hm² 98% 5%	75 户/hm² 88% 30%	75 户/hm² 75% 38%
特点	开间 7m、进深 16m 的住宅平面，在高层建筑的四周配置有宽阔的停车场和开放的绿地	围合型街区，住民共用中庭，作为街区的整齐有序，同周边的社区的连续性，路边停车场	开间宽度 5m、进深 10m 的住宅平面，进深 7m 的后院，宽度为 12m 的道路，路边停车，没有共用绿地
条件	建筑用地为边长 100m 的正方形，每户专用地面面积 100m²，共用部分占 30%，19 层建筑	建筑用地为边长 100m 的正方形，每户专用地面面积 100m²，共用部分占 10%，服务设施 6 家，3 层建筑	建筑用地为边长 100m 的正方形，每户专用地面面积 100m²，共用地面面积为 0，2 层建筑

图 2·7 同一建筑密度的不同建筑形态的比较（根据"DoE，1999 年"制作）

照片 2·9 建筑高度和广告过于自由处置的建筑亦被许可的日本（东京·新宿）

照片 2·10 建筑高度和外立面整齐有序的城市中心区（柏林）

筑高度限制区的手段、进行绝对高度限制的做法，明确地体现出对城市景观加以整顿建设的意向，并且，逐渐对各地的地方自治体产生影响[13]。高度限制不仅对人们目光所及的景观进行限制和诱导，而且对与道路相接的建筑用地周边的空间设计也产生强烈的影响。

（3） 以实现多样性为目标的城市设计

★城市的多样性的重要性

北村隆一从交通工学的立场出发，认为要使今后的城市公共领域更具魅力，重要的是要尊重城市的多样性，"在城市中，民主的、开放的公共空间是不可缺少的"（北村隆一，2004年，第5页）。

城市应该将多样性作为基本的特性，并且具有这一特性的思想是由城市自治的本质特性所产生的。建筑家古谷诚章说："如果将每日的变迁看做是城市的宿命的话，那么，其内部的各个部分也必须随之不断地变化。即可以将城市的整体看做是动态运动的有机体。这同时还意味着城市中的高度的多样性、高度的复合性结合在一起发生着作用。多样的价值观、多样的技术、多样的能力复合地发生作用，就能构筑出新的城市文化"（古谷诚章，2006年，第90页）。

城市和地区的多样性为什么如此的重要？第一，新的文化是从不同文化的接触、交流、融合中产生的。第二，易于应对时代与变化。与生物多样性同样，单一的构成难于应对变化。第三，承认构成现实社会的多样的人群的存在，易于创造使各种不同的人群轻松居住的环境。那么，构成多样性的要素中都有哪些内容呢？第一，空间和建造物的用途、形态。第二，时代和历史性。第三，主体及相关者。但是，在街道景观的营造过程中，重要的是要把握好多样性和协调性，多样性与混乱是完全不同的两个概念。

★城市设计的多样性

作为英国政府在规划体系中应该加以重视的指导方针，包括有《设计指南：规划体系的城市设计》（CABE，2000年）、《设计指南：营造更适宜居住的场所》（DTLR，2001年）、《更具安全性的场所：规划体系与防止犯罪》（ODPM，2003年b）、《从残障者角度出发的规划设计与便利性：优良事例介绍》（ODPM，2003年c）等。

《设计指南》（2000年）一书对城市设计作了具体的介绍。其中，书中提出了作为城市设计目标的七个方面的内容，它们分别是富有个性的场所、街道的连续性与被封闭的场所、公共空间的品质、移动的自由度、易于理解、对于变化的应对性，以及多样性。

其中，就多样性的作用和意义进行了如下的论述：

- 如果用途是多样的，那么，在同一个场所，就可以满足居住、工作和娱乐消遣等方面的需求。
- 即使是具有复数用途的一栋建筑、配置有用途不同的建筑物的街道、整齐有序且用途接近的邻里地区这样的不同的空间规模，也应该考虑实现用途的复合。如果顺利进行的话，那么，彼此的用途具有替代性，能够形成平衡的社区。
- 由于各种各样的人群使用同一空间，因此，复合用途在各个时间段，给场所带来了生机和活力。但是，用途复合也必须正确地进行。

● 布局、建筑形态、所有形态的多样性可以营造出良好的居住和就业环境。好的设计在社会交流和社会住宅供给方面也具有重要的作用。如果将大面积的建筑用地作细小的划分，那么，就可以直接接近各个场所。如果选用不同的建筑师，那么，就能够适用具有不同设计风格的连续性道路的设计。开间狭小的建筑物正面可以活跃地进行能够应对多种需求的小规模购物的商业活动。

后藤良子、海道清信（2005年）提出了阿姆斯特丹的东部港湾地区开发问题，并就多样性与城市设计等方面的问题进行了研究和探讨。

★所谓复合功能

现在，让我们根据英国政府的报告书《复合功能开发——实际与可能性》（ODPM，2002年b），对复合功能作进一步的探讨。该报告书中认为，复合功能开发（MXD）[14]其理想点在于有利于保持和提高城市中心区的活力与魅力、增加住宅的选择机会，同时也有利于交通的持续发展等方面。城市中心区的居住者，与人们印象中的专业人员及经营者居多的状况有所不同，呈多样构成的状态。选择在城市中心区居住的理由，与其说是对复合功能开发（MXD）的期待，不如说是源自城市中心区内集聚的各种各样的方便设施的利用可能性，即人们在选择住宅时，与该地区的开发规划相比，更加注重选址条件的魅力。民间开发者在开发规划方面，有着极强的单一用途的意向。据对英国12个城市的现状调查，在地方自治体的规划中，采用进行复合功能开发地区（MXD区）的指定等手段，将中心区的复合用途恰当地纳入规划许可之中的地方并不多见。

在将包括英国在内的欧洲的理念引入日本的时候，对有些方面必须加以注意。关于复合功能，欧洲的市区功能基本上是分离的。因此，从接受美国的简·雅各布斯对近代城市规划理论所作的批判这一点上可以看出，在欧美，复合功能的导入也是一项新鲜的政策。然而，日本的市区基本形态，除大规模开发等情况之外，一般市区多呈现土地混合利用的状况。同时，日本的功能分区基本上认可功能混合。不过由于该地区的选址条件及功能分区的指定等所导致的地价差别等因素，使得功能被集约化。

日本的城市规划制度不具有像英国的规划许可制度、德国的B规划（地区详细规划）等那样的、对个别的开发及选址进行控制的手段。因此，日本推行的促进无计划的复合功能接近选址的政策，有可能进一步加剧空间秩序的混乱。再有，在荷兰及北欧对开发选址进行强有力控制的背景中，有着由土地的排水开垦所带来的共同体意识的形成，以及占到市区的70%~80%的公有地的存在等方面的因素。

★作为生态系统的邻里

曾经对可持续的社区的理想状态作出论述的 H·巴顿（2000 年，第 89 页）指出，将邻里作为生态系统把握时，以下的要素具有重要的作用：

- 提高地区的自治性：力求在技术、社会及环境方面，在可实现的范围内减少负荷的同时，应对地区居民的要求。
- 提高选择性和多样性：存在各种各样的人群，尤其是在住宅、交通、工作、服务以及开放空间方面，有着不同的需求。
- 对场所的对应性：虽然土地是规划的必需要素，但是，必须在考虑到独有的地形、景观、水文、生物环境、微气候等诸多因素的前提下进行开发。
- 结合与统一：结合纯粹是人类领域的问题。邻里同其他的邻里及城市复杂地结合在一起。
- 灵活性与适用的方便性：力求能够应对将来的变化。譬如建筑用途的变更、可以应对家族变化的住宅、能够应对负荷增大的城市基础设施，以及多功能的开放空间等。
- 由使用者进行的控制：集权的市场和官僚的政府往往有减少多样性、作出不恰当结论这样的倾向。"辅助性原则"[15]应该被运用于邻里、家庭和企业。

★复合功能与多样性

简·雅各布斯在《美国大城市的死与生》一书中也谈到：虽然反复强调多样性的重要性，但是竞争最终将导致多样性的丧失。在英国也经常可以听到"克隆城市中心区"（到处都可以看到完全相同的景观）这样的批评意见。即使是在热闹繁华的城市中心区，由于全国连锁经营的缘故，在那里选址的许多企业和商业设施，并没有自己的特征。划一的店铺布局形式和选址的流动性也同样受到了批评。虽然郊外购物中心的任意选址导致城市中心区出现衰退这一点是明确的，但是，日本商店街衰退的原因之一还在于商品及服务缺乏吸引力。然而，同欧美相比，日本还残存有不属于全国连锁的地区独有的商店、饮食店和服务设施。在日本，人们在一般的商店街上所看到的商店的 2 层为住宅的建筑形式，在英国和美国，正在成为新的、富于魅力的规划课题。

今后，在推进中心市区活性化的地区，这样的特征也将被全球性企业所驱逐，日本也存在出现克隆城市中心区之虞。然而，正如失去多样性的生物区系和植物区系应对环境的变化是脆弱的那样，失去多样性的城市和地区不仅缺乏魅力，而且也难于应对经济社会的变化。紧凑型城市的基本构成要素是高密度居住及用途混合。作为空间的特性来说，用途混合或复合功能具有带来多样性和提高由此产生的可持续性这样的意义。

沙弗特从对各类不同城市的事例所作的分析和研究中，探讨适宜居住的城市的条件，他认为，具有复合功能的地区更安全，多样性也应该被适用于与年龄阶层、所有形态、收入所得相对应的住宅和主要的能够带给人们舒适感的环境与设施（商店、工作场所、娱乐休闲场所）（沙弗特，2002年）。为了享受城市的可持续性和邻里的优越性，在城市设计中，对能有多样性的意义及城市归属意识的种种方法和手段的思考，也是非常重要的方面。

（4）有效利用场所性的设计

★传达城市记忆的设计

"所谓城市的记忆"就是留存在人们记忆中的城市和地区的过去的（历史的）印象。历史的印象是由城市、地区空间和建筑、土木构筑物（群）的本身，以及由此联想到的生活及日常生活的场景、生产及经营活动、文化、社会、自然及环境等形成的。通过进行有效利用城市的记忆以及地区的历史、文化的城市建设，进一步加深人们对地区的理解，提高城市归属感、自豪感、居住满意度以及长期居住的意识。通过精心设计空间，可以实现适宜居住、在环境方面也适合的地区空间。并且，成为进行住民参与的城市建设的极好机会和课题，如果能够成为可以吸引其他地方的人们的场所，那么，就能够给那座城市带来兴旺与繁荣。

城市的记忆就是城市传达的人类的诸多活动的历史。德洛雷斯·海登（2002年）在《场所的力量——作为社会公共历史的城市景观》中提出，采用城市开发和再开发的手段，发掘、保持和恢复将要失去的或者已经失去的场所与建筑。由此，市民可以进一步地认识了解，并传说地区的社会共同体的历史。"城市的景观是收藏社会记忆的仓库"。

托尼·希思（1996年）在《城市的记忆——基于场所体验的景观设计的手法》中，提出了重新发现正在失去的地区空间资源，并在规划设计中对其加以有效运用这一城市设计的观点。同时，他还认为，如果环境遭受破坏，那么，就会使我们的感觉被麻痹，产生错误的感觉。为了使我们的社会在经济、社会以及环境方面能够健全、可持续地发展，丰富的环境以及对此加以正确认识的、我们自身对环境的理解是颇为重要的方面。

日本建筑学会东海支部的调查表明，即使是行政方面，对上述课题的重要性也有着充分的认识和理解[16]。

★ 场所与场地的意义

在英国的城市设计指南中，也劝导人们进行富于场所感的、也就是使人能够感觉到那个场所的独有个性的设计。所谓场所性，就是指同那片土地所特有的历史文化、地势及水文、位置及周边环境的关联性。这样的场所也被称作"波托斯"，在日本亦称其为"风土性"。

中村雄二郎认为，"所谓场所，对我们人类来说，是极其古老而又新鲜的问题。即使在哲学的历史中，也是古希腊哲学以来的有名的问题。然而，这一场所的问题，在西方的近代哲学中几乎不曾被关心。这究竟是为什么呢？用一句话来说，或许是因为虽然场所的反对概念是主体（主观），但是该主体（主观）却成为基体的缘故。或许是因为主体（主观）采取了自立的方向的缘故。即近代人作为主体，力求尽可能不依赖他人而自立"（中村雄二郎，2001年）。

场所性可以由独特的风景而强烈地感知。英国南部的巨石围栏（译者注：原始社会的巨石遗迹），对日本人来说，也是大受欢迎的场所。在从广阔平原的靠近中央的台地状的地形稍稍偏离的地方，存在有巨石群。置身其中，可以感受到当初建造这样的构筑物的人们那祈祷的心（照片2·11）。

照片2·11 远处的巨石围栏（英国），具有吸引周边的自然的力量般的普遍的中心性

场所性是由正确解读那片土地所具有的特性而产生出来、通过设计的手段使之得到进一步的发掘和加强的。另一方面，场地（空间）是新创造出来的人工环境。换言之，亦可称之为空间。场地是为实现功能而被创造的。在此，客观的标准、设计规则以及建筑、造园学方面的设计被运用。以利用那里为宗旨的功能性得到重视。但是，在此所追求的功能与作用，随着时间和时代的推移会发生变化。不言而喻，场地和场所有着相互重叠及互补的关联性。

阿斯纳尔金山是在名古屋市金山车站附近营造的期间限定的商业空间（照片2·12，北山创造研究所设计）。虽然具有邻近车站这样的场

照片2·12 阿斯纳尔金山（名古屋市），极具吸引力的假设的城市空间

所性，但是，对于被许多小店铺所包围的广场本身，与其说是场所性，莫如说可以给人以都市性的场地之感。北山在进行商业空间设计时说："要设置人们可以进行祈祷的空间。"在无机的、人们所需要的空间、场地中，设置某些神灵的象征，其意义究竟何在呢？

★ 注 ★

1 NTD：Neo_ Traditional Development。别名 TND, Traditional Neighborhood Development。有效利用传统的美国庶民（工商业者）居住区的长处的新城市主义的郊外居住区设计。尽端路的街区道路的否定、汽车速度的抑制、交叉点半径的缩小、小路、设有行道树和绿地的宽阔的步行道、路边停车、在狭小用地上建造的住宅、功能混合等。

http：//safety.fhwa.dot.gov/ped_bike/univcourse/swless06.htm，户谷、成濑（1999年）。

2 TOD：Transit Oriented Development 或者 Design。公共交通、特别是在铁路和有轨电车车站周边进行的高密度、复合功能的城市开发。是新城市主义的手法之一。以减少汽车利用为目标，进行促进公共交通的利用、依靠步行交通亦可满足日常生活需求的城市型居住、高品质的公共空间的形成等方面的工作。

http：//www.transitorienteddevelopment.org/，彼得·卡尔索普（2004年）。

3 LRT：Light Rail Transit。市区内的轨道式电力运输、中型运输工具。譬如，在美国的波特兰城市圈，郊外设有专用轨道；城市中心区设有两种形式的轻轨交通（LRT），即在道路上设有轨道的最大化交通运输（MAX）和仅在市区内运行的有轨电车。在日本，有别于以前的有轨电车，将包括运费、车辆设计等在内的新系统的市区电车称为"轻轨交通（LRT）"。源自《自由百科词典》（《Wikipedia》）（2007年9月）。

4 HOA：Homeowners, Association。拥有进行住宅区的共用资产维护管理的法定权限的、非营利的土地建筑物所有者组织。主要为共同开发者事先成立的组织。该组织对各家的庭院管理等也提出要求和主张，力求保持住宅区的价值。20世纪60年代中期以来，该组织在美国呈迅速增加的趋势，如今（2006年），2300万户、5700万人的居住区成立了这样的组织。

http：//en.Wikipedia.org/wiki/Homeowners,_association.

5 在英国，正在开展以"可持续的郊外"为课题的调查研究及政策建议等方面的工作。譬如，在东南地方议会的调查报告书中，根据研究事例，对课题及实现的可能性作进一步的分析，并根据住宅类型、服务设施的便利程度、以继续居住为指向的居民意识及社区、公共设施的功能等方面的因素，将居住区分为安定、危险、需要采取对策、独自地区等类型，并提出有关设计方面的提高、住宅的多样化、邻里状况改善、生活支援等方面的手段与对策（URBED，2004年）。

6 重视城市设计工作的西雅图市，采用了对与城市的公共事业、辅助事业相关联的设计进行评价与建议的设计委托，以及在进行开发与建筑许可审查的地区单元设置设计评价公示牌等的方法与手段。在负责此方面工作的政府部门的规划开发部（DPD）中，配备支持此项活动开展的专门工作人员。同时，还设有支援公共设施及公共空间设计的城市设计组织。

7 WWF：World Wide Fund for Nature。1961年在瑞士成立。

8 英国政府负责城市规划事务的部门经历了多次的调整。1997年工党政府上台，将原来的环境部（DoE）调整为环境、运输与区域部（DETR, Department of the Environment, Transportation and the Region），2001年调整为运输、地方政府和区域部（DTLR, Department of Transport, Local Government and Regions），2002年调整为副首相办公室（ODPM, Office of Deputy Prime Minister），2006年5月重新调整为社区与地方政府部（DCLG, The Department for Communities and Local Govern-

ment)。http：//www.communities.gov.uk/.

9 CABE：the Commission for Architecture and the Built Environment。针对建筑、城市设计及公共空间方面问题的政府顾问机构。1999年设立。属社区与地方政府部（DCLG）及文化和新闻媒体、体育部共管。http：//www.cabe.org.uk/.

10 新自由主义经济学者认为，大阪经济停滞的原因在于从建筑轮廓线整齐的御堂筋沿街建筑所反映出的建筑限制。由于1968年基于城市规划法的新功能分区的导入，使得市区内的建筑物最高高度为31m的限制被取消。采用容积率限制、建筑密度以及斜线限制的方法进行控制，在商业类地区，原则上呈自由化状态，高层建筑的建设亦成为可能。大阪市在对御堂筋大街进行新功能分区指定之后，又采用基于"建筑指导方针"的行政指导的方式，将31m的高度限制维持到1995年（日本建筑学会，1993年，第59页）。然而，由于人口增加以及经济活性化的指向，如今大阪市的城市中心区正在推行缺乏深入思考的、将会造成未经设计的高容积率这样的措施和对策。

11 2005年春季，《精明规则》6.5版发行，并成为杜阿尼等人的新城市主义的住宅用地规划的基础的设计指南（日本建筑学会，2004年，第170～171页）。在《精明规则》中认为，在城市、地区空间中，从城市之外的自然环境到城市中心地区，存在着连续的从T1～T6的六种模式的空间类型及断面构成。T6为高密度的中心城区居住、商业区；T5为中密度的居住区，其中混合有商业、业务等功能；虽然T4为中密度的居住区，但是，形成以住宅为中心的土地利用；T3为低密度的住宅区；T2虽然是以自然和农业为中心，但是，其中散在有村落和小型居住区；T1为可以成为野营地般的自然环境。在美国通常是采用根据分区规划条例决定详细设计标准，并将其作为许可基准的手法。在西雅图、波特兰等城市，设计指导方针的运用亦同时被采用。英国的设计规则是将在美国的新城市主义运动及英国国内进行的都市村庄运动中所使用的手法，作为英国国内通常使用的手法加以运用的。社区与地方政府部（DCLG，负责城市规划事务的部门）从2003年开始进行调查研究，2006年6月发表调查报告书（DCLG，2006年a），2006年11月发表城市规划设计指南（DCLG，2006年b）。

12 在英国，人们认为高密度意味着居住环境恶劣，是大家所不喜欢的（Travers，2001年，第23页）。英国政府将高密度作为紧凑型城市的必要条件加以强调，反过来也是对这样的英国城市的"传统"的反命题。

13 以居住环境和景观的保全等为理由，筑波市、高山市等也施行了绝对高度的限制。

14 MXD：Mixed-use Development.

15 所谓辅助性原则是在"欧洲地方自治宪章"中被条文化的、也被写入联合国的"世界地方自治宪章草案"中的"个人自立"为前提的社会构成原则。按照如下的优先顺序解决问题：①个人能够做到的事情个人解决（自助）。②当个人不能做到时，首先由家庭进行援助（互助）。③当家庭不能解决时，地区或者民间非营利团体（NPO）进行援助（共助）。④对于采用①～③的方式无论如何也不能解决的问题，政府、行政部门才出面解决问题（公助）。

16 2006年1月以东海4县（岐阜县、静冈县、爱知县、三重县）的全部107个市区为对象实施，得到64个市区的答复（回收率59.8%）。对于进行有效利用"传达城市记忆的东西"的城市建设这样的课题是否重要的提问，40.3%的调查对象认为"非常重要"，47.2%的调查对象认为"有些重要"。由此可以看出，该课题的重要性得到了充分的理解。

对于"你所在的行政区域中，是否存在被认为符合传达城市记忆的物质的空间、（有形的和无形的）物，以及富有特性的地区？"这样的提问，回答"有"的占81.9%，50个市区，涉及地区及相关事例的200件以上的事例得到答复。《进行有效利用"传达城市记忆的物质"的城市建设》（日本建筑学会东海支部，2006年）。

www.somusomu.pref.aichi.jp/bunken/torikumi/houkoku_ youkou/pdf/2.pdf.

第2部分

欧美的可持续城市建设

　　日本的城市规划结构与欧美的有所不同。导致这种差异的社会背景究竟是什么呢？如果从规划文化的观点进行思考，虽然在其中可以看到城市与市民的关系方面存在的差异，但是，也可以发现在日本也存在着能够重新构筑规划文化的传统。

　　有人认为，英国城市建设的重点在于对市区扩大的封锁。本书将英国旨在实现紧凑型城市所采用的手法进行归纳与整理，并就在由产业结构变化导致衰退的城市实现再生方面取得成功经验的英国的有关事例作一介绍。

　　在全球化和生活圈的广域化以及市区扩大的过程中，城市圈规划尤为重要。本书在总结和归纳欧洲先进做法的同时，作为对环境负荷小的住宅区开发，还将介绍有关对汽车依赖度小的"无车化住宅区"的事例。

　　美国的城市无序蔓延程度超出日本，而且已经成为严重的社会问题。在此，我们将对在美国进行的新的城市建设，作为新城市主义的城市政策进行研究和探讨。

第3章
规划城市、地区的文化

3·1 城市成立的规则

★城市＝在共同体中生活的规矩

近代城市规划是在产业革命后进入城市化、工业化快速发展期的19世纪的英国开始实施的。其目的在于实现效率化的、确实的生产经营活动的共同社会基础的整顿与建设，包括旨在实现阻止疾病蔓延和健全劳动力再生产的住宅在内的环境整顿与建设，以及社会的外部费用的节约。某些限制肯定会伴随在规划之中。要使之作为社会制度发挥作用，需要有共同意识、社会舆论，以及所谓的道德观念的共有。或许是为了使与开发相关的权力者接受这样的限制，也谋求通过限制的手段，实现提高资产价值和改善生活质量这样的利益。

尽管欧洲诸国中的许多国家是资本主义国家，但是，对于土地和建筑物的利用却施加严格的限制。这样的原则为什么会被社会所接受呢？法律制度是社会体系的基础。被社会、国民和市民所接受、实行是前提。即与其说是因为有制度，所以才被遵守，莫如说这其中理应有着接受这样结构的社会和国民、市民方面的意识和思想。

在德国从事城市规划、建筑设计工作的水岛信（2006年）说："西方定义中的城市在日本并不存在。"在西方的城市中，民主主义被作为有着不同的价值观和理念的人们共同生活时的规则。如果从城市规划领域的角度对其进行思考，那么，"从历史的经验可以得知，如果在共同体中只是一味地主张权利的话，就会招致自己所属的共同体的危机。因此，人们通常都将公共利益优先放在最重要的位置"（第38页）。而且，在西方，建筑和城市是作为一个整体来理解的，虽然建筑物属于个人所有，但是，其表面却被认为是公共的。水岛说："通常认为建筑物的表面30mm是属于公共的，不允许在维护管理方面出现懈怠。"这样的思考方法被作为德国联邦建设法典第 34 条的条文"进行考虑到周边的特性，并对其不产生妨碍的、协调的设计"得以规定。这样的社会规则存在于西方的整齐有序的街道景观的背景之中。

据谷直树（2005 年）介绍，在江户时代的大坂（如今的大阪）也存在着上述的城市＝共同体的规矩。据说，在大坂，存在着土地所有者就是位于那片土地上的建筑物的所有者这样的原则。不允许土地所有者将空地闲置，必须在其上面进行房屋的建造。如果不进行建造，则建筑用地就会被没收，给予建造房屋者。并且，屋檐下的空间被作为公与私的分界，关于商家店铺的门脸构造，在町的法规中有具体的规则规定。在大坂的小镇中，由房屋所有者阶层组成的地缘性的住民组织，根据这样的规定，进行自治行政的管理与经营。大坂的事例表明，为了实现"城市＝在共同体中居住"，日本也接受了对土地所有者来说拥有很大义务这样的规则。

★城市的更新与社区：德国

欧洲的城市通过不断进行的再生事业提高城市的持续性。2006 年 9 月，笔者曾对德国的亚琛市、科隆市进行访问。在德国的传统的旧市区中，也在不间断地进行着局部的再开发及修复工作。每次访问亚琛市时都陪同接待的亚琛工科大学的库鲁迪斯名誉教授常说："有关这座建筑物如何处理的问题，我们正在讨论之中"。当我最初以专家的身份应邀参加座谈会、研究小组的活动时，对此逐渐有所理解。或许也有那样的情况，但是，实际上是指在他经常提到的"社区"进行各种问题的讨论。在路边开设露天咖啡馆的场合，在日本，因为有道路管理方面的制约，所以，并不是一件简单的事情。然而，在德国，如果缴纳一定的费用，并且得到社区的许可，那么，就不存在任何的问题。这就是他所说的社区。那是指将市民、议会和行政部门也包括在内的那座城市＝构成共同体的人们。

现在，在亚琛市，成为拆除对象的是 20 世纪 60 年代所建造的在质量和设计方面均低劣的建筑。在德国也存在着英国所说的贫穷的 20 世纪 60 年代。许多地方正在进行以与周边的建筑物相协调为宗旨的小规模的再开发建设。为了使市民得到舒适、愉快的享受，经过社区的讨论，在被拆除建筑的旧址上，进行多功能影剧院、西餐馆、大型书店等的建设。此时，要力求在重视市民在自己的城市中所珍爱的景观的同时，进行建筑物的设计。

照片 3·1 所示为其中的一个事例。虽然是小型建筑物，但是，为了不遮挡人们从街道眺望作为市民精神象征的大教堂的视线，将建筑物作 V 字形切削式设计。我们从中可以读懂市民的希望、社区的意志以及开发者的应对。如果沿着内部的楼梯向上走，可以看到这里建设有小型的广场，同时也新产生出有助于进一步提高街道的环游性的人流动线。即使是进行街道中的小型再开发建设，也要想方设法，力求使之与周边的街道景观相协调，同时，还要使市民的生活质量也得到进一步的提高。

如果来到某大街，可以看到周围的建筑均为 5 层，唯有那座建筑是 2 层高的商店建筑（照片 3·2）。尽管临街建筑的墙面位置线整齐而连续，但是，高度却与使之与周边相协调这样的德国的规则相脱离。据说，虽然这是由于所有者受到建设费用的制约以及按照必需的建筑占地面积进行建造所致，但是，社区认为这也是不得已的做法。如果 2 层建筑的建造未能获得批准，那么，所有者可以提出希望由市里收购土地的申请。另外，虽然这里的空置店铺也极其少见，但是也没有将空地作为停车场使用的事例。因为该地区只能用于商业与居住，这是由功能分区所决定的。在日本很少看到被认为极其一般的、周边拥有空地的高层建筑。库鲁迪斯教授说："这不是城市"。他认为，构成城市空间的建筑物需要呈连续状，并且由此构成街道。

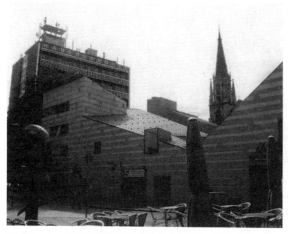

照片 3·1　力求不遮挡作为其背景的大教堂尖塔而设计的小型建筑物（亚琛）

照片 3·2　同周围的 5 层建筑不协调的、层高为 2 层的商店建筑（科隆市内）

佐藤圭二教授说，由这样连续的墙形成的"围合空间"是欧洲住宅区设计的基本原则，对于城市来说，不是建筑物的内部，建筑物的表面才是重要的要素（佐藤圭二，2005 年）。这样的理念通过建筑师的工作，对新城市主义产生很强的影响力，同时亦为英国庞德伯里·都市村庄设计者的莱昂·克里尔也支持这样的观点（图 3·1）。这样的空间形态，与其说是单纯的设计上的喜好，莫如说如果与那条街道有关联的所有的土地及建筑物所有者不同意那样的形态，那么，就不能够实现。即城市＝通过遵守共同体的基本规则得以实现。另一方面，克里尔否定的现代城市形态，各个土地建筑物所有者可以在法律规则的范围内，自由地进行建筑。体现出勒·柯布西耶强大影响力的高层建筑林立的设计草图，尽管墙面不是连续的，但是却使人感受到形态的统一性所带来的韵律感。因为通晓西欧的传统的空间设计，所以使人获得美的感受。然而，在现实的城市中，却呈现出在建筑用地单元相互竞争自由度的、非常凌乱分散的形态。

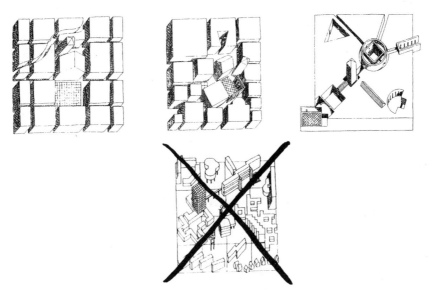

图3·1 莱昂·克里尔提出的城市空间的4种形态，否定现代城市形态（来源：L. Krier, 1990年，Source-M. Carmona, et al, 2003年，第71页）

★社会主义规划体系的接受：英国

在英国，20世纪30年代进行了大规模的住宅区开发，市区向郊外扩展。成为开发对象的是当时的农田，由于其价格便宜，而且在开发限制方面也较为宽松，导致市区无序蔓延式开发不断地扩大。在第二次世界大战中发表的《斯科特报告》（1942年）中提出强烈的忠告，认为如果食品的自给率低于30%，那么，在完成战争方面就会存在问题，应该从城市开发的角度，对农田和农业加以保护。同时，在《厄斯瓦特报告》（1942年）中指出，若是没有作出开发许可，则应该进行补偿。

在1945年的大选中，英国工党的得票率为47.8%，获得394个议席，以压倒的优势大胜保守党[1]。艾德礼政府制定了成为英国规划体系基础的四部法律，即城市农村规划法（1947年）、新城镇法（1946年）、农业法（1947年）以及国立公园、田园地区利用法（1949年）。第二次世界大战后，英国规划政策的主要着眼点是"土地利用控制"，城市规划首先从对城市扩大的封锁开始（Cullingworth, 2002年以及Robson, 1999年，第170页）。成为如今的英国规划体系基础的城市农村规划法的基本宗旨是通过城市开发，进行田园地区的保全，其实施手法是规划许可及开发权的国有化。如果最终仍未获得许可，那么，土地所有者甚至不能对开发土地的权利及土地利用进行变更。即土地的所有权不能够超出"按照该土地的现有的目的，继续使用土地"这样的单纯的权利的范围（Morris，1997年，第6章及Gilg，2005年）。众所周知，关于对开发权的补偿，每逢战后的工党和保守党的政权交替时，都会反复地进行政策变更。在20世纪50年代，支付的总补偿金总额达3.8亿英镑（若以20世纪90年代的价格计算，为200亿英镑）（Gilg，2005年，第8-9页）。

国民为什么会认可这样过激的理念和手法呢？索恩里指出，由于托马斯·夏普所著的论述"规划抑或非规划、秩序抑或非秩序是英国的民主主义的考题"这一问题的《城市规划》一书，在1940年成为畅销书等因素，民间开发者的立场在战争中变得软弱，"岂能通过因战争进行的复兴获取利益？"这样的情绪在不断地扩大（Thornley，1993年，第22-23页）。德里巴认为，当时，苏联作为社会主义国家的领头人，正在构筑强大的国家，其经济力依靠计划经济得以实现这样的理解，正在被资本主义世界所实践。因为英国的政治、政党及国民深刻地认识到这样的计划经济的优越性，所以，国家社会主义的制度被国民所接受（Driver，1998年，第34-35页）。总之，国民选出向公众作出将主要骨干产业国有化的承诺的工党政府，明确地显示出当时的社会主义的指向。

★ 自治体社会主义：英国

在战后的英国，进行了工党和保守党的政权交替，直至近年，以前为工业城市的大都市部分的自治体议会还是继续由工党统治。工党统治的自治体的政治路线被称为"自治体社会主义"。如今在日本，一般的自治体同社会主义的自治体的对比，也成为有关自治体的理想状态的对立轴（表3·1）。撒切尔政权以城市开发公社的方式，在工业大城市中也接受了中央政府直辖的事业组织，其理由之一就是因为想要破坏这样的体制。

表3·1 英国的社会主义的自治体与一般的自治体的比较

项目	社会主义的自治体	一般的自治体
政治与经济的关系	政治优先	重视在国际竞争中的地区经济
政治倾向	同女性和种族上的少数派等结成基本的同盟，各阶层的稳固的合作与联合	以政治中心形成为目标。对中产阶级的吸引力，重视城市居住的文化战略，奥林匹克举办地的候选提名以及基础项目的实施，以职业人员及专业人员为目标的城市中心区的住宅供给

续表

项目	社会主义的自治体	一般的自治体
经济危机的应对	寄希望于将来的工党政府的地区战略，自给自足式的发展，对于遭受亏损的人们的社会问题的积极应对	地区组织的重视和自我决定，作为成长同盟的联合与协作，促进同欧洲乃至世界的城市间竞争方面的投资发展
城市政策倾向	社会目的及社区开发的重视，福利国家的实现，对民主主义和被社会排斥的群体的支援，对保守党政府的抵抗	欧洲式的提升城市等级般的城市再生，基于主要竞争者的政策
对产业方面的应对	对产业方面的、由新福特主义（译者注：低价格高工资主义）等导致的时代落后的强力干预	对脱工业化的应对
思想决定方法	对参与等过程的重视、对自下而上的重视	对结果的重视
同其他城市的关系	城市与社区的协力合作	城市间的竞争

（来源：Peck and Ward, 2002 年）

20 世纪 80 年代以后，在老工业城市地区，为了应对老式重工业的衰退、失业人数的增加，以及社会的不安状况，需要与企业进行合作以及在城市开发方面导入民间的资本。自治体社会主义路线正在向重视同民间企业等的合作的方向进行转换。这样的潮流也成为布莱尔政权主导的新工党登台的背景。

3·2 规划过程的市民参与

★规划许可过程的市民参与：英国

在西方，城市被有计划地建设与维持，那是因为在建立法律制度之前，市民共同拥有城市 = 在共同体中生活这样的规则的缘故。规划体系方面的市民参与不是单纯的手法，而是城市规划本来应该具有的特征。平日的晚间，我参加了在英国牛津市市内的小学校里召开的市议会规划委员会的地区委员会的会议（2002 年 4 月）。在英国，建筑物的拆除，包括用途变更在内，几乎所有的开发规划都成为许可的对象。在这天的晚上，提出了包括小型住宅建设案件在内的 10 多件规划许可案件。

出席该地区委员会会议的成员包括属于市内五个选区的议员、广域的郡议员、教区议员以及政府行政部门的工作人员。会议从晚上 6 点钟开始，结束时已经是晚上的 9 点半钟了。住民方面有 40 人左右参加会议，大多为高龄者，也有青年人参加。市议会的议员背对舞台坐成一排，市民在他们的对面就座。当日的议题等在互联网上也可以看到。会议开始时先确认上次会议的议事记录，接着，进行一般会议的自由发言，一位老年妇女就在市中心停放自行车会带来危险等问题提出自己的意见。市事务局的有关人员就已提出许可申请的规划概要进行说明，规划所在地附近的人们（利害关系者），就由于

建筑窗户位置的设定，会使自己的
住宅环境受到不良影响等问题，提
出种种的要求和希望（照片3·3）。
负责项目开发的民间事务所和市政
府的有关人员对此作出说明，最后，
与会的委员就许可申请提案举手进
行表决（许可、附加条件的许可、
否决）。

照片3·3 在小学校召开的市议会城市规划委员会会议上，市民发言的情景（牛津市）

每次召开会议之前，都会将开
发许可对象案件的相关资料、委员
会的审议经过以及审议结果散发给各家各户，大家可据此向市政府有关部门
提出自己的意见和建议。但是，市民的意见也并不一定都能够得到承认。有
时也可以看到有关"市民参与过程中的意见未得到充分的反映"这方面的研
究论文。对于牛津大学商学院的建设预留地上的树木被砍掉一事，虽然当地
的住民发起了反对运动，但是，依旧进行了开发建设。这样的事例也并非鲜
见。然而，在英国的规划体系中，确实可以反映出议会主导、市民参与、信
息公开、规划尊重主义这样的原理。如果同日本的城市总体规划、分区规划、
公众意见听取会这样的城市规划的结构相比较，可以看出，其民主主义的成
熟度较高。

★新大街上的鲨鱼装饰物：牛津市

在牛津市内东部的新大街2号，
可以看到用玻璃纤维材料制作的鲨
鱼造型的大型装饰物给人以似乎已
经刺入屋顶般感觉的建筑（照片3·
4）。作为反对原子弹的表现，这是
建筑物的所有者彼尔·海恩在长崎
遭受原子弹轰炸41周年的纪念
日——1986年8月9日设置的。这
里很快就成为人们热议的对象，并
且，也吸引了不少游客到这里来观
光游览。然而，也有不少人对该鲨

照片3·4 新大街上的鲨鱼装饰物（牛津市，2002年6月），设在2层高的条形住宅建筑屋顶上的、用玻璃纤维材料制作的鲨鱼造型装饰物

鱼造型的装饰物感到不快。议会围绕这一问题进行了超出党派的辩论。在该
装饰物设置1个月之后，市议会规划委员会作出决定，限其在6个月之内将
该装饰物拆除。

然而，鲨鱼造型的装饰物在国际上也已经被大家所知晓，大众媒体声援彼尔，围绕其继续保留的问题，新大街的住民开展了集中签名活动。赞成继续保留的为100人，持反对意见的为49人，多数的住民赞成继续保留该装饰物。成为住民支持活动的核心人物的是在同一条大街上居住的朱恩·怀特豪斯女士。她把自己的住宅建筑起名为"鲨鱼·彼尔"，还在自家的门口设立了一块小招牌。彼尔拒绝了市议会的决定，此事成为由牛津市行政裁判所解决的争议问题。虽然市议会于1990年再次作出拆除的决定，但是彼尔向环境部（负责规划法执行的部门）提出了异议申请。环境部派出监察员，召开会议，了解事情的详细情况。住民们集体签名，支持该装饰物的继续保留。最终，环境部考虑到住民的意向以及对环境的影响等方面的因素，对鲨鱼造型的装饰物作出了附加条件的保留决定，并于1992年5月将此决定通知市议会，围绕鲨鱼造型的装饰物的纷争终于得以解决。

朱恩女士取出沾满灰尘的资料，认真地向我们说明了这样的过程。尽管是与周边的住宅环境有些相离甚远的风景，但是如果看惯了，那么，一旦它不存在了，或许还会使人感到有些寂寞。小鸟有时也会在鲨鱼造型的装饰物上歇息、停留。在牛津市大街上的建筑物中，还时常可以看到尽管其形式仍然保持旧有的状态，但是房屋的所有者按照自己的意愿，采用黄色、粉红色、蓝色、绿色等漂亮的颜色对外墙加以涂饰的建筑。然而，却不会使人产生感到怪异这样的不协调感。我想，这或许是能够与周边建筑群的形态取得协调和统一的缘故吧。除景观之外，有时我们还可以从中感受到重视个人的主张及表现自由的英国流派的民主主义。围绕屋顶上的装饰物，通过进行展开政治争论以及甚至连中央政府也牵涉其中的一系列工作，事情最终得以解决的经过过程，使人感到颇有意思。这个故事充分地显示出，一座建筑物的改造也会成为与地区住民、议会以及政府负责规划方面工作的机构相关联的重要课题。

★开发规划制定过程中的市民与专家的参与：德国

在德国的杜塞尔多夫（人口57万人），人口从城市中心区流向郊外地区，而在城市中心区居住的70%为单身家庭。城市当局的有关部门积极地进行城市中心区的住宅及就业场所的提供、颇具魅力的城市形成，以及作为旨在实现人口定居的基本设施的学校的建设。

有这样一个事例。以杜塞尔多夫市的一座旧仓库为会场，召开了以该市滨水地区约140hm^{2}的产业用地为对象的再开发总体规划编制专题研讨会（2002年6月）。在为期两周的会议活动中，首日参加会议的住民等有100人左右。会议的最初阶段，在市议会中拥有议席的6个政党，各自用5min的时间，平等地发表见解。接着，工厂方面的代表就地区状况进行说明，最后，回答与会者提出的问题。该专题研讨会是由受市政府委托的五个专家小组（由大学教师、技术顾问、年轻的建筑师等组成）和顾问集团（规划、社会学、经营管理等方面的专家），以设计竞赛的方式作出提案。由外部专家等组成的评审委员会，对方案进行评定。相关作业在这座旧仓库里进行，大家都可以看到模型、图纸以及方案设计等的具体操作情况（照片3·5）。

照片3·5 在旧仓库内召开的、有关制定工场地带再开发总体规划的专题研讨会（杜塞尔多夫市，2002年6月），左侧为专家小组的作业现场，右侧是向市民进行说明的说明会现场情况

设计竞赛的过程分为4个阶段。第1阶段由各个作业小组单独进行作业；第2阶段由各小组发表设计构思，进行共同研讨，评审委员会对此进行研究和讨论；在第3阶段，各小组提出概念性设计方案，并就此进行讨论，根据此次讨论的意见，继续进行作业；在最后的第4阶段，发表评审委员会的研究意见以及评定结果。参加设计竞赛的单位需要缴纳1万欧元（约合120万日元）的费用。该过程"在自治体制定城市建设方面的规定的场合，以及公共机关和半公共的个人组织进行建设开发的场合通常都是被公开的，即使是与那个项目没有直接关系的市民，也理所当然地享有提出批评和建议的权利"（水岛信，2006年，第41页）。

据市政府有关负责人介绍，城市当局的有关部门以设计竞赛的成果为基础，制定总体规划。但是，也可以不一定是原封不动地采用最佳设计方案。有关当局公开征集开发者，如果开发者提出申请，则作进一步的磋商，确定实施方案，然而，此前所谈到的过程并不是法定的程序。法定的程序是B规划（地区详细规划）的制定过程，在该阶段，市民再次获得参与的机会。虽然B规划是在城市的成长期事先制定的，但是在如今，由市民、投资家、议会、规划师共同协力进行规划方案的制定以及开发诱导等，已经成为基本的手法。由相关者达成的协议和共识成为B规划的制定和项目推进的最大保证（根据该市有关负责人的说明）。

杜塞尔多夫市的事例与日本的许多有关城市规划建设方面的专题研讨会的不同点在于：议会的参与、以专家为主体的规划方案的制订、以项目实施为前提的具体作业、短期集中型、以及决定过程的公开等方面。在日本，在各地也可以看到一些很好的市民参与型城市建设的事例。然而，实际状况表明，与德国相比，还存在着很大的差距。

有人对在日本的街区建设中作为市民参与、住民参与的手法，经常被采用的专题研讨会的方式提出如下的问题：

- 反映极其有限的人群的意见。
- 往往是在利益均沾的前提下接受所提的要求，需要过多的事业费和经营管理费用。
- 在规划和设计的质量方面存在疑问。

专题研讨会的方式，归根结底，只是规划过程中的一种手段，需要对其有利的方面及局限性加以理解和运用。

★ **建筑设计许可过程中的市民与专家的参与：美国**

华盛顿州西雅图市的城市规划因都市村庄战略而闻名。在城市规划中，将在城市内积极进行商业、业务、住宅建设的地区作为都市村庄加以指定。譬如，在作为富人都市村庄被指定的绿湖南区，从 2007 年年底，与单轨电车终点站连接的新型有轨电车（LRT）开始投入运营。可以享受湖光景色的公园的整顿与建设，以及有效利用良好的环境及景观优势的住宅、业务、商业设施等的建设也依次展开。

在西雅图市，有对与城市的建设项目相关的设计提出意见和建议的设计委托和规划委托。除此之外，在各地区还设有负责审查民间的建筑设计、对市政府规划开发局提出意见和建议的七个设计评审委员会。我有幸参加了城市中心区的设计评审会议（照片 3·6，2007 年 9 日）。评审会在市政府的会议室里举行，在平日的晚间，对于 2 件规划提案的评审分为 5 点半~7 点、7 点半~8 点半两个时段进行。第 1 件规划提案是城市中心区的超高层办公建筑。建筑师、开发业者利用模型和图纸等向评审委员会的成员作设计意图的说明。负责方案审查的商业区设计评审委员会有 6 名成员，在市政府的网页上登载有他们的照片和简历。他们分别为：社区代表（建筑师）、设计专家（原为俄勒冈大学建筑、艺术系主任。主持设计事务所的工作）、开发事业者代表（在西雅图城市商业区拥有 5 万 m² 建筑占地面积的开发者的共同经营者）、地区住民代表（西雅图市区研究所部长，法学）、地区经济界代表（不动产投资

照片 3·6 设计评审会会场的情景。西雅图市政府内（2007 年 9 月），在窗边就座的是评审委员会的成员和市政府的有关工作人员。市民可以自由地参加

会社代表）以及建筑师。即使说是社区代表和住民代表，其实也是城市开发、建筑以及法律方面的专家成为评审委员会的成员。

　　会上，主要是围绕如何更好地谋求与周边的建筑物相协调这一问题展开讨论。住民代表就停车场的车辆出入将对步行者产生影响这一问题提出疑问。关于这一点，由于需要市里的规划开发局进行应对，所以，有关负责人和评审委员会的成员进行了磋商。会场中聚集有大约 30 名的相关者和市民，他们热心地观看了公开审议的情况。第 2 件规划提案所涉及的是与历史建筑物邻接、业已经过规划的建筑。许多关心此事的不同民族、不同种族的人们参加会议，听取有关的规划说明。作为开发许可的手续之一，该设计评审按照市里的相关规则进行评定。虽然对象建筑在分区规划（功能分区）中已经被确定，但是，商业建筑和一定规模（根据功能分区的不同，4 户或 20 户或一定的占地面积）以上的集合住宅仍然作为评审的对象。评审委员会成员的不同领域构成也是根据规则决定的。成为审查基准的设计指南，对于全市范围来说，也就是分区规划条例，而在都市村庄地区等特定地区，则需要另外加以制定。在提案提交设计评审会讨论之前，事先同市政府的有关负责人进行磋商，也进行必要的设计修改，但是设计评审会并不是单纯进行提案批准的地方，根据在公开场合进行的商议和研究，也对设计方案进行修改（根据对市有关负责人的访问）。

　　在日本，如果能够满足城市规划中所规定的用途、容积率、建筑密度等的形态规定（称作集团规定），以及在建筑基准法等法律法规中规定的强度、采光及防灾等的设计标准（称作单体规定），则可以进行自由设计的建筑物的建造。或许，有一天，在邻接的用地和附近的地方会出现与地区不协调的建筑，而这样的建筑在法律上却不存在任何的问题。然而，如果我们将西雅图市所采用的设计审查过程作为法定程序实施的话，则可以进一步地提高市民对城市景观及环境的关心程度，同时使事先阻止与地区不协调的建筑的建造或对其进行设计上的修改成为可能。并且，即使是对于建筑师和开发者来说，这样做的结果，不仅不会忽视地区的要求，而且还将有利于设计质量的提高。管窥西雅图市的设计评审工作，使我们再次感觉到，市民民主主义对于城市规划结构来说是多么的重要。

3・3　以建立可持续的规划体系为目标的改革

（1）工党进行的改革：英国

★通过规划绿皮书提出的改革——战略化、高效率、积极性

　　在 1997 年的大选中，托尼·布莱尔率领的工党政府以压倒的多数获胜。

他们的口号是"关注未被关注的事情"。

英国规划体系的基本结构是地方自治体对民间提出的规划许可申请,参照地方规划,作出许可或不许可的决定。近年来,这样的结构正在发生着大的变化。在因伊朗战争的应对等问题不受国民欢迎的布莱尔首相下台的2007年6月,已经实现了规划体系基本框架的改革。

在地方规划的制定过程中,由于要反映国家的规划方针,同时还要重视市民的参与,因此,需要花费一定的时间,导致对于开发行为的被动应对。由于没有日本那样的分区规划,并且是根据建筑用地单元制定开发的基本方针,所以,有时会出现对于状况变化缺乏灵活应对的情况。面对这样的课题,标榜重视经济成长的工党的布莱尔政权提出"规划制定和许可申请审批速度的提高、可灵活应对的战略化、积极的(主动的)规划应对、规划制定的结构的统一(但是伦敦稍有不同),以及旨在进行广域的规划制定和实施的组织机构的设立"这样的战后规划体系和地方自治体结构的大胆改革。

规划体系改革是通过《规划绿皮书——带来根本性的变化》(DTLR,2001年)提出的。规划绿皮书中指出,现在的规划体系是僵硬的、官僚的,产业界对规划许可的审批速度感到不满,住民也不能充分地参与规划许可的审批过程。因此,绿皮书中呼吁为了进行可持续的开发,并将成长与形成更美好的未来结合在一起,应该进一步谋求更加简单、快速、易于接近的规划体系。

对于重视经济成长的如此大胆的改革提案,在截至2003年3月的商议期间(相当于日本的公众评论),共征集意见16000件之多,其中,不少是批评的意见。国会下院的交通、地区政府、地区委员会的《第13次报告》(2002年7月)中谈到,对政府的《规划绿皮书》部分赞成,部分反对,认为应该更加慎重地对待规划体系的50年的经验。还有一些人从重视市场机制、谋求经济成长的布莱尔政权的特点出发,评价布莱尔为撒切尔的后继者。然而,这样的改革在重视同富人优遇不同的社会融合,以及市民对规划过程的参与的同时,也确实为英国的经济带来了活力。北海道大学教授山口二郎(2005年)指出,"所谓在布莱尔领导下的工党所进行的改革,概括起来可以归纳为两点,即脱离计划主义和对全球化的应对",矛盾与多面性是布莱尔首相的特点所在。

★ 基于2004年规划法的改革

政府对过激的提出稍作缓和,于2004年5月制定并通过了《规划及强制性收购法》。改革的主题集中在三个方面:即可持续的发展(开发)、新的空间规划手法,以及社区参与(Gilg,2005年,第194-195页)。政府对新规

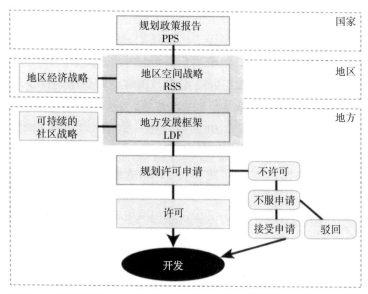

图3·2 基于英国2004年有关法律法规的新规划体系（来源：DCLG，2007年，——部省略）

划体系的思想进行如下提示（DCLG，2007年，图3·2）：

- 具有"政府制定的不同领域的规划政策报告（PPS，Planning Policy Statement）、地区空间战略（RSS，Regional Spatial Strategy）、地方自治体层面的地方发展框架（LDF，Local Development Frame）"这样的分层体系结构的规划主导体系。
- 取消以前的结构规划。地方发展框架（LDF）应该是核心政策、开发提案、明确的地图、开发指令，以及相关联的各种规划文件的综合。
- 缩短规划制定期限以及对规划许可申请进行处理的审批期限。为此，将在对地方自治体的有关规划方面工作的人员的数量和待遇进行调整与改善的同时，进行专业人员的培养。
- 根据规划主导体系，进行可持续的开发与评价。
- 根据法定规划（发展规划）决定规划许可。
- 政府尊重地区空间战略（RSS）和地方发展框架（LDF）。
- 新设产业规划区（BPZ）。
- 规划体系并不是旨在实现由他人保护个人利益而存在的。

作为以前对地方自治体提出的开发规划方案进行许可审批，以及制定地方规划时的基本指导方针的、涉及25个方面的《规划政策指南》（PPG，Planning Policy Guidance）被依次替代为《规划政策报告》（PPS）[2]。在作为总的基本方针的PPS1中指出，规划体系对政府宏观目标的实现具有决定性的作用，同时还具有通过社区和生活在那里的人们营造出更理想的场所和实现可持续发展的作用。同时，该报告还指出，好的规划（体系）应该努力探求对开发进行管理，而不应该是单纯地加以限制。PPS1文件草案的标题是《推进社区的参与》。谋求规划体系的战略化、工作效率的提高，以及平衡的取得，在比以往更加重视市民参与这一点上，也充分地显示出改革的特征。

通过这样的改革，基础自治体不再是从前被动的开发许可行政，而是期望其能进行更加积极的（主动的）开发。基于每年度数值指标的政策实施监控制度也已经开始实施，有关的详细报告在各地方自治体的网页上被公开发表。

（2）从统治向治理的转变

★基于新空间规划法的规划体系的改革：荷兰

以谋求规划的制定与审批速度的提高及战略化为目标的改革并不限于英国。代尔夫特工科大学的资深研究员斯帕恩向我们介绍了针对2007年新空间规划法制定的荷兰的新规划体系（Spaans，2006年）。改革的起因在于由1999年"有关政府政策的科学会议（WRR，Wetenschappelijke Raad voor het Regeringsbeleid）"所提出的如下提案：

- 应该从像紧凑型城市那样的一般性的全国土的空间规划，向反映地区特征的具有挑战性的开放的概念（例如城市景观）的方向进行转换。
- 国家的政策限于全国的空间框架这样的基本战略政策方面，地区政策需要通过像示范性规划那样的实验性的协同努力，使规划综合化。
- 不是由强大的利益集团进行的片面合作，而应该进一步提高政策和规划当局的正当性及效果。空间规划要同空间投资直接地联系在一起。

上述提案是以从前的规划体系导致不少项目因规划流产而告终结，当局应对迟缓、错过最佳时机，以及实际上很少进行权限移交（强制）等诸多方面为背景的。

荷兰的规划体系改革是以从20世纪80年代进行的"从统治转向治理"，即不是行政主体，而是由多样的相关主体参与的地区管理这样的潮流为背景的。改革的主要特点是从规划主导向项目主导方向的转换，以及分层型规划的取消。具体说来，就是朝着构建国家、地方圈、城市圈、地区（基础自治体）这样的空间层面不同的规划主体，对于土地利用、框架性的构想，以及事业实施过程，拥有同样规划手法的体系这一方向进行转换。这是谋求从原来的规划主导型向开发指向型手法的转换，是具有比英国更强的开发指向的规划体系改革。2005年已经制定出国土空间战略，并对地方自治体先行收购法进行了修改（2004年），同时，土地开发法（2005年）也获得通过。

★ 开发自由与规划体系

在英国的规划体系改革方面，虽然与荷兰同样都是以建立积极主动的规划体系为目标，然而，与其说是基础自治体主导，莫如说是国家、地方圈层面的战略和国家的规划政策起着强大的作用。在荷兰的场合，在谋求通过不同空间层面的规划主体的治理，同样地推进规划的战略化和灵活化这一点上，存在有不同之处。这样的差异反映出各个国家的社会政治背景。从以土地利用为中心、以限制为主的规划体系可以看出，力求接受未列入规划的项目这一方向是相同的。前面介绍的杜塞尔多夫的事例，以及通过似乎固定的、事先决定的地区详细规划（B 规划）进行开发限制的德国的情况，都显示出在实际运用中对项目进行灵活应对的状况。

可以说这样的灵活性也是日本规划体系的本质所在。但是其大的不同点在于：即使是可以实现灵活、快速应对的规划体系，开发项目也是在经过市民参与的民主过程所制定的规划中得以确立的。开发权并不是任凭土地权利者自由地行使。在荷兰的改革方面，与以前相比，虽然土地交易可以在不受地方自治体干预的状态下自由地进行，但是，在地方自治体先行收购法中规定，在判断为"规划需要"的场合，地方自治体拥有保全土地的权力。斯帕恩主张，对于通过采用灵活结构进行开发、没有付出而取得利益的地主（白坐车者，只是坐车），应该导入利益还原手法（Spaans，2006 年）。

在日本的场合，由公共进行的基础设施建设和功能分区成为规划体系的基本构成，几乎所有的民间开发都未在城市规划中得以确立。除一般性的土地及所得税制之外，也不存在开发利益的社会还原问题。对于土地及不动产的权利者来说，其"开发、建筑自由"、"利用的自由"以及"不利用、闲置的自由"在很大程度上得到认可[3]。

由于 2006 年的与城市规划建设相关的三部法律法规的修订，市区无序蔓延式的郊外开发受到较先前更加严格的限制，部分开发者对此持抵触的态度。然而，从欧美的发展历程来看，在社会和城市空间都逐步走向成熟的过程中，对这样的开发权限加以限制是当然的发展方向。

由于本次的与城市规划建设相关的三部法律法规的修订，20 世纪 80 年代以后一直施行的限制缓和政策逐渐地不再被采用，原先以整顿建设及项目开发为中心的城市规划和限制诱导在某种程度上稍微取得平衡。在英国的场合，与此相反，若用英国流派的语言来说，那就是将以限制诱导为中心的、被动的规划体系和地方自治体的负责规划方面工作的部门的姿态，从原来的"规划主导"向"不动产开发主导"的方向进行转换，尽管程度是轻微的，然而却是使中心点产生偏移的改革（图 3·3）。

2006年向政府提出了就规划体系和经济发展关系等问题进行分析研究的《巴克土地利用报告》（Barker，2006年）。为了更进一步地推进布莱尔政权10年的规划体系改革，社区与地方政府部（DCLG）发表了《空间规划的作用和范围》（2006年5月）、《旨在实现可持续未来的规划》（2007年5月）白皮书。前者提出从原来的土地利用规划向空间规划的方向发展。后者则提出要进行更进一步

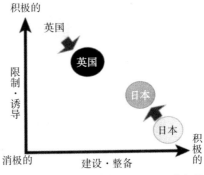

图3·3 规划体系改革的方向——日本与英国的比较

的改革，并提出将促进机场和干线道路的建设、能源和供水系统的确保、经济成长的实现、城市中心区的改善、对地球环境问题的应对以及除住宅之外的开发权的问题等作为改革的重点。由此可以看出，英国现在也正朝着进一步推进日本多年来一直进行的城市基础设施整备的公共事业建设的方向发展。

★ 注 ★

1 在接下来进行的1951年的大选中，虽然工党在得票率方面以微弱的多数超出保守党（48.8%：48.0%），但是在议席方面却发生了逆转（295：321），直至在1964年的大选中工党夺回政权，一直是保守党执掌政权。战后，在英国，有着福利优先这样的社会共识，即使是政权交替，在福利政策方面也没有大的改变。然而，在规划政策方面，每逢政权交替都会发生大的变更。工党对保守党，1992年得票数为1150万张（35.2%，271个议席）对1400万张（42.3%，336个议席），1997年得票数为1350万张（43.2%，418个议席）对960万张（30.7%，165个议席）。在美国1996年的大选中，共和党的布什失利，民主党的克林顿获胜。

2 截至2007年11月末，如下的PPS（规划政策报告）被决定：PPS1《带来可持续的发展》（2005年）、PPS3《住宅》（2006年）、PPS6《城市中心区规划》（2005年）、PPS7《农村地区的可持续开发》（2004年）、PPS9《生物多样性与地质的保全》（2007年）、PPS10《可持续的废弃物管理》（2005年）、PPS11《地区空间规划》（2004年）、PPS12《地方发展框架》（2004年）、PPS22《可再生能源》（2004年）、PPS23《规划与污染控制》（2004年）、PPS25《开发与洪水危险》（2006年）。

3 吉田克己就土地所有权与开发限制的关系作出如下的论述："土地因其不可生产性及与区位相关联的独占性等诸多因素，要服从同普通的商品不同的处置。然而，在日本的场合，土地商品的特殊性明显不足。在将土地所有权还原为一般的商品所有权、贯彻'土地＝商品'这一逻辑时，存在着日本的土地所有权概念的显著特征"（原田纯孝编，《日本都市法Ⅰ》，东京大学出版会，2001年，第374页）。

第4章

欧洲的可持续城市建设

4·1 建设紧凑型城市的英国的手法

在日本,虽然紧凑型城市作为城市形象已经在城市规划对策中得以确立,但是尚处于其手法有待今后具体展开的阶段。在此,将先行紧凑型城市建设的英国所采用的紧凑化手法向大家作一介绍。具体内容整理如下:

- 外延式的、分散的郊外开发的限制=绿带等的土地利用限制。
- 高密度住宅区开发=都市村庄等。
- 高密度、复合功能开发=开发许可制度、设计指南、政府的规划指导方针的制定等。
- 空间的现有资源的有效利用=城市建成区开发的优先、衰退的邻里居住区的再生,现有建筑物的转换,价值持续的住宅、住宅区等。
- 抑制汽车交通的交通政策=采用征收汽车交通拥堵费的手段,抑制汽车交通向城市中心区的流入,促进途中存车换乘地铁的交通方式的运用,有轨电车的恢复以及自行车、步行者空间的整顿与建设等。
- 中心市区活性化=更新改造、再开发事业等。

下面,将就上述紧凑型城市政策作更进一步的详细介绍[1]。

(1) 设置绿带

★古代就曾进行的利用绿地限制城市扩大的尝试

人们认为,二战后最成功的城市、地区政策就是绿带的设置。就像在旧约圣经的《利未记》、柏拉图的《国家》以及托马斯·莫尔的《乌托邦》(1516年)中都曾有过记载那样,在居住区的周围设置绿带是从很早以前就有的思想。书中指出,其设置的理由主要是农业、动物饲养、祭祀,或者用于对传染病和火灾的防御等。1580年伊丽莎白一世颁布的法令（伦敦外围3英里范围内禁止新建建筑）被众人所知晓，詹姆斯一世（在位期间：1603~1625年）也颁布了同样的法令。由清教徒革命成立的克伦威尔议会在1657年颁布了伦敦的成长禁止法，规定新建住宅必须距伦敦至少为10英里，建筑用地在4英亩（1.6hm^2！）以上。然而，实际上这些规定被大家所忽视，而且也没有达到抑制伦敦成长的效果。虽然，在19世纪就有各种各样的理想主义者提出设置绿带的主张，20世纪20年代还就此展开讨论，然而，郊外化现象仍然在进一步地发展。

1931年雷蒙德·昂温（作为田园城市莱奇沃思的设计者而闻名）在《大伦敦地区规划报告》中提出，地方自治体买下土地，在伦敦的郊外，建设幅宽3~4km的绿地，作为"环状绿带"。其理由是通过环状绿带的设置，可以进行有秩序的开发建设、在城市的边缘地区设置可供娱乐休闲空间，以及作为今后进行开发建设的预留地等。虽然，由于财政方面的困难，政府未能将该提案付诸实施，但是伦敦市议会（LCC，London County Council，1889~1965年设立）接受了昂温的提案，并且从1935年4月1日开始实施绿带的建设。尽管当初没有法律方面的限制力，但是，为了对地主的补偿和土地利用限制，以及土地的收购，1938年市议会和郡议会制定了绿带法。实际上，在第二次世界大战前，已经有相当数量的土地被收购，作为绿带来说，也得到了恒久性的保全。此后，1942年的有关农业地区土地利用的《斯科特报告》，对全国性的绿带政策的实施起到了积极的支援作用（以上出自Morris，1997年，第81-83页）。

★绿带设置的博弈——围绕政府的方针

第二次世界大战后至1971年的这段时间里，除伦敦之外的绿带设置，在英国的一些主要城市逐渐被指定。如今，包括伦敦周边48.6hm^{2}的绿带在内，在全国14个城市所指定的绿带面积占国土面积的13%，达154万hm^2。政府发表的《规划政策指南（PPG）2，绿带》制定出基本政策。绿带的设置可以最大程度地限制土地的开发利用，抑制城市向郊外扩展。同时，还可以向市民提供绿地空间，是形成自然景观的有效的方法。然而，由于邻接市区的缘故，往往会成为优势的开发候补地。

20世纪80年代，在包括伦敦在内的东南部地区进行的新住宅区的开发有所扩大。撒切尔政权之所以在1983年的有关绿带问题的政府通告中，将其政策变更为偏重开发，是由于受到来自有关住宅开发的院外活动团体（在议会活动中行使影响力的利益团体）的压力所致。在1984年保守党政府提出的绿带内开发规划已经进一步明确时，遭到来自地方保守党的"坚决维护住宅舒适度"这样的强烈反对，在1984年的政府通告中，其规划政策又变更为偏重保全。对于环境问题的国民意向也成为对市场指向的限制缓和的有效防御。在1989年欧洲议会的选举中，以环境保全作为党的基本方针的"绿党"，在住宅开发压力较大的伦敦周边地区取得了飞跃性的进展[2]。或许可以说，地权者成为有关环境保护的院外活动团体也是英国的一大特征（Elson，1986年，第213页）。

布莱尔政权在规划体系的改革中，提出将部分绿带进行解除。都市农村规划协会（TCPA，Town and Country Planning Association[3]）和作为规划师团体的皇家城市规划学会（RTPL，Royal Town Planning Institute）对此表示支持，然而，全国性的不赞同绿带内开发的舆论非常强烈。

在卡林沃斯撰写的《英国的城乡规划·第13版》（Cullingworth，2002年）一书中提到了牛津市的绿带问题。他认为，虽然看上去绿带的设置似乎起到了防止城市空间扩大的作用，但是，却把开发压力转向绿带以外的地方，产生出许多从周边的小城镇和农村到牛津市内的通勤交通流，因此，不能说绿带设置的手法是十分成功的。的确，1971年的统计资料显示，在牛津市内总就业者人数81200人中，来自市外的通勤者比率为44.6%，接近就业者总数的一半。在郊外，各种各样的功能无计划分散的市区无序蔓延，无疑是最糟糕的城市化样板。然而，像许多的英国城市那样，在城市内的再开发不能提供除高密度的住宅之外的其他功能的场合，需要进行抑制外延式市区化的、在绿带之外的周边中小城市和农村的开发。除设置绿带之外，还通过诸如特别自然美地区、高度景观价值地区等的保全性绿地指定制度的运用，对市区的外延式扩展加以限制（图4·1）。

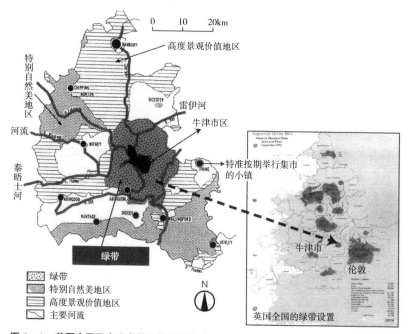

图4·1　英国全国及牛津市的绿带设置情况（右侧地图的来源：PPG2）

★ 绿带设置的博弈——牛津市

牛津市的绿带设置同伦敦一样，也是20世纪30年代最初提起的。这是由于20世纪初选址建设的汽车工厂的雇用规模扩大、市区也将会随之逐渐扩展的缘故（图4·2）。在1931年的牛津郡地区规划中，提出将市区限定在距市中心半径6英里（约10km）的范围内。在1948年的战后复兴规划中，提出将市区的扩大控制在距市中心半径10英里的范围内，进行郊外新城的开发，以及雇用规模的抑制（Rowley，1980年）。

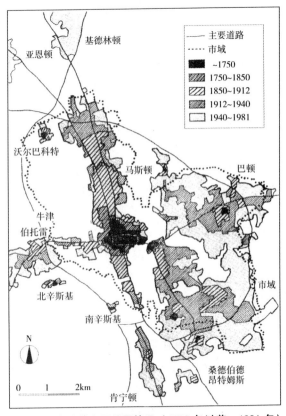

图4·2 牛津的市区扩展情况（1750年以前～1981年）
（来源：Oxford Draft District Plan，1981年）

在1955年的住宅·地方大臣通告（CMND42/55）中，政府正式提出全国的绿带设置问题。虽然牛津市在1958年已经制定了规划，但是，在1961年时，政府的规划审议官以规划方案中提出的绿带的内侧境界线过于接近城市建成区，其中也包含从长远的观点来看不能成为良好绿地的土地，以及在住宅的供给方面存在障碍等为理由，提出反对意见。从1961年到1971年，牛

99

津市内人口增长率为23.4%。到1975年，虽然政府对绿带的外侧境界表示理解，但是对内侧境界还是暂定承认。在1983年的地方规划中，牛津市及其周边郡已经对绿带的位置进行确定，但是，环境部（DOE）认为其过于接近市区，还是未能给予理解。

在有关绿带的政府规划政策指南《绿带》（PPG2，1988年）中，强烈地反映出撒切尔政权的意向，提出了恒久性、灵活性、选择性、防御性四项原则，并且建议即使是在地方规划的期间内，也可以通过开发的手段，进行部分绿带解除的应对。在牛津市的地方规划修改方案（规划期间为1991~2001年）中，接受了上述的政府方针，然而，在议会内的讨论中，未能取得一致意见，于是提出了部分指定解除和维持现状两种方案。最终，研究制定出《以绿带为境界线的地方规划》，确定维持绿带原有位置不变。

在全国的住宅价格不断上涨的过程中，牛津市作为深受大家欢迎的居住地，其住宅价格更是呈现上升趋势，住宅供应量出现不足。正在进行地方规划修改（2001~2016年）的牛津市议会（市政府）接受了布莱尔政权的方针，拟在规划中加入在绿带中进行不是十分高档的住宅开发这样的内容。面向住宅明显不足的关键工作人员（护士、教师等社会工作者），考虑拟将新开发住宅的50%作为（住房者）可负担得起的住宅（面向低收入者的廉价住宅，NPO〈非营利组织〉的住宅协会开发或者民间义务开发）进行开发。然而，却遭受到来自环境保全团体和市民的强烈抵制，在绿带中进行开发的计划未被纳入规划之中。由此可知，像前面所讲述的那样，绿带政策看上去似乎是稳定的，实际上是经过围绕开发与保全的种种博弈才得以维持的。

（2）可持续的居住区开发

★提高开发密度，有效地利用现有住宅用地

英国政府的住宅开发政策将包括伦敦在内的东南部地区的新建住宅的供给和北部地区的住宅的人气恢复这样两个方向统合在一起。2003年政府发表了《进行旨在实现可持续社区未来的建设》。在文章中提出现有住宅的改善、新建住宅的供给、促进私人房产的发展、针对北部地区空置房屋的对策、以社会工作者为对象的住宅供给、公营住宅的质量改善、针对无家可归者的对策、针对不良地权者的对策、绿带的保全以及公园和公共空间的改善等诸多方面，并且列出巨额的预算。

英国政府的城市复兴战略之一就是提高新住宅区开发的户数密度和褐色地块（城市建成区内和工厂旧址等的现有住宅用地）的开发优先。这样的战略似乎是成功的。在政府的《规划政策指南·住宅》（PPG3，2000年）中，

规定新住宅区开发的最低户数密度为 30 户/hm²，推荐采用的最低户数密度为 30~50 户/hm²。较之从前的住宅区开发的最低户数密度 25 户/hm² 左右有所变化，由于采取这样的方针，2002 年以后住宅区高密度化有所发展，特别是在现有住宅用地的开发方面，最低户数密度接近 50 户/hm²（图 4·3）。

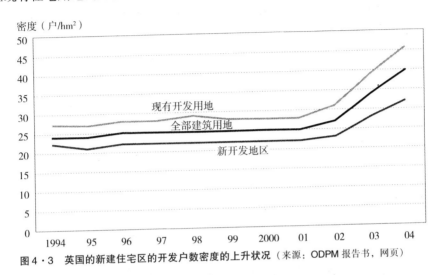

图 4·3 英国的新建住宅区的开发户数密度的上升状况（来源：ODPM 报告书，网页）

在现有住宅用地上进行开发（包括建筑用途转换部分）的比例，1994 年为 54%，2004 年则大大超出政府制定的 60% 的目标，达到 70%（表 4·1）。

表 4·1 英国的在现有开发用地新建住宅实际供给量的变化情况

	1994	1996	1998	2000	2002	2004
在现有开发用地新建住宅供给（户数）的比例，包括用途转换部分（%）	54	57	58	61	67	70
在现有开发用地新建住宅供给（户数）的比例，不包括用途转换部分（%）	51	54	55	58	64	68

（来源：ODPM 网页）

★ 高密度的住宅区开发：伦敦

相当于日本东京都政府的大伦敦政府（GLA，Greater London Authority）的行政管辖范围是半径约 50km 的区域。然而，大伦敦政府（GLA）的工作人员数量仅有 600 人左右。作为伦敦空间规划的《伦敦规划》（2004 年 2 月）提出的规划目标是：①将城市成长控制在境界线之内（城市结构）；②更适宜居住的城市（住宅、公共空间、服务、多元文化）；③经济成长；④促进社会包容的实现；⑤可达性的提高（公共交通的改善）；⑥经过美化设计的绿色城市（环境）。同时，就规划目标①提出以下具体方面：诱导进行高品质的紧凑型城市的建设、复合功能的开发、多核型多中心的开发、城市建成区内再开发事业优先、郊外地区的改善、绿带的保全，以及高密度住宅区开发等。

大伦敦的人口，1939年时为最高值，达到860万人；1983年时为680万人，减少了180万人之多；2005年又恢复到750万人。从今后来看，由于预测2016年人口将达到810万人，与2001年相比，人口增加80万人，户数增加34万户，雇用人口增加63万人，加之家庭规模的缩小，每年大约需要2.3万户的住宅供给（图4·4）。

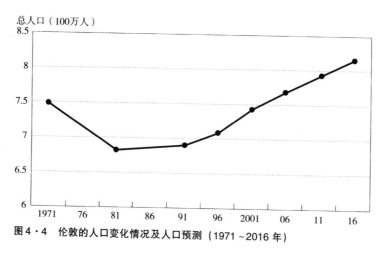

图4·4　伦敦的人口变化情况及人口预测（1971～2016年）

从中世纪开始，伦敦中心市区的人口密度（市中心5区+商业区，95人/hm², 2001年）逐渐下降，如今，呈现出较巴黎（市中心12区，170人/hm², 1999年）、巴塞罗那（埃克赞普鲁区，351人/hm², 2003年）等城市更为低下的低密度状态。然而，在现实中，要提高现有城市住宅区的密度是一件非常困难的事情。在大伦敦政府（GLA）的《以实现紧凑型城市为目标的住宅供给》（2003年）的报告书中提出：通过采用根据地区不同特点规定户数密度及复合功能的导入等手段，尽可能地减少郊外新开发面积（表4·2）。同时，该报告还指出，即使是进行高密度的开发，也可以进行6、7层以下的中低层建筑的建设，绝不能重蹈像20世纪60、70年代那样的，由于追求数量、导致质量低下的住宅供给这样的失败的覆辙。

表4·2　伦敦市的推荐户数密度

交通便捷程度	地区	不同类型建筑的每公顷的户数密度	
公共交通便利	城市中心区	—	分层住宅（1层1户）240～435户
	市内	联排式住宅55～175户	分层住宅（1层1户）165～275户
	郊外	联排式住宅50～110户	分层住宅（1层1户）80～120户
交通不便	郊外	单户独立住宅、两户连体住宅30～50户	—

（来源：GLA，2003年）

★提高住宅区开发质量的设计指南

在《以实现紧凑型城市为目标的住宅供给》（2003年）的报告书中也指出：在进行高密度的开发中，城市设计起着重要的作用。在英国，广泛地采用地方自治体制定设计指南，并将其作为规划许可的条件的手法。在成为各地方自治体的样板的埃塞克斯州（位于伦敦的东北部）的设计指南（1997年版）中，规定住宅区开发需要具备以下条件：

- 交通可达性：开发地区应为靠近市中心或与其同等的地区，或者是可以利用公共交通的地区。进行促进步行交通和自行车交通发展的设计。具体来说，开发地区应在距离公共汽车站400m、距离小学校600m、距离中心区300m的范围之内。

- 复合功能：不是单一的居住功能，应具有包含雇用在内的复合功能，特别是在进行500户以上的住宅区开发时，一定要配置就业设施。使住宅所有形态及住宅户型的大小呈多样化形式。期望能进行都市村庄（见后述）形式的开发建设。

- 与环境共生：保护现有生态环境，谋求自然生态的改善。将建筑物的热损失降低至最低程度，适用景观设计（自然景观设计）。

通常，人们认为英国有着很强的田园居住指向，然而，据说最近这样的倾向也在发生着变化。卡梅伦副教授（纽卡斯尔大学）向大家介绍了如下的新倾向[4]：

"以前，在英国，经常可以见到'逃离城市'，即从城市向外逃离的情景，显示出极强的郊外居住意向。然而，在对即将大学毕业或大学毕业不久的年轻人的采访中，可以发现存在着喜欢在有着百年以上历史的古老建筑中居住、在城市的中心区、在高密度的地方居住这样的倾向。对此，在荷兰的调查中，也得到了同样的结果。同时，农村地区也深受人们的欢迎，而城市周边地区的人气则不是那么的旺盛。然而，在英国，人们在进行居住地的选择时，却存在着与郊区或者市内这样的位置选择相比，更注重优先选择受到人们好评的地方居住这样的倾向。"

英国也同日本一样正在进入高龄化社会，然而，高龄者几乎都拥有自己的房产，且移居率也比较高。说是地区本身正在向高龄化的方向发展，实际上这样的事情也并不一定会发生。如果想移动的话，那么，任何时候都可以那样做，或者可以那样做。但是，实际上，高龄者多集中在农村地区和沿海地区居住。

★传统居住区形式的导入：都市村庄

在致力于推进都市村庄开发的查尔斯王子财团编辑的《创造都市村庄社

区》(Neal，2003年)中指出，虽然都市村庄概念是20世纪80年代后半期产生的，但是在美国20世纪30年代的L·芒福德和60年代的简·雅各布斯等人所提出的问题中可以发现其起源。人们都喜欢紧凑而成功的（可持续的）邻里社区。也可以说，都市村庄就是力求将这样的有着城市特点的生活在住宅区的开发中得到实现。都市村庄以可持续的城市地区的形成为目的，其主要特色在于复合功能的导入、重视场所特性的设计的适用，以及社区的参与。

我曾经对英国南部多塞特郡多切斯特镇的庞德伯里都市村庄进行考察（2002年10月）。这里靠近大海，风景优美，气候温暖宜人，是拥有养老金生活者向往的地方，许多经济富裕者在此居住。王子财团对查尔斯王子的领地（从660年前拥有开发权）160hm^{2}的用地进行开发建设。1987年制定出开发规划，对查尔斯王子来说，这是将自己的《英国幻想》（1989年）具体化的项目。从1993年着手开发建设，而后陆续有人迁入居住。这里的最大特点是"引用"古时英国农村的设计。露天市场及其周边的商店、2层高的设有烟囱的建筑、沿街连续排列的房屋、弯弯曲曲的街道，以及社区。古时候不曾有的汽车交通导线、停车场等成为景观方面的问题。在这里还可以看到颇具匠心的、将从直接道路出入的住宅内的车库设计成古时马舍般造型的事例（参照规划设计等松永安光，2005年）。

在牛津市附近有一座同样名为多切斯特的村庄。在这座有着近300年的历史、位于以前的街道沿线的村庄中，设有旅店、商店，以及农家房屋式的住宅建筑等，是一座未被观光地化的、安静古朴的小村落。从两张照片（照片4·1、照片4·2）的对比中可以看到，新开发的都市村庄采用了传统村庄的景观设计要素。然而，新的村庄、都市村庄却不能抹去仿造物所营造的氛围。英国的规划师也批评其不能给人以地区性之感。然而，对该项目可以作出这样的评价：可以说它是根据有关开发规定进行开发建设的，其中的拥有可

照片4·1 王子财团开发建设的多切斯特镇庞德伯里的都市村庄。采用照片4·2所示的中世纪村庄的设计要素。烟囱只具有单纯的装饰作用

照片4·2 从17世纪延续至今的多切斯特村（牛津郡），街道沿线设置有小旅店。这里也是为邻近的村庄提供生活服务的中心地所在

负担得起价格的住宅（适称价格的住宅。由住宅协会建设）占到20%，同时，导入小规模业务办公设施，以确保就业的需求，并且在村中进行老人养护设施及购物设施等的建设。我认为，从其并非简单地进行模仿、积极地导入住宅以外的功能、谋求拥有适当自立性的社区形成这样的开发方向来看，该项目取得了合乎理想的结果。

★以进行新的郊外开发为指向的民间业者对政府的方针

据《卫报》的消息报道，"与褐色地块（现有住宅用地，低利用或未利用地）相比，开发者更钟情于绿色地块（绿地）"（The Guardian，2005年1月19日）。文章中指出，在政府的"城市复兴"构想中，计划将全国新住宅开发的60%在褐色地块进行开发。伦敦及其周边地区已经在城市建成区内对进行20万户住宅开发的地区作出指定。然而，开发者对这样的规划提出反对的意见，他们认为这样做是不现实的，应该在农村地区和郊外进行开发。其理由是：工厂旧址等存在土壤污染的危险，进行新开发应该把利益估算在内。作为民营者来说，在新开发地区可以实现土地高价格出售。譬如，据说，在预计未来将会有发展的剑桥市周边地区，其土地价格达到200万英镑/4000m^2（4亿日元，10万日元/m^2）。

作为开发业者来说，与苦于各种各样的限制且利润也少的城市建成区相比，更乐于进行郊外的新开发。在这一点上，与日本的情况基本相同。然而，政府的方针是力求抑制这样的意向，尽可能地促进在褐色地块进行的开发。在英国，可供开发的褐色地块有66000hm^2，如果按照50户/hm^{2}进行开发的话，可进行330万户的住宅开发建设[5]。

（3）住宅、住宅用地价格的上涨与住宅供给

★住宅价格的上涨

有人担心如果运用紧凑型城市政策抑制市区无序蔓延式开发的话，将会出现住宅供给量减少、住宅价格上涨的情况。对于土地建筑物所有者来说，资产价值的提升无疑是一件好的事情，然而，对于需要重新确保住宅的年轻阶层和低收入阶层来说，并不是令人觉得理想的。新开发可以促进高密度、设计良好的居住区的形成，并将旧的现有住宅作为资本，尽可能长期地利用。另一方面，还可以进行拥有适当的价格和租金的住宅供给。

在英国，近几十年间，土地、住宅的价格呈现上涨的趋势，从20世纪90年代后半期开始，住宅价格上涨，并呈现出一种泡沫现象（图4·5）。人们围绕上述住宅、住宅用地价格上涨的原因，进行了各种各样的讨论。

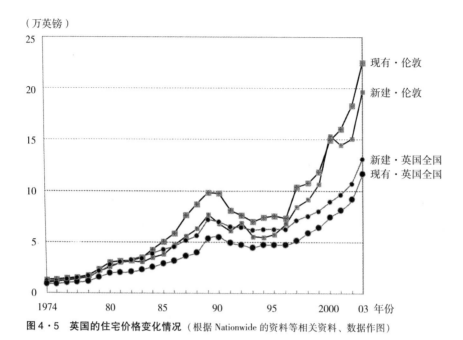

图 4·5　英国的住宅价格变化情况（根据 Nationwide 的资料等相关资料、数据作图）

根据英国不动产情报会社的全国调查显示，2002年时的住宅价格情况如下（The Guardian，2005年5月4日）：2002年4月的1个月期间，住宅价格上涨率达到3.85%，成为自1952年开始进行统计以来的最高值。英国所有地区的住宅价格均呈上涨的趋势，1996年以来，住宅价格上涨了90%，仅2001年就上涨了16.5%。首次取得的房产住宅的平均价格为10万英镑（约合2000万日元），比大多数家庭的年收入还要高，对于作为年轻阶层的首次房产取得阶层来说，住宅的购入出现困难。《卫报》在同年5月8日的追踪报道中，列举了各种不同情况下的年轻夫妻的事例，对买不起住宅的情况进行了报道。据文中介绍，首次房产取得者的平均年龄为34岁，一般来说，收入不高。贷款比例为住宅取得价格的25%，与20世纪80年代的58%相比，降低了许多。现在，住宅价格呈泡沫状态[6]。

据BBC的新闻报道，政府统计局的资料也显示，这10年间，薪金提高了94%，而住宅价格的上涨却达到204%，仅近1年间就上涨了10%。但是，也有意见认为，上述的住宅价格上涨并不只是英国才有的现象，从世界范围来看，这10年间，住宅价格是原先的2倍[7]。

2004年3月，有关住宅供给问题的《巴克报告》向政府提出（Barker，2004年）。该报告指出，2001年英国全国的新住宅建设户数为第二次世界大战后的最低值。这是住宅价格上涨的原因之一。英国在过去的30年间，住宅价格年平均上涨率为2.4%，与欧洲的年平均上涨率1.1%相比，明显偏高。虽然，20世纪80年代，拥有可负担得起的适称价格的住宅比率为46%，但是,2002年下降到37%。因而使得年轻人的住宅取得出现困难,同时,也阻碍了劳动力的自由移动。因此,在规划领域,应该使价格等的市场情报易于利用,提高规划许可的速度,对开发给予融资等的鼓励政策,以及增加拥有可负担得起的适称价格的住宅和社会住宅的户数等。《可持续的社区规划》及伦敦的泰晤士河河口地区开发项目等也是以增加住宅供给为目标的[8]。

★住宅用地价格的上涨

然而,土地价格的上涨幅度远高于住宅价格(表4·3)。最近20年间,相对于住宅价格上涨306%,土地价格上涨了762%,出现了全国性的住宅用地难于满足需求的状况。1983年伦敦的住宅用地价格为759000英镑/hm^2(75.9英镑/m^2),而如今(2003年时)竟然达到550万英镑/hm^2(550英镑/m^2,若按1英镑=200日元计算,则为11万日元/m^2)。

表4·3 由民营企业进行开发的住宅开发用土地取得面积及土地价格的变化情况

按1英镑=200日元计算

年份	取得面积(hm^2)	低位平均价格(日元/m^2)	中间平均价格(日元/m^2)	高位平均价格(日元/m^2)
1990	2028	4500	8000	12500
1991	1357	4300	7900	12000
1992	1550	3600	7020	10200
1993	2337	3580	6500	9600
1994	3027	4100	8100	12000
1995	2013	4400	8200	12400
1996	2065	4500	8400	13000
1997	5904	4700	8400	13000
1998	4160	4740	9200	13600
1999	4079	5400	10400	15500
2000	3403	6400	12000	18000
2001	2510	8000	14600	22000

(根据ODPM资料计算。从整体价格分布的下面,将1/4、2/4、3/4的价格分别作为低位、中间、高位的价格)

在马来西亚首都吉隆坡的商业设施中,在其拐角处专门设有劝诱人们进行住宅开发投资的地方(2007年1月)。英国的投资会社的推销员劝说人们对伦敦郊外的住宅区开发进行投资。虽然,该开发预定地当时还是农田,但是,已经对其进行投资用预定地编号,以及建筑用地区划。据说,由于是被绿带围合的土地,估计获得规划许可的可能性很大。这是"通过说明介绍,募集开发的投资者,如果投资者达到一定数量,则持其名单,同开发预定地所在的地方自治体进行交涉,以求能够获得规划许可。如果进展顺利,则可实际获得投资"这样的结构。由此可知，在规划许可较日本更为严格的规划体系中，得到规划许可成为投资会社的特殊技术。

（4）抑制汽车交通的交通政策

★ 多种手法的综合利用

虽然英国的汽车保有量为 510 辆/1000 人（2004 年），少于日本的 586 辆/1000 人，但是，在私人汽车社会这一点上，与日本并无两样。英国的道路总长度，从 1951 年的 29.7 万 km，增加到 1999 年的 37.2 万 km，后者约为前者的 1.25 倍。然而，在此期间，汽车数量达到前者的 11.5 倍，单纯的每辆汽车拥有的道路长度，从 150m 缩短至 16.3m。在历史上所形成的城市内部进行新的道路建设颇为困难，城市间的干线道路也呈现混乱状况。在英国的交通政策方面，1994 年修订的《规划政策指南·交通》（PPG13，最新修订时间为 2001 年 3 月）成为新的转折点。试图通过制定土地利用与交通相结合的规划，在抑制汽车交通的方向上进行政策运营。

《交通 2010：10 年规划》（2000 年 6 月）以消除日益严重的道路交通混杂状况及实现由汽车交通导致的大气污染等的环境改善为目标，采用重视同公民共同协作的方法和手段，努力致力于 10 年间 1800 亿英镑（约合 36 兆日元，较过去 10 年间的实际投资额增加 75%）的投资计划的实施工作。该计划作为《交通的未来》（2004 年），正在进行着不断的修改。

在采用抑制汽车交通（汽车数量及行驶距离）、促进替代手段利用的手法方面，英国实际研究和实施的方法有以下方面：

- 与交通需求的发生地、集中地的接近：抑制设施的分散选址，同土地利用规划的一体化。
- 对汽车交通向城市中心区集中的抑制与排除：导入城市中心区交通拥挤附加费制度，途中存车换乘轨道交通的出行方式，对城市中心区停车场建设的抑制，像市中心那样的高倾斜停车收费。
- 提高公共交通的便利性和可实现性（经济性）：近代化、补助金、收费系统的改善、换乘的顺畅化、城市的紧凑化。
- 对道路空间的汽车利用的抑制：居住环境区的划分（实现道路空间的人、车共存）、住宅区内的车速限制。
- 提高对步行者交通及自行车交通的吸引力和安全性：自行车专用道及步行道的整顿与建设，缩窄车行道，拓宽步行道。
- 脱离汽车型住宅区开发：无车化住宅区建设，车站周边地区的高密度复合功能开发（TOD），高密度住宅区开发。

- 汽车利用的效率化：汽车的共同利用（汽车的共同利用，在英国称其为汽车俱乐部），促进脱离汽车化发展的补助金制度、收费制度。
- 人们的汽车利用意识的转换：无车日、脱离汽车日。

在英国，将1969年在荷兰的代尔夫特市最初营造的庭园化生活区称为居住环境区，并将其作为不是为汽车，而是以人为本进行道路改善的政府政策，还出版了相关的设计指南（DfT，2005年）。

★ 交通拥挤附加费制度的导入及扩大：伦敦

2003年2月，肯·里宾格斯顿市长导入了"对进入市中心的汽车（平日，从早7点至晚6点半），每辆车征收5英镑（约合1100日元）费用"的交通政策。旨在通过道路交通拥挤状况的解除和征缴费用的收入谋求公共交通状况的改善。然而，这一做法却引起了各方面的担忧和反对，市民中超过半数的人对此持反对的意见。然而，实施的结果却取得了完全的成功，2005年7月，将征收的费用提高到8英镑，从2007年2月，征收费用的区域也被进一步地扩大（对象居住人口从13.6万人扩大到23万人）。

照片4·3 伦敦的征收交通拥挤附加费地区入口处的提示牌

如果将市中心地区的道路都作为统一收费道路进行考虑，那么，此项政策很容易被人理解（照片4·3）。调查结果显示，汽车交通量大约减少了20%，其中的约半数转向公共汽车的利用，其他的则采用利用机动脚踏车及自行车、与他人共用汽车或者绕行的方式加以应对。一方面，许多企业表示，由于交通拥挤状况的消除，对业务发展带来好的影响；另一方面，也有人批评说，这样一来，使得小规模商店中的顾客有所减少。在2004/2005年度预算中，扣除初期投资和经营管理费用，估计纯收入为1.6亿英镑（约合400亿日元）。2005年12月，传统样式的双层公共汽车（人们称其为"马路主人"）已经退出线路运营，现在，大街上行驶的是崭新的双层公共汽车和铰链式公共汽车。

伦敦的公共交通呈现出利用者不断增加的趋势。过去5年间的利用者增加率为公共汽车37%、地铁8%、国有铁路6%、步行及自行车5%[9]。巨大城市的试验在稳步地发展，并且，对世界各城市的交通政策也产生着影响。

★有轨电车的恢复与停车场政策

在《交通10年规划》中也强调要推进有轨电车的建设，25个城市计划进行轻型轨道交通（LRT）的整顿与建设，并且，有10个城市已经进入具体的实施阶段[10]。在伦敦，计划分别在2009年和2011年建成伦敦西部有轨电车线路和克罗斯河有轨电车线路，并使之投入运营；利物浦也在就有轨电车的恢复问题作进一步的研究和探讨。

在日本，停车场区域一旦被指定，那么，大型建筑物就产生附设义务，停车场被设置在市区内，其结果，助长了利用汽车进入城市中心区这一倾向的发展。虽然近年来趋于对这样的方针进行修正，但是，在英国，已经采取措施对城市中心区的停车场设置加以抑制。然而，在与牛津市毗邻的雷丁市，却将大型停车场的设置作为中心市区活性化政策的一环。而且，如果在中心市区购物的话，可以免收停车费用。城市中心区管理者说，这是因为要与郊外的大型商店进行自由竞争的缘故（2004年9月）。这与日本出自同样的思路。

（5）以实现中心市区活性化为目标的努力

★从郊外开发诱导向城市中心区开发优先的方向转变

关于商业设施的选址，在撒切尔执政的20世纪80年代，采取的是诱导大型商店在郊外选址建设的策略，由于要应对前面所提到的欧洲委员会（ECC，欧盟〈EU〉的前身）的政策和国内的环境保护运动，以及经济不景气等情况，从90年代初开始，这一方针逐渐发生转换。从1996年开始，加强郊外选址限制，重视城市中心区开发，其方针政策发生了根本性的转变（表4·4）。如今的商业设施选址许可判断基准的理念被称为序贯法。就是按照首位为城市中心区、接下来依次为城市中心区边缘地区、城市建成区、最后为郊外这样的顺序，进行项目选址的诱导（参照4·1（5））。

表4·4 英国政府的城市中心区政策的沿革

1977	"大规模商业设施规划"的下达
1979	撒切尔政权上台、民生、限制缓和、都市开发公社方式的城市开发
1985	大臣发言"促进零售业界的竞争、保护既得权益不是规划的目的"
1986～1990	大规模商业设施选址的黄金期。郊外分散选址的发展
1985～1989	对城市中心区再生的关心程度有所提高
1988	PPG6"大规模商业设施开发"（规划体系不阻碍竞争。承认街区以外的选址，采取不干涉政策。自由放任）

续表

1990	新设零售商店选址高峰期（占地面积 700 万 m²）。此后，进入萧条期，1994 年新设零售商店选址为 70 万 m²
1992	DOE 报告"大规模的市区以外地区零售业开发的效果"
1993	PPG6 修订（城市中心区与零售业开发），虽然通过规划体系维护城市中心区的舆论有所加强，但是，仍属城市中心区与郊外开发的平衡论
1994	PPG13（交通），可持续的交通，交通与土地利用的结合，城市中心区优先。DOE 报告《充满活力的城市中心区》
1996	PPG6 修订（城市中心区与零售业开发），为了重新唤回对城市中心区的投资，对利用规划体系的方针进行转换。规划主导，序贯法的采用
1997	DOE 报告"城市中心区的空间管理"
1997	工党政权诞生
2000	《都市白皮书》
2001	PPG13 修订（交通）
2004	PPG13 评价报告。对土地利用与交通相结合的重要性的确认及推动
2005	PPS6（城市中心区规划）的制定。对城市中心区的重视及积极应对的明确化

从 20 世纪 90 年代后半期，始终推行城市中心区优先的商业设施选址政策的政府，对以前的《规划政策指南·城市中心区》（PPG6）重新进行评价（ODPM，2004 年 a）。PPG6 得到规划师的极大理解，同时，也被社会所接受，对抑制城市中心区以外的零售店的选址具有一定的效果。但是，对区域性的大型商业设施的选址尚不能够很好地应对。并且，关于地方自治体对 PPG6 的解释与运用，也有来自各方面的不同批评意见。零售业者等认为，其把握的尺度不一；行政方面则认为，受到开发规定的限制，不能积极地加以应对[11]。

★ 政府的新城市中心区战略

《规划政策报告·城市中心区规划》（PPS6，ODPM，2005 年）是由政府制定的中心市区活性化战略的基本方针。为了实现城市中心区的振兴，要求地方自治体的负责规划方面工作的部门采用如下的规划主导手法，并进行积极的应对。

- 设计：促进高品质、包容性设计的开展，公共空间和开放空间质量的改善，城市中心区的建筑、历史遗产的保全与改善以及场所性的提高，进行富有魅力、交通便捷、给人以安全感的城市中心区的规划与建设。
- 管理：通过采用现有城市中心区内的适当的开发、再开发及用途转换等的地区的选定、专业人员的培养，以及成长地区的新中心的设定等手段，进行成长促进及管理改革。
- 规划：为了进行从旨在满足日常生活需求的基础性中心到区域性中心

的设定（如有必要，也进行新中心的设定），以及实现成长地区及贫困地区的改善，进行战略、空间政策及开发规划的制定。

● 调查：同住民及相关者一起，进行商品零售、娱乐和其他新需求在数量、品质方面的必要量及可开发容量的调查。对上述必要性的质量的适当性、开发场所设定时的序贯法手法的适用、开发规模的适当性、影响评价以及开发地区的交通可达性等进行斟酌与判定。

● 晚间的经济活动：在城市中心区规划中，还应考虑设置诸如电影院、剧场、大众化小酒馆、餐馆、酒吧、夜总会及咖啡馆等娱乐休闲设施。

● 交通：通过采用高密度、复合功能、可持续的交通手段等手法的运用，减少汽车利用，实现可持续的发展。

由上述内容可知，其实施手法与日本的中心市区活性化规划存在着很大的差异。第一，将中心区作为网络结构加以把握，同时还考虑到邻近地区的日常购物等服务的交通可达性；第二，在新开发中沿袭以前的序贯法手法，在新开发及再开发中，进行规模等的质量和开发影响等方面的评价；再有，作为城市中心区规划的目标，进行了涉及可持续性、社会包容性以及经济成长等诸多方面的、比日本更为广泛的目标设定。

★ 邻里地区商业设施的衰退——被遗弃的城市

让我们来看一下英国商业设施选址的状况。虽然资料有些陈旧，但是据1993年的调查显示，以全国约900处城市中心区为调查对象，其商业设施选址状况分别为：处于活跃状态的占6%、良好的占29%、稳定的占45%、衰退的占19%，其状况好于日本（HMSO，1996年）。在日常生活中，与中心市区相比，能够方便地利用邻里地区的住所附近的商店、银行、邮局或者小酒馆、茶馆等显得更为重要。这样的生活服务设施在日本也呈现逐渐减少的趋势。在英国也可见到同样的倾向。

在英国，虽然20世纪90年代进行了政策的转换，但是从前政策的影响依然存在，从90年代后半期开始，郊外型购物中心快速增加（图4·6），一些商店街出现衰退现象。位于伯明翰近郊的利明格斯帕市是19世纪时作为温泉疗养地而逐步繁荣兴盛的小城镇。尽管现在城镇的规模还是那么小，但是，在小镇的中心区内，设置有精心装饰的高级百货商店、拥有漂亮行道

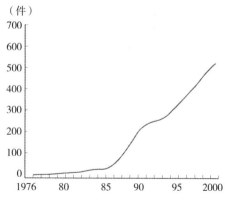

图4·6 郊外购物中心的增加（英国）（来源：NEF，2002年）

树的街道以及公园。然而，在距离那里仅几分钟路程的地方，就是低收入劳动者的住宅区，还有许多空置的店铺。为了不使橱窗的玻璃被打破，英国的空置店铺通常会采用胶合板对橱窗进行镶嵌。在城市中，有着如此大反差的街坊相互毗邻，也是英国城市的一大特征（照片4·4）。

独立系的智囊机构新经济财团的报告《被遗弃的城市·英国》（NEF，2002年）指出，对于地区居民生活来说，不可缺少的5种邻里服务设施（银行、邮局、大众化小酒馆、食品店及位于住宅区主要拐角地段的杂货店[12]），从1995年的23万家，到2000年时减少了20%。该报告预测，如果这一趋势继续发展下去，那么，10年间上述设施将消失三分之一，成为13万家左右，英国的城镇"或许将成为被遗弃的城市"。一旦城镇内成为"被遗弃的城市"，那么，不仅是令人怀念的小镇被失去这样的思乡情感，而且，譬如邻里地区的雇用、文化及商业的环境、健康（汽车利用的强制）、社会关系资本（社会资本）、地区的企业家意识，以及人们的金融能力等都将会丧失。

照片4·4 呈现衰退状态的商店街（上）和与其相隔不远的高级的中心商店街（下）（英国，利民格斯巴市）

如果进行24h营业的商品自选式小卖店的选址建设，那么，就可以实

图4·7 "被遗弃的城市·将在英国出现"（《卫报》报道，2002年12月16日）

现购物的便利。然而，24h营业的商品自选式小卖店使得当地的独立商店陷入衰退的境地。这样的小卖店是全国连锁性质的商店，同本地经济和商品流通没有太大的关系。该报告指出，虽然使上述的老商店停止衰退是困难的事情，但是，地方自治体应该通过规划许可的运用，防止郊外化的过度发展。报纸用大量的篇幅对该报告的发表进行了报道（图4·7）。该财团在2003年发表了《被遗弃的城市·英国Ⅱ》，对主要商店街的衰退再次提出警告。

113

★小城镇的商业作用：集市小镇

在英国，在田园地区有被称作"集市小镇（译者注：特准按期举行集市的小镇）"的小城镇，成为为地区的人们提供购物及各项生活服务的便利，或者有效利用历史环境的旅游观光城镇。照片4·5所示为位于牛津市周边地区的众多集市小镇之一的泰姆。在小镇中，有着500年历史的建筑物如今仍然被人们所利

照片4·5　位于田园地区中的集市小镇（泰姆）

用。居住在附近村庄和小镇的人们也驾驶汽车或者乘坐公共汽车到这里进行购物或就餐等活动。这样的集市小镇是田园居住生活中所不可缺少的。

布莱恩·格蒂（牛津布鲁克斯大学名誉教授）对英国商业地区活性化政策的特点作如下评述：

- 土地所有多为土地租用形式。作为（土地的）租借人，不少是采用99年的租用合同。譬如在牛津市的城市中心区，重要的封闭市场（室内市场）是市有设施，商店等是采用50年租用合同的方式进行租用的。在伯明翰，城市中心区的土地为99年租期的租用土地。英国的城市中心区、城镇中心区的特点是大的公司以及公共部门拥有土地。这是大土地所有制的特征之一。

- 公共政策的作用在于提高土地的美化、景观以及环境方面的价值。由此，可以进一步地提高土地的价值。

- 作为经济政策的一环，实行集市小镇政策。在设计方面，要注重公共空间的细部设计。在旅游观光地，经常可以看到经营同样的当地土产和纪念品的商店。要提高地区的吸引力，很重要的一点在于城市历史遗产的有效运用。在中心区进行购物等的城市生活的本身也可以被看做是城市历史的传承。通过招引观光客等手段的运用，可以达到进一步活跃地区经济活动的效果。

- 城市中心区的购物吸引力在于以下三个方面：①服务（能够得到商店人员的热情接待）；②品质（"唯有这里才能买到"这样的商品独创性）；③可靠性（真品、传统的物品）。

★城镇中心区管理人的作用：雷丁市

横森丰雄（2001年）对英国的城市中心区管理情况较为熟悉。这里从

20世纪80年代到90年代初，导入了采用协作方式运作的管理结构。现在，大约有450个会员属于城市中心区管理协会（ATCM, The Association of Town Centre Management）。其管理工作涉及广泛的业务，譬如清扫、安全、交通改善及停车场、市场活动和文化娱乐活动、投资的促进、商品品牌的改善、地区遗产的保全及有效利用、旅游观光、职业培训、舒适度的提高及居住的促进、公共空间的改善及大众艺术等诸多方面。所需资金从地方自治体和城市中心区管理协会的成员企业以及欧盟资金等方面进行筹措。近年来，政府出台了商业改善地区（BID, Business Improvement Districts）制度（2003年～）这一新的对策，期待着通过该制度的运用能够产生中心市区活性化的效果。

在我此前编写的《紧凑型城市》一书中，介绍了对雷丁市的有关工作人员的访问内容（第60、81页）。当时，接待我的是雷丁市的规划部长迪彼得·布利兹和担任城市中心区管理人的西蒙·科因。科因是牛津大学的法学士，曾在伦敦市工作。在此后的5年时间里，担任雷丁市城市中心区管理人。在中心市区再生建设方面取得了很大的成绩，2004年1月就任城市中心区管理协会（ATCM）的主任（2007年9月至现在）。雷丁市的城市中心区管理人在市政府内设有办公室，同市政府的各部门保持密切的信息交换。

雷丁市的城市中心区正积极进行以实现城市中心区活性化为目标的各项努力，其中包括根据大规模的再开发所进行的商业设施的选址建设、住宅开发等的多功能化、有效利用历史建筑物的步行者空间的整顿与建设，以及公共汽车等公共交通服务的改善等（照片4·6）。现在，城市中心区内还在进行新的再开发规划。上述工作的进行，在

照片4·6 成功进行城市再生事业、重现繁华街景的城市中心区（雷丁市）

很大程度上被管理人的意志、能力及见识所左右。在报纸的人员招聘栏中，经常登载有关各城市招募城市中心区管理人的信息。

★ 对城市中心区管理人的访问

我再次走访了雷丁市的市政府。新上任的城市中心区管理人和前面所提到的规划部长作出如下的叙述（2004年9月）：

"我认为，政府的有关城市中心区的新方针（PPS6），在较从前更加注重

追求地方自治体在城市中心区活性化方面所进行的积极努力这一点上，具有一定的意义。作为序贯法的实际运用，譬如对于判断为不适合雷丁市城市中心区的开发项目，要向对区域规划负有责任的政府东南局作出说明，并就计划在城市中心区以外的地方进行开发的问题作进一步的协商。基本上来说，大规模零售店的选址规划一旦被提出，那么，首先将其功能进行详细划分，并就其是否适合在城市中心区选址作进一步的研究和探讨。对此，一些企业也采取积极应对的态度，譬如郊外型大规模家具店诺基亚等，就对在城市中心区进行店铺扩展的问题进行了研究和探讨。尽管序贯法的原理极其简单，然而实际的运用却依然是困难的事情。

在雷丁市的城市中心区设有大型停车场，使郊外型的店铺也可以在城市中心区进行选址。零售商店需要通过自由竞争争取消费者。现在，作为城市中心区的再开发事业来说，有对原停车场地区进行再开发的查塔街区的事例。计划在此进行具有居住、商业、业务、零售业、饭店、游泳场等多样功能的街区建设。从1998年以来，在城市中心区进行了2000户的住宅供给，并且，在2007年还将进行2000户住宅的开发建设。

关于雷丁市车站周边地区的再开发，地权者集中在一起，正在进行规划的制定工作。该项目获得来自欧盟（EU）的数百万日元的调查费资助。开发者提出500户公寓式住宅的建设规划。由于我们希望进行低层住宅的建设，而所提出的规划方案中，设计为10层左右的住宅建筑，因此，未给予规划许可。车站周边地区的开发是10年左右的长期规划，需要慎重地应对，因为，这对于城市中心区的发展来说，是十分重要的。

城市中心区步行者空间化建设工作正在展开，即将建设完成。如果通过城市中心区再生事业的进行，不动产价值得以提升，那么，就会出现房屋租金上涨、私人的小店铺难于进入的问题。因此，就会出现克隆中心区，即在城市中心区选址的商店多为有地价负担能力的连锁商店，从而失去地区个性这样的问题。然而，实际上，这样的问题很难得到解决。

来此之前，我曾在两个小规模的集市小镇担任城市中心区管理人工作。在最初工作的城镇，那里的人们曾期望我描绘出小镇未来的情景。但是，小镇未来的情景应该是那个地区的人们自己进行描绘，否则，就不会取得成功。后来，我调到另外的小城镇工作。那个小城镇拥有明确的远景规划。雷丁市亦有着明确的远景规划，并且，每隔1年或2年对其完成情况进行检查。城市中心区合作委员会（有18名成员）每年召开6次会议。我（城市中心区管理人）既是委员会的一个成员，同时也是雇用者。我的工作是使委员会的意向得到各方面的理解，并使之付诸实现。"

4·2 英国的城市再生

(1) 城市再生政策的战后发展史

★英国的城市再生的20世纪

以经济衰退为契机，加之社会、环境等方面的因素，业已形成的城市空间呈现衰退的状态。所谓城市再生，就是以这样的地区为对象，根据新的方针政策，进行规划构想及规划方案的制定，并采用由行政、社区、企业等共同进行保全、修复以及开发的手段，对地区可持续发展的条件重新加以整合。所谓城市持续发展，也可以说就是根据经济社会的变化，不断地进行城市的再生建设。从1801年至1901年间，英国的人口从1055万人发展到3700万人，而在同一时期内，英国的城市人口则从274万人猛增到2893万人。在许多工业城市，在邻近中世纪所建设的市区的地方，进行运河的整顿与建设，并且，修建工厂和仓库。同时，在其周边地区进行包括贫民窟在内的、密集而低劣的住宅开发。从1901年到1939年，人口又增加了500万人，在贫民窟的外侧，进行利用公共交通的郊外开发。

下面，让我们通过罗伯特等人论述战后英国城市再生的研究成果（Roberts and Skyes，2000年），概括地了解战后城市再生的发展情况。20世纪50年代是进行重新建设的时代。当时所面临的主要课题是战后复兴、城市贫民窟的清除以及采用高层建筑形式的大量公营住宅的建设。20世纪60年代是都市再活化的时代。民间部门的作用逐步加大。社会上展开了"清除城市贫民窟能否在空间的层面或者城市规划方面解决社会性的问题？"这样带有批评性的讨论。20世纪70年代是更新的时代。新城政策被中止，将重点向内城政策方面进行转换。全国性的所谓逆城市化（逃离城市）在不断地加强。虽然高层住宅的建设迎来了鼎盛发展的时期，然而，人们却渐渐地对其失去了热情，最终留在其中居住的多为贫困阶层和问题家庭。20世纪80年代所面临的主要课题为撒切尔主义所倡导的再开发、衰退地区的振兴，以及中央主导。谋求改变社会民主主义的战后共识（福祉国家的建设），减弱公共的作用以及实现自由主义的市场经济。促进商业设施等的郊外选址建设，以及采用开发公社的方式进行旧工业城市的产业遗址的再开发建设。撒切尔执政期间，进行了地方自治体的改革，废除了伦敦市的大伦敦议会（GLC，Greater London Council）和六个大都市郡。进行了合作事业地区的指定，地方自治体和志愿者团体共同合作，采用综合手法，即对经济、社会及环境方面的问题进行综合的思考,努力实现地区的再生。上述的发展过程具有以下三个特点:①从以地方为中心向中央主导的转变;②从以公共部门为中心向民间参与的转变;③从对社会方面的重视到对经济方面重视的转变。

★1990年代以后的城市再生政策

20世纪90年代是城市再生的时代。都市开发公社的开发项目基本完成。意识到需要同欧盟(EU)取得协调的梅杰首相对以市场及开发为指向的撒切尔路线进行了修正。以田园保全指向的社会舆论为背景,政府确定了"可持续发展的开发——英国战略"(1993年)。由取得地方自治体认缴的竞争性补助金资助的组织进行开发项目的实施,成为当时的主流。基于1992年的城市挑战运动,从1994年开始实施的单一再生补助资金(SRB,Single Regeneration Budget)的运用,以及1998年的旨在改善贫困邻里社区的社区新政(NDC,New Deal for Community)的实施,指定了17个试点地区。

20世纪90年代末,被认为比撒切尔更加撒切尔化的布莱尔首相率领的工党政权上台。消除南北差别成为亟须解决的重要课题。北部旧工业城市对策被称为"北道"战略。有关城市中心区再开发等的经济政策、呈现人口减少状态的内城的再开发,以及失业者继续教育等的雇用对策得到进一步的贯彻和实施。在伦敦周边的东南部地区,应对以家庭分离和人口集中等为背景的新住宅需求成为焦点的问题。以形成能够同欧盟各国相抗衡的成长据点地区为目标,推进积极的开发战略。同时,公共交通的改善、汽车交通的削减等交通方面的改善也成为全国性的课题。

2000~2009年是都市活性化的时代。伴随产业结构的变化,城市中心区再活化成为当时的重大课题。推动这一事业进行的是由英国合作伙伴组织(接续都市开发公社事业的全国性组织)、地方自治体、民间企业等组成的各地区的都市再生公司。以政府的社会排斥对策委员会为中心,进行种种努力,推动衰落邻里地区的再生事业的进行。社区新政(NDC)是各地方自治体采用社区参与方式进行的18~24年的长期事业,主要致力于促进就业、降低犯罪率、促进受教育机会的提供、健康改善,以及住宅及其他物质方面的环境改善等诸多方面的工作。

如今的英国的城市及地区政策的主要对象地区是:①老的工业大城市;②呈衰退状态的新城;③以伦敦为中心的东南部地区;④衰落的城市中心区;⑤衰落的邻里居住区;⑥中小规模的城镇村庄等。城市的目标形象是充分体现历史性、能够享受城市生活的欧洲大陆的城市。

★ 城市再生过程中的市民、地方自治体及欧盟（EU）的作用

◇市民和地方自治体的作用

贫困的邻里居住区再生的一个很大目的就是防止犯罪（照片4·7）。以地区居民为中心的社区本身如果不重新改变认识，那么，目标的实现将十分的渺茫。在城市中心区的开发方面，忽视邻里社区意向的事业也很难取得进展。

在布里斯托尔市海滨地区的开发中，邻里社区方面否决了市里当初的规划许可方案。其理由是：规划是否带有商业主义的色彩？以高密度的高层建筑为中心，规模过大；

照片4·7 雷丁市内的公营住宅区，"由社区的合作组织来进行住宅区的改善吧"。在这里还可以看到犯罪防止委员会的成员名单

大教堂的景观将遭到破坏等。城市当局及开发者同市民进行了反复的商谈。其结果，规划方案作了很大的修改，决定增加住宅户数，导入与地区相对应的娱乐、文化设施，以及设置通向大教堂的、作为景观轴线的步行者空间等。

如果进入政府规划当局的网页，可以看到其中登载的大量的资料。从这些资料中可知，其国家政府机关的作用同以事业实施为中心的日本的国土交通省有着很大的不同。地方自治体中负责规划方面工作的工作人员，其早间的工作是从打开互联网的网页、搜寻有关的政府的新方针和调查报告，以及高官的记者会见等最新情报开始的。在实施城市再生事业的过程中，英国的地方自治体发挥着成为各种各样的规划和事业的促进者的作用。

从20世纪80年代后半期开始，工党始终占有统治地位的设菲尔德市议会也开始重视同民间的协调。受到来自在开发公社地区选址建设的大规模的麦都豪尔购物中心（照片4·8）的影响，城市中心区呈现衰落的状态。"设菲尔德ONE"是以该城市中心区的再生事业为主要目的设立的公民合作伙伴组织[13]（全国10个城市再生会社之一，2000年成立）。该组织运营委员会的议长

照片4·8 由原来的都市开发公社进行的郊外大规模购物中心的开发（设菲尔德市），虽然修建了同市中心连接的有轨电车线路，但是中心市区的空洞化现象仍然在不断地发展

（单位）是银行，其他成员（单位）包括市议会、英国合作伙伴组织（EP）、女性企业联合，以及投资俱乐部等。"设菲尔德 ONE"进行了总体规划的编制工作，计划在 7 年时间内，以城市中心区的 220hm² （雇用者数量 10 万人，占全市市内雇用者数量的一半，居住者 3000 人）的区域为对象，进行以经济的活性化及文化振兴等为目的的各项事业。"设菲尔德 FIRST"是在主要城市设置的地区战略合作伙伴组织之一，致力于邻里再生战略的开发与实行、投资的吸引，以及教育环境的改善等方面的工作。成员构成较"设菲尔德 ONE"更加广泛，同时，还设有 11 个相关组织。

◇欧盟（EU）的作用

当问及欧盟资金（EU 资金）对地区政策的影响这一问题时，其答复意见为"欧盟资金对地区政策产生很大影响"的地方自治体的比例为郡的 85%、地方（比郡小的区域自治体）的 62%，在大城市圈竟然达到 93%（1995 年调查）。在 1994~1996 年期间，欧盟的欧洲地区开发资金（ERDF, European Regional Development Fund）在英国地区共计投入 2343400 万英镑（约合 5000 亿日元）的资金（Hill, 2000 年，第 90 页）。英国的城市再生政策与欧盟的关系处于合作与竞争的关系。作为合作来说，应对继续扩大发展的欧盟所提出的可持续发展城市战略，进行国内各项制度的整顿与建设，推进有效利用欧盟的城市及地区再生资金的各项事业的进行。作为竞争来说，其主要方面在于：在经济、社会方面加强城市建设，在国际竞争中取得领先地位；以及进行以欧洲城市的空间模式为目标的城市结构的整顿与建设，实现高品质的城市空间和生活质量。

（2）世界城市的复合功能开发：伦敦

★住民参与的都心型开发：金斯克罗斯

这是包括与位于市内东北部的金斯克罗斯车站邻接的潘克拉斯车站在内的、伦敦北部面积约 40hm² 的大规模再开发事业。我对伊斯林顿区的负责人进行了访问（2004 年 10 月）。他讲述道："该地区的开发目标是新建以滑铁卢车站为终点的大陆高速铁路欧洲之星的终点站以及车站周边地区复合功能的再开发。一方面，金斯克罗斯车站周边地区作为商业地区呈现热闹、繁荣的景象，另一方面，也是失业率、少数民族比率较高的地区。该地区人口的 30% 是少数民族出身（伦敦平均为 16%），在学校，使用的语言达 67 种之多。需要通过开发事业的进行，扩大地区人们的就业机会，并且，进行地区人们可以自由利用的空间的创造。

规划的制定是从同地区的 100 个住民团体进行对话开始的。在这其中，接受单一再生补助资金（SRB，第一轮，以贫困地区为对象的竞争性政府补助资金）的卡姆登中央合作伙伴组织（由企业、住民团体、地方自治体以及公共机构构成的战略合作伙伴）包括同少数民族的人们一同进行活动的开发联合体以及其他文化遗产保护团体、环境俱乐部等。

在15年前国有铁路被私营化的时候，土地继续为国家所有。如果通过本次的开发，产生收益，那么，国家将收取其中的25%，其余的分配给开发者、地区、合作伙伴组织以及铁道会社等。合作伙伴组织将分得的收益进行本地区的再投资。开发者为独家会社，会社不拥有土地，负责开发工作的进行。由现在的规划方案可知，这是一项包括业务办公设施40万 m^2、住宅1000户、商业设施4万 m^2 等的、总占地面积为80万 m^2 的大规模开发项目。在就规划方案进行对话时，住民方面提出的要求包括安全的街道、富有魅力的地区、居住的确保，以及就业岗位的提供等诸多方面。"

石见良太郎（2004年）指出，1987年通过设计竞赛评选出的、由开发者提出的设计方案具有很强的商业开发色彩，其中包括建设44层高的高层建筑。住民认为这是一项具有"码头区效果"，即住民被逐出、当地收益甚微的开发项目，对此，住民开展了反对运动。住民的行动得到了研究者的支持，并编制了替代方案。虽然开发者是按照规划修改方案进行开发，但是，1994年开发者破产、辞退。其后，处于会谈中的战略性合作伙伴的结成以及全国最大规模的单一再生补助资金（SRB，75亿日元，1996～2003年）的投入，进一步加快了实现的进程。

规划方案中包括对建设用地内残留的铁道等的产业遗产的保全、对砖结构的雄伟壮观的圣托潘克拉斯车站的饭店建筑等的用途转换、新的滨水地带和广场、公园等的整顿与建设。欧洲之星的新车站计划在2007年的秋季投入使用，预计2020年完成地区整体的开发建设工作。该地区建筑物的特点集中表现为中层建筑、高建筑密度、同周边

照片4·9　以保全及有效利用为宗旨进行整顿建设的圣托潘克拉斯车站（伦敦）

连续的空间的复合功能。在建设过程中，还采用了兼带进行住民职业技术培训这样的独特的做法（照片4·9）。

★**中心的多层次构成**

就是达到100万人口的城市这样的城市规模，通常也只是单一的中心市

区。然而，仅仅依靠中心市区的商业设施，并不能够完全满足日常生活的需求。在城市中，副中心、地区中心、直至以日常生活为对象的服务设施，中心功能被进行多层次的网络化配置。最典型的例子就是新城的多层次的中心构成。在《伦敦规划》（2004年）中，从世界规模的中心到邻里中心，设定了若干的层次。这些不同层次的中心各自采取作为充实的地区进行发展的策略。在进行城市中心区的商业设施选址时，要进行项目评价，参照必要的容量，判断是否许可开发。

伦敦市的报告《乡村的城市——伦敦郊外可持续未来的促进》（GLA，2002年）指出，在伦敦，主要的中心有122个，小的地区中心大约有1500个。报告中提出在公共交通车站的周边地区集中进行商业服务设施的设置、确立步行圈、谋求步行圈的交通可达性的改善以及对郊外雇用地区的维护等（图4·8）。所谓步行圈，是在新城市主义的城市设计中所使用的词汇，是指采用步行交通的手段就可以满足日常生活需求的生活范围，通常被认为是距中心地区步行5min的400m圈域范围，最大为800m的圈域范围。

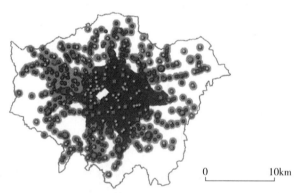

图4·8 基于步行圈（400～800m步行圈）的伦敦的空间构成（来源：GLA，2002年）

★都心近接型大规模开发：泰晤士河河口地区

20世纪80年代，伦敦码头区作为撒切尔政权下政府主导的开发事业，采用开发公社的方式进行开发建设。经历了地方自治体的不合作、邻里住民的反对，以及承担办公楼建设和经营管理的民间开发商的破产等种种困难，如今，码头区已经发展成为伦敦的金融中心区。

位于码头区下游的泰晤士河河口地区的复兴是新工党在新的大规模城市开发方面所做的积极的努力[14]。并且，采用对犯罪、失业、有害健康等的社会问题的克服、大量的住宅建设同环境和资源的保全与维持的两者并存，以及进一步提高该地区在居住、就业及交流方面的吸引力这样的与码头区完全不同的方案设计进行开发与建设。其主要特征在于高密度、混合功能、现有资源的有效利用、社会阶层的混合，以及对生态方面的考虑等最新规划思想和技术的运用。由于是进行在英国来说也属最贫困地带的地区开发，因此，就业培训、劳动者再教育等地区人群就业的促进也是此次开发的主要目的之一（图4·9）。

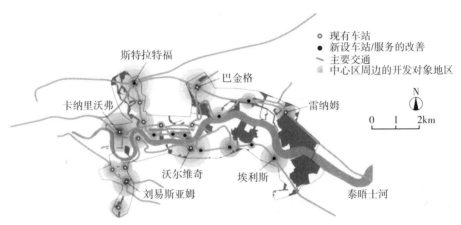

图4·9 泰晤士河河口地区的主要项目位置图（根据GLA网页作图）

（3）大城市的城市中心区再生：伯明翰

★近代城市的郊外扩展

由于始于18世纪末的产业革命及工业化的发展，英国第二大城市伯明翰的人口急剧增加。即使是在人口达到40万人的19世纪末，市区也集中在直径5km的圈域内，处于人口密度为300人/hm^{2}的高密度状态。1900年左右，城市中心地带的工厂聚集区业已形成，从20世纪初期，市区开始快速地扩展。然而，支撑这一状况的却是大运量运输工具的发达。以蒸汽为动力的有轨电车开始投入使用（1900年），有轨电车的电气化发展（1913年），采用汽油发动机的公共汽车也同期开始投入运营。该市的人口从1801年的7.1万人发展到1901年的52.2万人。

为了控制市区的扩大，需要进行城市规划。第一次世界大战后，在英国，通过"建造适合英雄的住宅"这一运动的开展，进行了大量公营住宅的供给，城市郊外化现象快速发展（表4·5）。当时的城市当局为了寻求对市区开发的限制及贫民窟改善的对策，前往德国等地进行考察。二战后，伯明翰也同其他大城市圈一样，在城市的周边进行了绿带的指定，以求遏制市区的扩大。其城市人口，1951年的111.2万人为最高值，而后呈逐渐减少的倾向。在此之后，骨干产业出现衰退，从1971年至1987年，制造业就业者人数减少了46%，占全就业人口的四分之一。2001年的城市人口为97.7万人，包括周边的7个地方自治体在内的伯明翰城市圈，人口将近300万人左右。

表4·5　伯明翰市人口及市区面积变化的情况

年份	人口（人）	市区面积（hm²）
1731	23286	
1801	70670	3457
1821	106721	3437
1841	182922	3437
1881	400774	3437
1901	522204	5115
1911	840201	17645
1941	1057600	20669
1951	1112685	20669
1981	1006527	26430
2001	977100	26777

（根据统计调查资料作图）

★伯明翰的城市中心区再生事业

如今的再生事业成功的开端是纽斯特里特车站到卡纳尔塞德车站之间的连续的步行者空间的形成，及其周边地区的一体化开发。空间模式是欧洲城市。从1983年开始就有关国际会议中心构想进行研究探讨，从国际会议中心构想进入具体化实施阶段开始，拉开了城市再生事业的序幕，到20世纪90年代，制定了城市再生战略。其主题包括城市中心区的扩大（环形道路内侧800hm²），高质量复合功能地区的形成，废除专用道路、汽车城市印象的打破，24h城市，以及城市居住等诸多方面。1992年成立了码头区城市开发公司。并且，以从转年的1993年导入城市挑战资金、从1994年获得来自欧盟资金的资助，以及从1995年导入单一再生补助资金（SRB）这样的方式，在获得外部资金的同时，城市再生事业进入正式的实施阶段。在此期间，成立了战略性的合作伙伴组织（公共机构、民间、大学、社区、志愿者等共同合作），另外，在9个地区实施了运用单一再生补助资金（SRB）进行的地区再生事业。来自全国各地的开发商收购了位于市中心的斗牛场百货商店，经过精心的开发与建设，这座有着现代化设计的高级百货商店，于2003年9月开业纳客（照片4·10）。

照片4·10　重现热闹、繁华景象的伯明翰城市中心区，任何人都可以利用的新的公共空间，文化娱乐活动的举办，新的百货商店和饭店

伯明翰市城市中心区再生的具

体实施目标如下：
- 使商业、娱乐休闲等流向地区外的消费活动重新回归到地区之中。
- 业务办公、服务等多样就业机会的确保。
- 通过城市形象的提高，进一步吸引投资和增强市民的自豪感。
- 采用旅游观光等手段，吸引地区以外人群的流入。
- 通过地区人口的增加，实现城市中心区的热闹与繁华。
- 通过复合功能的开发，增强地区的活力和吸引力。
- 新的城市型、创意性文化产业基础的形成。

★大规模再开发地区：布林德里地区

与新街车站连续的佩蒂斯托里安地区跨越运河的、被称为布林德里地区的地方是复合功能开发地区。通过采用优秀设计的再开发事业的实施，建造了占地面积约为 150 万 m^2 的建筑，事务所就业者人数达到 105000 人，形成了除伦敦之外的最大就业规模。开发事业的完成，历经近 20 年的时间。1780 年，最初的黄铜工业的工厂在这里选址建设，

照片 4·11　伯明翰城市中心区的再开发（布林德里地区）

此后，金属工业等各种工厂利用运河进行生产作业。然而，在 1970～1990 年期间，这些工厂相继停业。这里的土壤被重金属、矿物油及硫酸盐等所污染。20 世纪 80 年代，作为城市再生的有力场所，市政府方面取得了该地区的土地。但是，要进行城市开发，就必须去除污染。当时的不动产市场也处于低迷的状态，用地取得的价格非常低廉，约为 100 万英镑/英亩（4000m^2），约合 5 万日元/m^2（照片 4·11）。

1987 年以该地区为对象，进行开发规划方案的公开征集工作。1988 年 3 月，在以佩蒂斯托里安地区为规划主轴的方向上，确定了规划方案。在该用地取得 5 年之后，其用地价格已经上涨至当年的 5 倍左右。虽然某开发商从市里获得了 150 年的土地租赁契约，但是，由于发生经营危机，转由开发公司进行开发工作。1992 年 6 月，市议会批准了该项目的概略开发规划，并于 1993 年支付 300 万英镑（约合 6 亿日元）的开发负担资金，地区再生事业正式进入实施阶段。

★城市中心区周边的小规模创意产业集聚地区：迪格贝斯

在伯明翰市，创意文化的小规模事务所的选址引人关注。该领域包括

广告、建筑设计、美术及工艺、工业设计、时装、影视、音乐、出版软件、广播等诸多方面。通常来说，上述企业在选址时，即使是中心城区，也多乐于在CBD（市中心的商务商业地区）的周边（市中心周边的地区）进行选址。对于处于上述位置的衰退的建筑物和地区，通过设施再利用和再开发工作的进行，极有可能营造出具有特别氛围的城市空间。具有从事创意性工作的领先感觉的年轻人集聚在一起。实现这样空间的城市是集聚有一定规模以上的人口和产业的城市，即成熟的城市，并且，与附近大学的合作也极为重要。

在伯明翰市，有两个由民间公司开发运营的创意文化事业所集聚的地区，即迪格贝斯（Digbeth）和比格佩格（Big Peg）。2001年开始运营的迪格贝斯是小规模工作空间集聚的楼宇建筑（照片4·12）。为124家新开业者提供的小规模办公空间和咖啡馆、小卖店、画廊、剧院、酒吧、设有小舞厅等设施的蛋糕店，以及包括24个小事业所的邦德菲斯

照片4·12 伯明翰的迪格贝斯地区，蛋糕生产厂的再利用。邻近城市中心区的选址和艺术的氛围

2·萨克相继开业和投入运营。这里采用低廉的房屋租赁费用、低价高速的互联网利用及费用低廉的电话利用、24h安全防范、拥有600个泊位的停车空间，以及假日无休的设施利用等与创意性工作相对应的运营方式。

据从事开发及经营管理的公司介绍，入驻企业的选定标准是符合与该设施相适合这样的感觉，并且，在企业核算方面没有赤字。这里之所以能够采用低廉的房屋租赁价格，是因为土地和房产的取得价格极其便宜的缘故。该设施在与穿过原先工厂地带的干线道路连接的、较为狭窄的道路旁进行选址建设。别有新意的雕像、将喷水和小小的水池围合在其中的设计新颖的新建筑和经过重新整修改造的老建筑，以及利用色彩变化的夜晚灯光照明等，营造出颇具魅力的氛围。

（4）缩小城市的再生：曼彻斯特

★所谓缩小城市

位于柏林的联邦文化财团以缩小城市为题，从2002年开始，花费了5年左右的时间，对伊万诺沃（俄罗斯）、曼彻斯特、利物浦（英国）、底特律（美国）、莱比锡（德国）等城市进行调查，发表了有关人口、产业、文化、

经济、社会等问题的详细报告。英国的2个城市是产业革命时期发展起来的重工业城市，底特律则是借助汽车产业推进城市化发展的城市。这些城市在20世纪后半期都相继出现了人口急剧减少的现象。将这样的状况冠名为"缩小城市"。

若只是作为行政圈的城市的人口出现减少，还不能称为缩小城市。虽然英国的许多大城市都是工业城市，但是，在1911~2001年的90年间，曼彻斯特和利物浦的人口基本上减少了一半。伦敦的人口，1911年时为716万人，1951年时增加到819万人，尔后，人口转为减少，20世纪90年代再次呈现人口增加的趋势，2001年时人口为717万，恢复到1911年时的人口水平。内伦敦的人口，其人口减少现象的发展较曼彻斯特和利物浦要快，1911年时人口为499万人，1981年时为255万人，人口减少了一半左右。尔后，人口逐渐恢复。然而，并没有将伦敦称作"缩小城市"。在进行缩小城市的判断时，不仅要研究行政圈域人口的变化，同时，如果不研究和分析由雇用和观光等所导致的流入人口和土地利用的变化，以及城市圈整体的状况，就不能够判断哪个城市（圈）是缩小城市。

★城市的形成与衰退和缩小

凡词尾附上"彻斯特"的英国城市，都是以两千年前罗马人建造的城市为基础发展起来的地区。支撑曼彻斯特的产业发展的运河是18世纪60年代最初修建的，在市中心的周边地区，工厂的数量不断增加，这里成为世界上最大的棉纺工业集聚地，同时，化学工业和机械制造业也得到长足的发展。1830年，连接曼彻斯特和利物浦的、车程为2h的31英里的铁路线路开通，并在曼彻斯特修建了世界上第一座公众用铁路车站。然而，从这一时期开始，由于地价的上涨，位于城市中心区的工厂，其规模的扩大开始出现困难。19世纪时曼彻斯特的人口从1801年的76000人增加到1851年的316000人，城市化和工业化急剧地发展。恩格斯在《英国工人阶级的状况》（恩格斯，2000年）中，对19世纪中叶曼彻斯特的贫民窟状况作了生动的描述。在当时的曼彻斯特，人口的10%以上在地下住所中居住。从当时伦敦的贫民窟事例来看，在大约10hm^{2}的范围内，居住户数为1400户，居住人口为12000人，人口密度为1200人/hm^2，即使是曼彻斯特，在城市中心区中也形成了过密的、条件恶劣的贫民窟。

由于20世纪70年代的石油危机所致，作为曼彻斯特主要产业的制造业开始出现全面的衰退。从1971年至1997年间，市内的雇用减少了四分之一。此后，曼彻斯特市的失业率（1年以上的长期失业者）达到从20世纪80年代后半期的将近20%到1994年4月的43.2%这样的糟糕的水平。此后，失业率逐渐降低，2000年4月为23.3%，2006年10月为15.1%。

20世纪曼彻斯特市的人口，从1901年的544000人发展到1931年的766000人，迎来了人口高峰期。2001年该市的人口约为1931年的一半，减少至393000人[15]。

作为行政圈域的大曼彻斯特（城市圈面积1276km^2）是包括外延城市在内的拥有约250万人口的城市圈，其规模仅次于伦敦，是英国的第二大城市圈（2003年）。大曼彻斯特由10个城市构成，在曼彻斯特市就业者人数26.7万人中，来自市外的通勤者流入人数为17.2万人，到市外上班的通勤者人数为4.7万人（人口普查，2001年）。曼彻

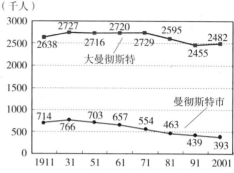

图4·10 曼彻斯特市和大曼彻斯特的人口变化情况（根据统计资料作图）

斯特城市圈人口，从1930~1970年稳定在270万人左右，然而，从20世纪80年代开始，人口趋于减少，但是，20世纪90年代以后，人口又转为增加的趋势（图4·10）。

曼彻斯特市的白人人口比率为79.1%，少数民族人口比率较高（2003年），单身家庭比率为37.9%，按照全国地方自治体的最贫困度顺序排列，其贫困度位列第七（2000年），在英国国内，曼彻斯特市作为贫困的地方自治体而闻名。市内设有三所大学，学生总数约为58000人（2000年）。汽车的非保有比率为56.6%等指标充分地显示出该地区年轻阶层的数量之多以及地区的贫困程度。

★ 缩小城市的设计手法

第二次世界大战后，曼彻斯特市制定了城市总体规划。规划方案中提出将对维多利亚时期的建筑进行更新改造、修建宽阔的环状道路以及将在战争中形成的过密的城市中心区的人口减少一半。然而，由于需要大量的资金，该方案基本上未能实行。在1961年的地方规划中，也提出采用清除市内贫民窟的手段、使人口密度降低30%的规划目标。这其中也包括商业设施规划和在战争中受损的城市中心区的道路规划。由于曼彻斯特没有实施在英国的许多地区实施开发的新城规划，因此，由于内城中的贫民窟的拆除，导致出现严重的住宅不足问题。

在英国许多大工业城市的城市中心区，大部分没有人居住，或者只有少数人居住。那也是由于城市中心区被作为产业用地利用、缺乏居住的吸引力

所致。1996年，曼彻斯特的城市中心区遭到北爱尔兰共和军（IRA）的大规模炸弹的破坏，而后进行了地区复兴事业。曼彻斯特城市中心区的人口，1995年时只有300人，1998年达到3000人，2004年增加到15000人，人们渐渐趋向在市中心区居住。在同一期间，利物浦的城市中心区人口也从2000人增加到9000人（Power，2007年，第173页）。

冈部明子（2007年a）提出，在前民主德国的缩小城市的开发中所采用的"开孔式设计手法（在市区"开孔"，营造出空地、广场和绿地的手法）"，作为现实应用的城市介入对策，比理念上的紧凑型城市更具实际的效果。的确，紧凑型城市作为对呈无序蔓延状态的城市的反命题＝应该变换的城市形态，给人们以强有力的印象。然而，要实现这一理念，需要有综合性的、多方面的城市政策的配合。同时，有关对业已形成的呈低密度扩展状态的市区进行更新改造的规划技法，也是我们今后将面临的重要课题。图4·11所示为曼彻斯特城市中心区80年间的市区形态变化情况。从图中可知，1924年是曼彻斯特市的人口高峰期。2000年市区内空地有所增加。由于"开孔式设计手法"对于这样的缩小城市的市区来说，在规划上是适用的，因此，使得高质量的公共空间和舒适的居住空间的同时实现成为可能。

图4·11 曼彻斯特城市中心区的空洞化现象，1924年（左图）和2000年（右图）（来源：URBED，2000年）

★以合作伙伴方式进行的城市再生：曼彻斯特东部地区

至20世纪90年代时，曼彻斯特市议会中，工党所属市议会议员的占有率为80%～85%，占压倒的多数。因为在政治上长期信奉"自治体社会主义"（参照3·2），所以，在城市再生方面，市议会及地方自治体始终起着核心主导作用[16]。到了20世纪80年代，奉行市场主义的撒切尔政权成立，在全国各地出现了从地方自治体主导的意思决定向合作伙伴关系的方向发展这样的变化。如今，被称为曼彻斯特模式的运作方式是市政府成为核心、同民间一起组成有着民间感觉的另外组织，进行项目的开发与建设，该方式的另一个特点就是重视体育、文化、音乐及高科技产业的发展，努力致力于地区基础建设方面的再生（兰得利，2002年）。

曼彻斯特东部地区与曼彻斯特市中心区邻接，是包括恩格斯在《住宅问题》中提到的安克图地区在内的、英国最大规模的再生地区（1100hm²）。其规划目标是实现现阶段的人口翻番、新建住宅12500户、对现有住宅中的7000户住宅进行整修与改善、建设160hm²的商务园区、进行体育设施的整顿与建设，地铁线路（城市铁路）的延长、新购物中心的导入、进行公园的整顿与建设，以及教育培训的实施等方面。总体概念是"城市中的新城"，这是充分体现不在郊外建设新城的曼彻斯特城市特点的、打动人们心扉的有效的广告宣传语言。

作为事业推进组织的新东方城市再生公司是早在1999年成立的英国第二家城市再生公司。该组织由英国合作伙伴组织（城市开发公司的后继组织，政府城市再生政策措施的实施机构）、西北地方开发机构（后述）及社区组织构成，然而，在其中起核心作用的是市政府机构。在项目实施过程中，不制定地区总体规划，而是通过各具特色的15个邻里地区规划加以应对[17]。该公司开展了多样的城市再生事业，譬如将19世纪的工厂建筑转换改造成为住宅建筑、运河滨水地区的再生、可作为19世纪贫民窟代名词的采用背靠背式分割的住宅建筑（间壁成若干房间的、几户合住的长栋房子）的修复与保存、新住宅的建设等（图4·12）。

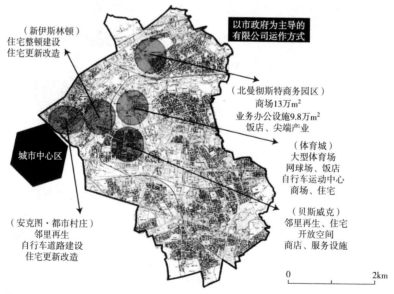

图4·12 曼彻斯特东部地区的邻里再生地区

在曼彻斯特的城市中心区及其周边地区，开展了各种各样的城市再生事业，其中包括：与有轨电车成为一体的新广场的整顿与建设、设有步行者空间的商业地区、车站周边地区的再开发、运河周边的再生地区（维多利亚村，照片4·13）以及罗马时代所建设的地区的保存与再生（拥有城堡式建筑的地区）等。

照片4·13　对砖结构仓库等建筑实施功能转换的维多利亚村

★田园郊外的再生：威森肖

在英国，政府公开发表根据"贫困指标"推算出的邻里地区单元的贫困状态[18]。政府的城市再生政策集中在由该指标认定为贫困的地区实施。北部工业城市及内城的邻里居住区的贫困度较高。英国的传统手法是力求通过对邻里地区的住宅及居住环境的改善，解决上述社会问题。"要解决社会问题，改善环境这样的传统手法果真能奏效吗？"在英国国内，一些专家对此也持怀疑的态度。于是，展开了针对社会问题的对策，"人，抑或地区环境"这样的讨论。讨论结果表明，作为研究者的大致评价，认为采用改善环境的手段解决贫困和社会问题的手法是失败的。譬如作为贫困的居住区，全国共同采用的手法就是实施公营住宅区的各项再生事业[19]。虽然住宅和居住环境是人类谋生方面所不可缺少的基础，但是，单纯进行居住环境的改善，不能解决贫困和犯罪等方面的社会问题。

威森肖位于曼彻斯特市区的南部。现在人口为66000人，然而，最盛时期人口曾达到10万人，是欧洲最大规模的公营住宅区。从20世纪20年代开始，用了将近20年的时间，对这里进行田园城市的开发建设，许多来自内城贫民窟的移居者在这里居住。威森肖的再生事业是在市政府的主导下进行的。同曼彻斯特东部地区不同，虽然是纯住宅区，但是改善高失业状况成为当时面临的重要课题。市政府成立了合作伙伴组织，进行商业援助、就业支援、教育培训项目、社区安全的确保、住宅的更新改造及居住环境的改善、娱乐休闲设施及社区设施的整顿建设、城市中心区的改善、住宅建设，以及地铁线路的延伸建设等。该地区在实施单一再生补助资金（SRB，至2004年）事业，并获得欧盟资金投入的同时，还获得了大量的民间投资（1300万英镑）。

由于撒切尔政权时开始推行的向入住者出售公营住宅的政策的实施，现在，公营住宅的数量减少。在威尔士地区，从1980年开始，实际累计售出60

万户住宅,在最盛期的1990年,1年间售出的住宅数量达76000户。在近年的英国住宅政策中,可见诸如针对无家可归者的对策,以及针对社会服务工作者的、以可负担得起的价格(适称价格)进行住宅供给这样的颇具特色的政策,近年来,对房产促进政策的倾斜尤为显著。

(5) 拥有高品质生活的个性化城市:牛津市

★大学城市、工业城市、观光城市

牛津市拥有人口为142000人,就业人口83000人,两所大学[20]的学生人数为3万人,年来访者人数为500万人。虽然是大学城市,然而,市区扩大到如今的规模却是由于20世纪初在此选址建设的汽车工业所致。

牛津大学的理学部部长格德曼教授对牛津市给予了最大限度的赞美之词,他说:"可以明言对欧洲的整个文明产生如此广泛、深刻影响的城市并不多见"(格德曼,1993年,第263页)。现将格德曼的记述加以归纳整理,就其中有关牛津市的城市特征方面的内容进行简单的介绍。直至20世纪初期,牛津市同剑桥市和海德堡一样,在大学功能方面有着与众不同的特点。到了20世纪20年代,莫里斯汽车实现了生产规模的扩大,从而进一步强化了其作为工业城市的特征。城市人口也从1921年的67000人发展到1945年的10万人。20世纪50年代以后,汽车工业不再扩大,大学以及与其相关联的各种产业、尤其是出版业等有所发展,使城市发展保持均衡。大学对城市经济的影响,不仅体现在直接雇用方面,在众多的访问者,譬如研究交流和图书馆、医院利用者等方面也有着很大的效果。在牛津市,大学本身已经成为重要的观光资源。

我想,牛津市的传统的街道景观、充满生机和活力的中心市区、工厂及商务园区的选址、众多的观光客、环绕市区周边的绿带等,已经满足紧凑型城市的条件。然而,从19世纪末开始,由于市区扩大及河流、地形条件等因素,形成了从历史中心区向外扩展的拥有三个组团的市区结构。

这里的许多的居住区由2层的(各户有专用院子和分界墙的)联排式建筑(立体联立建筑)和半独立式住宅(2户联立建筑)组成。市内的居住区按照住民阶层、开发时期以及住宅等级的不同被分为几个地区。其中包括第二次世界大战后建造的贫民区改造时建造的公营住宅、少数民族比率超过10%的在汽车工厂附近建造的住宅区,以及19世纪末在城市中心区北部开发的以单户独立住宅为中心的高级住宅区。住宅区的人口密度,即使是高密度地区,毛密度也只有50人/hm^2左右。因此,单纯采用步行交通手段在城市中移动较为困难,许多人以自行车作为交通工具,在英国,这是较为罕见的事情。

有轨电车在第二次世界大战以前已经被废除,如今,公共汽车是市内的主要公共交通工具。

★ 生活的质量与城市中心区

◇ 交通政策

20世纪60年代,成为城市中心区核心地带的科恩商店街被整顿建设成为步行者专用道路。该大街的步行者昼间1h(不是1天)交通量在4000人以上,周末,由于街上举办演出活动等,显得更加热闹(照片4·14)。在实施城市再开发事业时设置的广场上,每周举办两次市场交易活动。每逢此时,街上都是人来人往,热闹非凡。与此相连接

照片4·14 平日1h步行者通过量约为4000人的科恩商店街(牛津市城市中心区)

的是一条步行者与公共交通共用道路(禁止一般汽车交通通过),使得汽车不能随意从市中心穿过。该道路并不是采用与欧洲大陆的传统城市有所区别的广场型设计。通过对这样的道路进行步行者空间化及自行车空间化的处理,从而进一步抑制汽车交通向城市中心区的流入,并且,保持步行环境的舒适与安全(图4·13)。

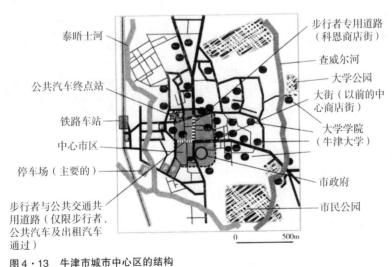

图4·13 牛津市城市中心区的结构

欧洲大陆的许多城市所采用的途中存车换乘的方式(P&R)是在市区以外的地方设置停车场,来自郊外或更远地方的驾车者将汽车存放在那里,然

后，换乘公共汽车或电车前往市中心的规划手法。通过该手法的运用，可以在减轻城市中心区道路混乱状况的同时，减少停车场的需求，实现土地的有效利用。

在城市的中心区也设有立体停车场。采用像城市中心区附近的停车场那样的高收费，试图诱导车辆尽量利用在远离中心市区的地方设置的停车场。在牛津市，在环绕城市周边的汽车专用道路的立交枢纽附近，设置了4处共计5000个泊位的供驾车者途中存车换乘用的停车场。从这里换乘专用公共汽车，就可以到达市中心。停车场利用者的出行目的多种多样，如商务、购物、观光等。停车费用遵循其家属也可以方便利用为原则进行设定。从表4·6可知，在20世纪90年代的10年间，作为进入城市中心区的交通手段，汽车交通大幅度地减少，公共交通的利用有所增加。

表4·6　进入牛津市中心区的交通手段构成（1991~2000年）（%）

年份/手段	汽车、出租汽车	轻型货车	重型货车	公共交通	自行车	机动脚踏两用车
1991	64	4	2	27	11	2
2000	39	4	1	44	11	1

（来源：Oxford Transport Strategy, Assessment of Impact, 2000年11月）

照片4·15　绿带内滨水地区的舒适、宜人的环境（牛津市市内）

牛津市与伦敦市之间采用铁路及24h运营的公共汽车（两市的市中心区间单程运行需要1h20min）等交通手段加以连接（照片4·15）。

◇城市的中心区

牛津市的生活环境极其舒适。在牛津市，即使不拥有汽车，采用步行、自行车、公共汽车等交通方式，也可以方便地到达城市内的各个服务设施。每逢周日，花费1200日元，就可以欣赏到古典的室内音乐，演奏结束后，还可以到附近的小酒店中品尝咖啡等饮品。市中心附近有绿地、许多的博物馆、图书馆、河川及运河、建筑及街景等优美景观。因为这样的环境得到聚集在牛津市的白领阶层的好评与支持。牛津市采取在城市周边设置绿带、不进行外延式扩展的"非成长政策"。该政策导致市内住宅价格的上涨及对绿带以外城市的住宅需求。

虽然，在古老的城市中心区中，聚集着许多拥有悠久历史的大学学院，但是，在与其邻接的地方也存在着商业的聚集。这其中包括土地和建筑物的所有权属市里所有的常设的室内市场、中等规模的超级市场、通过再开发事业建设的商业大厦、全国连锁的商店，以及书店、小酒店及各国风味的饭店等。同时，在住宅区中还设有采用步行交通就可以方便利用的邻里商店街。至今，在城市的中心区及城市的副中心中，仍然各保留有两座电影院。除此之外，城市内还设有三座剧场、音乐厅及两处大型的博物馆，不仅吸引了众多的观光客，市民的利用也非常踊跃。住宅区内设有小规模的小学校，市内还设有几所大型的医院。每年夏天，在位于城市中心区与住宅区之间的大型公园中，都举办音乐会和娱乐休闲活动等。这里还拥有名校录取率较高的高中学校。

◇公园绿地

除城市的公共公园之外，在与市区邻接的地方还设有属牛津大学所有并管理的公园和体育广场、洪水发生时供泄洪用的绿地，以及牧场等。流经伦敦等地的泰晤士河及其支流从城市中穿过，为人们提供了进行划船等水上运动的便利，在水面上还可以看到设有住宿设施的小船。虽然进行了市区内外的自行车道的整顿与建设，但是，在河边进行的自行车运动同样也让人享受到无穷的乐趣。尽管在市区的周边设置了绿带，但是，却是呈楔状嵌入城市中的。

◇城市再开发

作为城市开发的课题来说，进行了诸如将铁路车站及公共汽车总站迁移至靠近城市中心区的地方、进一步扩大购物中心的规模，以及有效利用历史遗产的文化设施的建设等的旨在强化城市中心区功能的规划制定工作。由于城市中心区的步行者空间缺乏应有的魅力，因此，需要进行相应的整顿与改善。

4·3 欧洲的可持续城市圈规划

(1) 欧盟（EU）的城市圈战略

★多中心城市群　多中心模式

欧盟（EU）加盟国通过的《欧洲空间规划展望（ESDP）》（EU，1999年）是欧洲的空间战略和规划。其中心思想是多中心性（多中心城市）或分散的集中。该战略思想在荷兰和德国鲁尔地区的空间规划中也被采用，认为这样可以回避像伦敦和纽约那样的单一中心型城市结构所产生的问题。

多中心的城市圈体系以多样的城市的存在为前提，力求通过强化城市间的合作，在充分发挥各个城市的个性的同时，取得保全与开发的平衡，从而使城市圈整体的发展性得以持续（图4·14）。以城市和村镇的可持续发展为目标，《欧洲空间规划展望（ESDP）》提出如下的原则：

- 空间性的扩张的抑制。
- 城市功能和社会群体的混合。
- 以城市生态体系的明智，进行资源节约型的经营和管理。
- 富有成效且对环境友好的、多样的交通可达性的实现。
- 自然及文化资源的保全与有效利用。

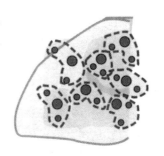

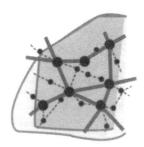

图4·14 《欧洲空间规划展望》中倡导的多中心型模式，由若干城市构成的城市圈（上图），通过公共交通实现城市间的连接（下图）（来源：EU，1999年）

同时，该文章还指出，加盟国和地区应该追求"紧凑型城市"的理念，中小规模的城市需要特别加强同自然和周边农业地区的结合。在经济全球化的进程中，超越国界的世界经济的联系确实比以往明显地加强，今后，这一趋势将会得到更进一步的增强。在这一过程中，参与国际竞争的城市，其"世界城市"的特性将逐渐得到加强。城市不是单独存在的，作为城市集合体的城市圈的重要性也在明显地增强。与通过交通基础设施的整顿和建设实现生活圈的扩大这一侧面相比较，如今城市圈在经济方面的重要性在不断地提高。

之所以不是从城市单元的角度，而必须从城市圈的层面来思考城市政策，一方面是因为要在经济、环境及社会方面促进城市活动的有机衔接，再有就是因为市区空间的扩大，人们的地区生活行动也更加广域化的缘故。

★城市圈的空间构成类型

所谓城市圈，就是指在社会经济方面具有较强关联性、在地理上呈连续状态的空间的圈域。就从人们生活方面考虑的关联性来说，通常是使用通勤圈、购物圈这样的指标。在日本，作为具有较强关联性的圈域的指标，多使用运用国情调查数据推算出的5%通勤圈。一般来说，城市圈的空间构成是由中心城市的城市中心区（商业、业务、文化、行政功能的中心）、其周边的内城、内城外侧的一般市区、一般市区外侧的郊外地区这样连续的多层结构所构成。从中心城市和周边郊外城市的空间关系的角度，可以设定三种典型类型（图4·15）。

◇a型：手指形态型

虽然由于中心城市的成长，导致郊外开发的进行，城市圈有所扩大，但是，该类型的城市圈尽量避免外延式开发，采用在车站周边等进行集约开发的开发方式。虽然周边城市和开发地区以一定的自立性发展为目标，但是对中心城市的集聚性的依存倾向较高。典型事例有采用"手指形态规划"的哥本哈根和在郊外进行公共交通指向型开发（TOD）的波特兰城市圈。由于中心城市和周边城市之间有着较长的距离，因此，需要通过公共交通（铁路、路面有轨电车〈LRT〉等）服务，实现城市间的顺畅移动，并且，使得自然环境和农田的保全与城市扩大及城市间合作两者能够同时得到协调的发展。

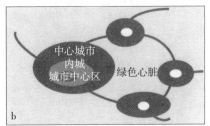

◇b型：兰斯塔德型

荷兰的兰斯塔德是包括阿姆斯特丹等在内的城市圈。在其构成城市的中心部位保全有被称为"绿色心脏"的自然空间。

图4·15 城市圈的三种类型 a：手指形态型；b：兰斯塔德型；c：外延式多中心型

虽然城市圈中拥有中心城市，但是城市圈的各个构成城市的自立性与相互间的合作较a型的手指形态型的要有所加强。与a型同样，通过强有力的开发控制有可能得以实现。

◇c型：外延式多中心型

该类型的典型事例有推行都市村庄战略的西雅图和以多中心城市结构为目标的斯德哥尔摩。在呈外延状态的市区中，有意识地在城市中心和交通节点等地区形成核心区。名古屋城市圈也曾具有多中心型结构的特点，但是，由于周边城市的本地产业的衰退，其核心区的中心性在不断地降低（照片4·16、图4·16）。

照片4·16 斯德哥尔摩市中心的步行者空间，将历史城市中心区的卡姆拉斯坦街区与充满着现代化气息的中央车站周边地区连接在一起。在并不十分宽阔的街道两旁，连续设置有商业、饮食等各种设施，营造出优美、令人愉悦、给人以城市生活享受的空间

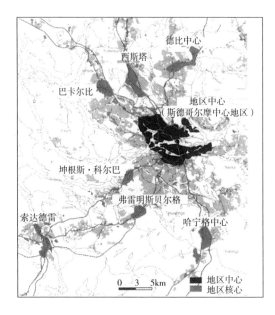

图4·16 斯德哥尔摩的多中心城市结构，通过铁路、有轨电车及地铁等交通手段将一个城市圈中心和七个地区中心连接在一起。在力求尽可能地保全绿地和滨水环境的前提下，进行城市建成区内的再开发

(2) 手指形态规划：哥本哈根

★城市圈的人口配置及其变化情况

丹麦拥有人口为530万人，由14个郡和275个地方自治体组成。中世纪城市哥本哈根在被城墙围合的$3km^2$的范围内，居住着大约13万人口，平均人口密度约为400人/hm^2。20世纪初，市区超越城墙限制向外扩展，在交通方面，对此起到支撑作用的是有轨电车。此后，市区不断扩大，并且，修建了城市铁路（S-Train），1930年时，城市人口达到100万人。如今的哥本哈根城市圈的人口与斯德哥尔摩城市圈的人口处于同等规模（约180万人），1960年以后，呈现持续增加的趋势。虽然，1960年以后，城市中心地区、内城地区以及全市的人口趋于减少，但是，从20世纪90年代后半期又转为增加的趋势。哥本哈根市拥有人口为50万人，面积为$88km^2$，平均人口密度为57人/hm^2。哥本哈根市的失业率从1995年的15.6%逐步趋于减少，2002年时降低至5.8%。

★手指形态规划与广域圈自治组织

在使自然保全和生活便利性两者并存的同时，实现市区扩展这一点上，哥本哈根城市圈的地区规划=手指形态规划是被人们所熟知的城市圈规划的典型事例。最初的方案是1947年丹麦城市规划协会针对战后复兴提出的规划方案。该方案是将第二次世界大战之前所形成的市区比作手掌，将现有的及构想的铁路、干线道路的5条线路作为5根手指，沿着这些线路进行市区的扩展。此后，哥本哈根作为手指形态规划的城市，开始形成人所公认的城市圈。

1956年作为地方自治体协商组织，成立了负责制定并实施城市圈规划的城市圈组织。南部的相当于两根手指的地区的整顿建设及扩展是从20世纪60年代开始的，然而，此举却受到了所得阶层的"工作单位与居住地分离"这样的批评。1966年有3个郡和2个地方自治体设置了自发地进行城市圈规划方案编制的组织。直到20世纪60年代，哥本哈根都具有很强的工业城市的特点，但是，70年代以后，第三产业逐渐发展，不动产业和保险业的总部功能也开始向郊外迁移。

政府对相当于总人口数三分之一的地区设立独自的组织一事持消极的态度。但是，由于汽车交通的发展，需要进行首都圈的开发建设。因此，在1974年成立了承担地区规划、交通规划、公共交通、高密度地区的环境规划以及医院规划的大哥本哈根委员会（HR，Greater Copenhagen Authority）。然而，由于该组织中包括37个地方自治体，因此，对一些问题很难达成共识，该组织被人们称作"市长俱乐部"。虽然没有自主性的财源，但是却得到了人们"具有可供地方自治体规划参考的地区规划的作用"这样的评价。然而，亦存在受到撒切尔主义影响的因素，1989年该组织被撤销。

★ 手指形态规划的展开和规划的主导作用

从20世纪80年代末，在国家的层面上作出了一些对地区规划产生重大影响的决定，譬如横跨厄勒海峡（冈部明子，2003年）、将丹麦的哥本哈根与瑞典的工业城市马尔默连接在一起的厄勒海峡大桥的建设，空港与地区公共交通体系的整顿与建设、对高科技的研究和教育、观光领域的投资，以及对地方自治体间均衡体系的重新评价等。20世纪90年代，当时的政府成为社会民主党领导的政府，哥本哈根地区无论是在政治上、还是在经济上，都被确立为重要的地区。20世纪90年代，哥本哈根市在人口及产业方面都成功地再次得以恢复，人口增加，再城市化得到进一步的发展。2000年7月再度成立了大哥本哈根委员会（HUR）。

重新成立的大哥本哈根委员会（HUR）是负责哥本哈根广域圈的地区规划、交通规划、土地利用规划等方面工作的行政组织。其中包括3个郡，以及包含哥本哈根在内的2个城市。该委员会的成员由11名政治家构成，最高领导由3个郡及2个城市提名选出。有些人对该组织提出诸如"如果该组织的成员不是通过选举产生的，那么，他们在教育、福利、交通等方面就不拥有权限"等的批评意见，同时认为该组织在地区规划的实现方面明显存在不足。在2001年大哥本哈根委员会（HUR）制定的地区规划中，沿袭并发展了手指形态规划（图4·17）。

大哥本哈根委员会（HUR）制定的《地区规划2005》是明确地继承手指形态规划的设计方案（图4·18）。在该规划中，确立了哥本哈根地区作为应对国际竞争的地区的地位，并提出了进一步有效利用在欧盟内的地理特点、实现均衡的可持续发展的规划目标。2002年城市圈人口为182万人，预计到2017年将达到187万人，增加人口约为5万人。即使是从丹麦全国的平均水平来看，住宅价格也是上涨的，特别是在该地区，同1995年相比，单户独立住宅的价格是1995年的2.5倍，公寓式住宅的价格则是1995年的2.8倍。因此，预计人口将向城市圈以外的地区迁出。由于尚存在高龄者的住宅需求，该地区计划至2017年新建住宅的供给量将达到75000户（照片4·17）。

图4·17 哥本哈根地区规划总体规划方案（2001年），图中用深色表示的地区是市区。圆圈表示距离车站分别为500m和1km的圈域范围，地方自治体期待城市功能在该范围内进行选址（根据John Jorgensen作图）

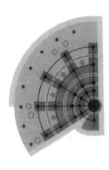 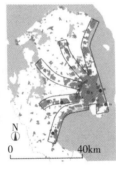

（左图）空间结构的模式图
在使市区沿5条交通轴向郊外扩展的同时，在交通节点处形成据点，同时，市区轴（5个手指）之间的绿地也不断地向郊外延伸
（右图）特定开发地区
将15处进行城市开发、再开发及交通节点的整顿建设的地区分别在"手掌"（哥本哈根市区）及城市扩大轴（5个手指）的部位进行配置
图4·18 "哥本哈根地区规划2005"中提出的空间结构（来源：HUR，2005年）

为了进一步发挥手指形态规划的特点，实现绿地、自然地区的保全及交通可达性的确保，新的开发建设以交通便利性和城市建成区优先为原则。规划设想包括：①相当于手指形态规划中的靠近手指指尖部位的车站周边地区的新开发；②相当于手指形态规划中的手掌部位的地区的再都市化；③交通节点地区的新开发。并计划在相当于手指形态规划中的五个手指部位的地方分别进行铁路和道路的整顿与建设。同时，在相当于手指形态规划中的手掌的指根以及手心部位的地区进行作为新的铁路交通的地铁环线建设。在购物中心的建设方面，至20世纪90年代，根据分区规划，禁止其在城市建成区以外的地方进行选址。在2005年的规划中，采取了更加灵活的策略，根据地方自治体的规划，购物中心在中心地区的选址可以自由地进行。同时，还采取了承认在中心区以外的地方进行经营大件商品的商业设施的选址建设的缓

和方针。

　　60年来，手指形态规划始终被作为哥本哈根城市圈规划的主导的地区空间结构得以确立。在此期间，随着汽车交通的发展，住宅、业务办公设施的选址趋于郊外化，城市圈的人口也在不断地增加。然而，按照手指形态规划进行分区规划并受到开发限制的市区，对于自然环境的保全与城市圈扩大这样难于整合的课题都能够很好地应对。地区规划的制定主体在财政基础、实现手段、其组织成员的民主选出等方

照片4·17　位于市中心的步行者空间——斯特洛伊艾步行街（哥本哈根）。在20世纪60年代，这里被汽车交通所占有。步行者空间的充实，给城市中心区带来了兴旺与繁荣（2006年9月的午后时分）

面存在弱点，20世纪80年代该组织也曾一度被撤销。然而，人们认为，该组织作为地方自治体开发规划的上位规划的策划制定组织，还是发挥了有效的作用。

　　虽然，手指形态规划与20世纪90年代以后的再都市化倾向的关联尚不明确，但是，由于避免了面上的向外扩展，对防止哥本哈根的城市功能扩散和城市功能减弱起到了一定的作用。通过轨道交通系统的整顿与建设，今后，作为薄弱环节的环状公共交通系统将会得到进一步的改善，同时还可以加强相当于手指形态规划中的手心部位的地区的建设，并促进各"手指"间地区的合作。不过，从当初的规划来看，在2005年的规划中，"手指"的长度延伸了许多。我认为，今后需要进一步谋求同哥本哈根中心地区的关联，以及同沿线各个自立的地区规划的均衡。另外，在相当于手指的交通干线中也有道路的存在，这也成为摆在人们面前的环境方面的重要课题。

4·4　汽车依赖度较低的住宅区开发

(1) 无车化住宅区的理念

★源于德国的环境共生指向的开发

　　无车化城市（car free city）是力求通过减少对汽车的依赖度，以实现可持续的城市为目标所作的积极努力。无车化城市最早源于20世纪60、70年代德国等国家在城市中心区建设的步行区、70年代荷兰开始实施的采用建设

步行者的马路（生活庭院，在英国称为家庭生活区。译者注：该道路允许汽车低速行驶）的手段实现步行交通与汽车交通共存的空间，以及由公共交通和步行者空间构成的步行者与公共交通共用道路。深受大气污染和交通堵塞困扰的南美洲哥伦比亚首都波哥大市的市长宣布建设世界首座无车化城市，从2015年开始，除出租汽车之外，早晚间禁止汽车驶入市中心区。如上所述，无车化城市作为新的城市政策，正在被世界各国进行认真的探讨和实践。

并非城市的一定地区的整体，而是将居住区作为不依赖汽车的空间的手法就是无车化住宅区。据说，这一概念是1992年由德国的不来梅最早提出来的。在此，所谓的"free"，是表现"无○○"这样的状态。就无车化住宅区这一课题进行广泛调查研究的舒拉先生将此定义为"力求能够排除居住者生活中的汽车利用"的居住区（Sheurer，2000年）。在有关包括阿姆斯特丹在内的兰斯塔德地区规划的荷兰政府的报告中指出，作为在形成无车化地区的场合应该注意的事项，包括环境（大气污染、能源消费、空间资源）、人员的流动性（或者交通的可达性）、成本（土地利用、整顿建设、经营）、城市开发的理想状态、住宅政策、城市经营等诸多方面。在达到在兰斯塔德地区削减25％的汽车交通量的政府目标方面，无车化住宅区的实现有着一定的积极效果（Rigolett）。

★欧洲的无车化住宅区

在欧洲，大约有20个无车化住宅区正在建设或者规划之中（表4·7）。尤其是德国居多。从20世纪90年代后半期开始，无车化住宅区的建设呈快速增加的趋势。从100户以下的小规模住宅区到7000户这样的大住宅区，呈现多样的开发规模，在大规模的住宅区中，对其中的部分区域进行无车化住宅区的建设。在德国，进行无车化住宅区的建设有多方面的因素，其中包括政府（国家和州）的积极支援（春日井，1999年）、在项目具体实施时非营利团体的活动，以及国民具有较高的环境意识等。

在慕尼黑，有汽车共享公司、自行车俱乐部、自然保护联盟、健康俱乐部、交通俱乐部以及各种非营利组织（NPO）等参加的无车化居住推进组织开展了主题为"无车化的生活"的活动。在科隆，非营利组织（NPO）"无车化住宅"开展了以"汽车利用的弊病与建设无车化住宅区的必要性"为主题的宣传活动。正如前面所讲述的那样，在各地实现无车化住宅区的过程中，建筑师和规划师等专家的加入，以及为推进项目进行而成立的非营利团体起着很大的作用。尤其，在由无车化住宅区提供住宅的过程中，所采用的事先决定入住家庭，并进行规划及事业实施的合作建造住宅的方式，具有一定的成效。

（2）无车化住宅区的事例

★荷兰阿姆斯特丹 GWL 住宅区

该住宅区位于距荷兰首都阿姆斯特丹旧市区 3km 处，与有轨电车终点站邻接，是在面积为 6hm² 的原城市自来水厂用地旧址上开发建设的，其周边配置有商店等服务设施，是市政府以无车化为理念开发建设的住宅区。1993 年住宅区规划发表，1996～1998 年进行规划的实施工作。该住宅区的住宅户数为 600 户（商品住宅和出租住宅各半），是居住密度达 100 户/hm² 的高密度住宅区。按照每 5 户设 1 个停车泊位的标准，进行住宅区内停车设施的建设。如果根据日本的标准进行设计，上述指标可谓少了许多，然而，它却与阿姆斯特丹的一般市区处于同一水准。住宅区内有着高品质的开放空间，除一般住宅之外，这里还提供可供高龄者、拥有残障孩子的家庭、艺术家工作室，以及孤儿院、伤残人福利院等使用的各种各样的住宅。入住者的主要入住理由在于房间宽敞，以及即使不利用汽车也可以满足日常生活需求等方面，入住者的平均所得不高。该住宅区的家庭汽车保有率为 38%，57% 的家庭在日常生活中利用汽车交通的比例不足 10%，住宅区内的生活者通常采取无车化的生活方式（图 4·19）。

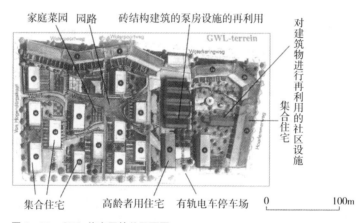

图 4·19　GWL 住宅区的总平面图

住宅区内还成立有汽车共同利用组织（采用会员制的汽车共同利用俱乐部），虽然入住者的汽车保有并未被禁止，但是入住预订者要在旨在支持无车化举措的宣誓书上签名。为了确保汽车不进入住宅区的内部，在住宅区的周边配置了拥有 110 个停车泊位的停车场。该住宅区所采用的环境共生手法包括营造屋顶庭园、洗手间的雨水再利用、非支撑用木料的禁止使用、被动式太阳能利用、太阳能发电、住宅区内垃圾堆肥化处理以及家庭菜园等。

  该住宅区内配置有较大规模的公共空间,给人以宽敞舒适之感。每栋公寓式住宅建筑都采用具有生态意识的设计。孩子们在没有汽车驶入之虞的住宅区内自由地玩耍。在对原发电所设施进行再利用的建筑物中,除电视演播室和集会设施外,还设有饭店,吸引了不少住宅区以外的客人前来光顾,十分的热闹。另外,这里还设有便捷的轨道交通设施、精心设计修建的自行车道路,以及采用步行交通就可以轻松利用的商店等便利设施。

表4·7 无车化住宅区的事例(建设完成、规划中)

No.	国家	城市	项目地区	调查对象	面积(hm²)	户数(户)	距市中心的距离(km)	建设时期(年)	特点等
1	荷兰	阿姆斯特丹	GWL住宅区 Terrain 西部公园 Westerpark	○	6	600	2	1996~1998年	城市自来水厂旧址再开发
2	德国	不来梅	格鲁内斯特拉塞 GrunenStraBe		0.08	23	0.7	1995年完成	
3	德国	弗赖堡	沃邦 Vauban	○	38	1000	3	1999年~	法国军事用地遗址
4	德国	汉堡	扎兰德斯特拉塞 saarlandstraBe	○	2	220	5	1998年	1期完成
5	德国	汉堡	斯塔特豪斯施伦普 Stadthaus Schlump	○	0.8	44	2	20世纪90年代	医院设施的再利用
6	德国	卡塞尔	梅塞普拉图 Messeplatz		0.92	55	0.5	1997年~	全部9.7hm²
7	德国	慕尼黑	克伦布斯普拉图 Kolumbusplatz		0.38	75	1.4	1996年	公寓建筑
8	德国	慕尼黑	梅塞斯塔特·莱姆 Messestadt Reim		556	7000	7~9	1998年	就业者人数13000人,14个拥有独立产权的住宅单元,27栋采用合作方式建造的公寓式住宅
9	德国	明斯特	加尔滕斯德伦格·魏恩堡 Gartensiedlung Weienburg		3.8	250	2.5	2000年~	
10	德国	图宾根	斯图加尔特·斯特拉塞 Stuttgarter StraBe		60	6000	1~2	1995年~	
11	德国	柏林	安德尔潘克 An der Panke		13	600		2001年/2002年~	柏林·米特
12	英国	爱丁堡	丝蕾特福德格林 Slate ford Green	○	1.6	120	3	1999~2000年	(铁路)调车场旧址

续表

No.	国家	城市	项目地区	调查对象	面积（hm²）	户数（户）	距市中心的距离（km）	建设时期（年）	特点等
13	奥地利	维也纳	弗罗里斯德尔福 Florisdorf		1.8	250	5	1997年~	总户数3500户，2000年完成80%
14	德国	柏林	特雷普托 Treptow		50	1400		2001年/2002年	
15	德国	纽伦堡	帕尔门霍夫格兰		0.75	130		规划	
16	德国	柏林	藤佩尔霍夫 Tempelhof		50			规划	
17	德国	多特蒙德	费多拉-108 Fedora-108					规划	
18	德国	哈雷	约翰内斯普拉图 Johannesplatz		2			规划	
19	德国	不来梅	霍拉兰德 Hollerland			200		规划	
20	德国	波恩	菲利希-米德尔福 Vitich-Muldorf		20	150~200	4~5	规划	

（春日井道彦，1999年，J. Scheurer，2000 Carsten Sperling［Nachhaltige Stadtentwicklung Beginnt im Quartier］Okoinstitut e. V. 根据 http：//www.autofrei-whonen.de/制表）

★无车化住宅区的建设手法

在无车化住宅区的建设中，多均衡地采用以下四种手法，具体包括：①汽车的共同利用、公共交通车票的发放，以及自行车利用的促进等交通利用政策；②设施选址时，遵循便利设施、服务设施、就业设施等在靠近住宅区的地方就近选址及复合功能开发的原则；③制定并实施导入从住宅区整体角度出发的环境共生手法的建设规划；④由住民和非营利组织实施的住宅区的经营和管理（照片4·18）。其特点如下：

照片4·18 GWL住宅区的内部状况，在住宅区中，没有汽车驶入，同时，还设有宽阔的散步道和家庭菜园等。照片左边的建筑是集合住宅，右边为利用旧建筑物改造而成的集会设施

①与环境共生的新的住宅区建设手法。即使是作为城市开发事业，也可看到其中的许多应对住宅需求，并取得成功的事例。同时，该手法被作为城

市整体的无车化政策的一环得以确立。

②多样的所得阶层及社会阶层。未必只是限定于高所得阶层，对于在汽车利用方面受到经济及身体方面制约的人们来说，也有着积极的效果。

③多样的环境共生手法。为了使汽车不进入住宅区内，汽车用空间被开放使用，尤其是对于孩童们来说，能够营造出可供他们安心玩耍的空间，同时，也可以形成丰富的外部环境。

④多样的住宅类型。不仅在住宅的所有关系、住宅的面积，以及公寓式住宅等方面多有不同，住宅区内还配置有专为身体障碍者、高龄者等提供的多种形式的住宅。住宅区内的建筑大部分是中层的集合住宅建筑（5~8层），没有高层和单户独立的住宅建筑。

⑤对不依赖汽车的生活行动的支援。采用实现便捷的公共交通、步行交通和自行车交通的方便利用、邻里服务设施可利用性的提高、汽车的共同使用，以及为确保停车场需分担费用的免除等的经济刺激手法。选址条件成为重要的因素。基本上来说，许多无车化住宅区是作为距中心城区5km以内的城市建成区的旧区开发项目而实施的。

⑥汽车保有及停车场确保的灵活性。住宅区内的汽车保有和汽车利用完全得不到承认，虽然限制住宅区内的停车数量，但是对入住者的汽车保有及利用并不进行限制。

⑦在住宅区的规划和经营管理方面，非营利组织（NPO）起着重要的作用。若采用主体主导的规划制定及募集入住者的运营方式，那么，往往会出现入住者的意识不强、社区意识也相对淡薄的状况。在此，以住民为主体的运营管理具有重要的作用。

★ 注 ★

1 《英国都市的状况》（ODPM，2006年）中指出，在布莱尔政权上台后的8年间，作为城市政策，先后发表了《城市复兴》（1998年）、《城市白皮书》（2000年）、《邻里更新战略》（2001年）、《可持续的社区规划》（2003年），以及若干的白皮书、绿皮书等。并且，将有关体现经济成长、城市无序蔓延的抑制和中心城市可持续性的促进，国家、地区、城市和邻里社区的均势变化及协同合作的促进，地方政府的近代化，社区服务的改善，以及市民参与的促进等方面的发展状况的指标，用于对政府政策效果的判断。

2 绿党的得票率，在包括伦敦在内的泰晤士河河谷地区为21%，在新罕布什尔郡也获得了20%的得票率。

3 埃比尼泽·霍华德等人成立。曾推动新城开发工作的进行。

4 "郊外城市的可持续性与居住舒适度"（2005年3月），名城大学开放研究中心、多治见市主办。斯图尔特·卡梅伦副教授（纽卡斯尔大学）。

5 其中，已经被开发的空地为22%，弃置地为31%，空置建筑为7%，再开发许可用地为28%，其他为18%（ODPM，2005年）。

6 在 BBC 的网页上登载有不同地区、不同类型的住宅价格（2006 年 12 月价格。http：//news.bbc.co.uk/2/hi/business/6549299.stm）。从住宅整体的平均价格来看，大伦敦最高，为 322000 英镑（按 1 英镑相当于 220 日元计算，约合 7084 万日元），年上涨率高达 11.3%；东南部地区的住宅价格仅次于伦敦，为 248000 英镑，年上涨率也达到 8.3%；在英格兰地区，与苏格兰邻接的北部地区的住宅价格最低，为 143000 英镑。

7 http：//www.uklanddirectory.org.uk/index.html。

8 据《卫报》（2007 年 6 月 28 日）刊登的"英国不动产情报会社所作的全国调查显示，住宅景气状况将继续"的消息报道，今年 1 年间的住宅价格上涨了 11.1%，仅 6 月份 1 个月的时间，就上涨了 1.1%，住房抵押贷款也有所上升。6 月份的住宅平均价格为 184000 英镑（按 1 英镑相当于 250 日元计算，约合 4600 万日元）。

9 http：//www.london.gov.uk/mayor/transport/facts-and-figures.jsp。

10 正在实施的城市和地区包括伦敦（克罗伊登·有轨电车线路，2000 年投入运行，线路全长 28km，年输送乘客数量为 2000 万人）、曼彻斯特（地铁线路，1993 年）、诺丁汉（2002 年）、利兹（2004 年）、设菲尔德（超大容量有轨电车，18 英里，3 条线路，月输送乘客数量为 100 万人），以及伍尔弗汉普顿-伯明翰区间（12 英里区间地铁线路运行。原铁道线路的再利用）的线路建设等。

11 虽然，序贯法（在开发许可审查方面，将城市中心区放在首位，当出现不适宜的情况时，依次按照与城市中心区邻接的地区、中心区以外地区、郊外以及可开发地区的顺序进行扩展）在理论上是明确的，不承认例外的政府立场是明确的，但是，诸如商品类型的解释问题等，在实际的运用时存在暧昧。并且，城市中心区的对象用途是商业中心，对娱乐消遣、业务办公等其他方面利用的考虑相对薄弱。由于地方自治体成为开发控制的主导，为实现城市中心区的再生与振兴所作的积极努力较为软弱，因此，传统大街（中心商店街）所占比率较低。上述评价成为 PPS6 提出的需要加以"积极应对"的根据所在。

12 位于住宅区主要拐角处的、类似日本的（昼夜营业、商品自选的）小卖店的杂货店。经营的商品包括报纸、香烟、食品、生活日用品等。

13 合作伙伴，在日本，被认为是协同进行城市建设，在英国，却是指由地方自治体主导的第 3 部门、非营利组织（NPO）和企业，或者诸如继承了都市开发公司资产的英国合作伙伴组织这样的国家机关等各种组织组成的合作团体。

14 目标年 2020 年，提供新建住宅 125 户，包括 2012 年奥林匹克运动会相关设施地区，设置政府直辖的开发公司。

15 曼彻斯特市的有关资料（网页）显示，2001 年的预测人口为 422900 人，比实际调查数据多 3 万人。其后，人口呈持续增加趋势，预计 2005 年人口将达到 441500 人。与曼彻斯特同样呈现人口减少的城市是利物浦，依然被认为是缩小城市。

16 曼彻斯特市的市议会议员由 32 个选区各推选出 3 名市议会议员组成，总共选出市议会议员 96 名。任期 4 年，是没有薪酬的义务议员。2006 年当时的各党派议员人数为工党 58 名、自由民主党 36 名，其他为 2 名，工党的占有率较低。然而，保守党的占有率为零。住宅的所有关系，按市内平均数值计算，私有住房占 41.8%，公营住宅占 28.6%，社会住宅占 10.8%，个人租赁及其他占 18.8%（2001 年）。在选举区，在自由民主党议员多的选区，存在着私有住房和个人租赁的比率相对较高的倾向。

17 其中包括北曼彻斯特商务园区（商业设施 13 万 m^2、业务办公设施、饭店、尖端产业设施 98000m^2）、体育城（大型体育场、网球场、饭店、自行车运动中心、购物中心、住宅）、贝斯威克（邻里社区再生、住宅、开放空间、商店、服务设施）等。

18 副首相府（ODPM）在2004年发表了贫困指标，运用该指标中的37个指标（收入、雇用、健康、教育、住宅、居住环境、犯罪等），对全国354个行政区、32482个统计区单元（SOA，Super Output Areas）进行贫困状态的推算。

19 在曼彻斯特的住宅区再生事业中，休姆是比较有名的事例（松永安光，2005年）。这里拆除了19世纪时产生的贫民窟，进行公营住宅的建设。然而，由于存在集合住宅的墙板状的过大体量、将建筑的首层作为汽车用空间、2层设置露台的建筑设计，以及建筑技术不成熟等方面的问题，住宅区呈现荒废的景象。1990年对此进行了拆除，并实施再开发建设。该住宅区的再生规划及住宅区的设计是在住民参与下进行的，规划和建筑设计遵循符合人体尺度的设计原则。住民亦参与住宅区的管理工作。

作为20世纪60年代所建设的公营住宅区的再开发事例，可见同样为大工业城市的设菲尔德市的诺福克花园地区。在包括13栋高层建筑在内的、当初人口为3500人的地区，采用高密度、复合功能、社会阶层混合等手法进行的大规模的地区再生事业。保留其中的2栋高层住宅建筑，将其中的三分之一用于出租（住宅协会），其余的进行出售（民间）。对于新建中的低层集合住宅，将出租用房和商品住宅在同一楼栋内进行配置。对于被保留下来的低层公营住宅，考虑修复后依然维持现有低廉的周房租（50英镑），使居住者可以继续在这里居住。据说，以民间为对象的第一期土地出让是无偿的，然而，由于其运作的成功，考虑第二期以后的用地取得将采用有偿出让的方式。

20 2001年度，笔者曾经在牛津的另一所大学——牛津布鲁克斯大学度过了为期1年的留学生活。1992年该校从综合性工艺学校晋升为综合大学，对牛津大学等传统学校有着强烈的竞争意识。该校从事应用科学方面的专门教育，市区环境学部（拥有职员200名，学生1600名，其中的25%为硕士、博士研究生）包括建筑学科、规划学科及不动产·建设学科。该学部还设有3个与可持续发展相关的研究设施。

第5章

紧凑型城市的美国模式

5·1 精明增长政策

(1) 以实现从城市无序蔓延的转换为目标

★新城市主义运动

在由于城市无序蔓延导致的郊外分散和中心城区衰退的现象日益严重的美国，对市区无序蔓延的抑制也成为政治性的课题，在许多的地区，在城市规划和建设方面，正进行着方向性的转换（齐恩，2001年，第84-94页）。有人指出，其背景在于行政财政方面的成本、环境保护意识、交通问题（交通堵塞）、汽车利用导致的住民对健康的担忧等诸多方面。据说，前克林顿政府将其作为重要的政策，在提高国民对上述问题的认识方面，进行了积极的努力。然而，布什政府对此却持不甚关心的态度。

美国的特点之一就是各州和地方自治体拥有独自的立法和行政制度。在对作为导致市区无序蔓延的主要设施之一的大型购物中心的选址限制方面，各地也进行了种种的努力。支持这样的选址限制的是"地区主义商业运动"等、力求保护所在城市的居住便利性和地区特点的各种各样的市民活动和商家们的抗争（矢作弘，2005年）。即便是形成了规划体系，也不会自动地顺利实行。规划制度有着很强的政治倾向，常常包含着某些利害关系的调整。

在美国，与城市无序蔓延相抗衡的城市规划及城市开发运动是新城市主义。新城市主义是力求对于不断发展扩大的美国城市圈进行市区无序蔓延的抑制，并对城市的繁荣和社区加以保全的运动。其理念被作为地区规划、城市圈规划而具体化的就是精明增长政策。作为地区层面的开发手法被采用的是TOD（公共交通指向的开发）和TND（传统的邻里开发）。

精明增长政策被定义为"以可持续的城市圈的形成为目标的政策对应和

各项活动"（小泉、西浦，2002 年）。波特兰城市圈的事例作为率先实施精明增长策略的典范被大家所熟知，如今，精明增长政策作为新的城市及地区政策，在美国全国得到推广和采用。其主要手法包括：①基于广域的地方自治体共同合作制定的地区未来构想；②对城市圈设置成长边界；③进行高密度、复合功能的开发。

TOD（公共交通指向的开发）和 TND（传统的邻里开发）在受到各种各样的批评的同时（ADC，2003 年），作为住宅区开发的手法也获得了成功。对此，由不再热衷于"作为原先美国开发特点的、在宽阔的用地上宽松地进行单户独立住宅设置"这样的美国梦的人越来越多这一点，也可以得到证实。

★ 精明增长的设计

在此，将土地利用与交通作为问题的焦点，根据支持精明增长政策的加拿大维多利亚交通政策研究所（VTPI, Victoria Transport Policy Institute）的一系列资料（VTPI, 2005 年 a, 2005 年 b, 2005 年 c[1]），对精明增长政策作进一步的归纳和整理。表 5·1 所示为相对于低密度分散、单一功能、汽车交通指向，以及注重个体的城市无序蔓延，精明增长政策则是高密度、进行重视步行者和自行车交通的符合人体尺度的开发、重视公共空间建设的对照性的开发样板。

表 5·1 城市无序蔓延与精明增长的比较

项目	城市无序蔓延	精明增长
密度	更加低密度，分散的活动	更加高密度，集中有序的活动
成长模式	城市边缘地区（绿地）的开发	填充型（现有开发用地）的开发
土地利用	单调（单一用途、被分离）	混合用途
规模	大规模。更大规模的建筑物和街区，宽阔的道路。由于汽车的利用，人们只能欣赏到远处的风景，因而，缺乏对景观细部的了解	符合人体的尺度。更为明智的建筑、街区、道路。由于采用步行交通，人们能够更近距离地感受风景，从而增强人们对景观细部的亲密感
公共服务设施（学校、公园等）	广域、远离、更大规模。需要借助汽车交通进行利用	地区、配置、更小规模。可在住所的步行圈范围内，满足日常的生活需求
交通	汽车利用指向。步行、自行车及公共交通的缺乏	多样的交通手段。步行及自行车的利用、公共交通服务的利用
连通性	多条环线，死气沉沉的街道，受到限制，不能实现连通的步行及自行车设施。等级式的道路服务	更具连通性的道路（格网状）及非汽车设施的交通网络（步行道、通道、人行横道、近道）
道路的设计	力求实现汽车交通的交通量和车速最大化的设计	谋求促进多种活动开展的设计。交通稳静化、步行交通与汽车交通的共存
规划过程	非规划的，行政、议会与权力者之间缺乏协作	行政、议会和权力者之间的经过精心策划的协同合作
公共空间	重视私人领域（商店街、作坊、用围墙围合的封闭社区、私人俱乐部）	重视公共领域（街道、步行环境、公共的公园、公共设施）

（来源：VTPI, 2005 年 a, 第 2 页）

以推进精明增长政策的实施为主题、在互联网上开辟的"精明增长在线"[2]栏目上，列举出旨在实现精明增长的紧凑的建设设计（基于新城市主义的开发等）、采用步行交通手段可满足日常生活需求的邻里社区、具有强烈个性（场所的感觉）的颇具魅力的场所，以及复合功能的开发等诸多方面的内容。在此，维多利亚交通政策研究所（VTPI）更为具体地推荐了如下的实现精明增长的手法：

- 综合规划（将各个开发项目在战略性规划中加以确立）。
- 不同圈域层面上的行政方面的协作。
- 在交通便捷地区的有效开发。
- 采用税制手段加以应对（对于低密度、郊外新建、单户独立住宅等课以更重的税费）。
- 便利的公共设施的整顿与建设。
- 通过分区规划进行限制（选址、开发类型、密度、规模、开发用地率、开发设计）。
- 精明规则（新城市主义采用的开发规则）。
- 城市再开发的促进。
- 成长控制和开放空间及自然的保全。

在交通相关方面，推荐进行交通规划的改革（向交通可达性指向的方向发展）、促进更加中立化交通的实现（从偏重汽车交通方向的转换）、停车场的经营与管理、开发专业人员的教育培训等。维多利亚交通政策研究所（VTPI）的所长利特曼运用现有的各项调查成果，提出自己的观点和主张，他认为应该通过精明增长政策的实施，设法使偏集于市区无序蔓延地区的人口向更紧凑的地区迁移，使之实现人口的增加（图5·1）。

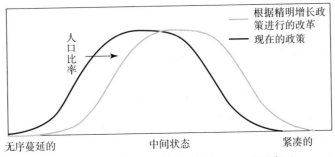

图5·1 基于精明增长改革要求的转换（来源：VTPI，2005年a）

然而，对于精明增长政策也有如下的批评和反对的意见：

- 消费者喜欢市区向郊外的蔓延及对汽车的依赖。
- 实施精明增长政策，使得限制增加、自由度减少。

- 实施精明增长政策，使低价住宅的取得更为困难。
- 实施精明增长政策，将加剧交通混乱状况。
- 将会导致公共服务成本的增加。
- 对公共交通的投资，相对于资金投入来说，收效较为低下。
- 实施精明增长政策，有损于经济发展。

利特曼运用多项调查成果，对于这样的批评提出反驳意见。他认为，可以采用"通过采取适当的政策，使消费者喜欢根据新城市主义的理念建设的住宅区；增加开发的自由度，使限制减少；降低基础设施成本；削减高峰时的汽车交通量；提高经济效益性"这样的方法和手段加以应对（VTPI，2005年c）。

★ 新城市主义的原则

作为英国城市规划史研究第一人的彼得·霍尔提出"英国的城市复兴与美国的精明增长、新城市主义是否就是相隔太平洋的、同一'硬币'的正反面呢？"（霍尔，2003年，第46页）这样的问题。他指出，虽然，新城市主义设想将全部新住宅建设的60%在城市建成区内（布朗菲尔德）进行，然而，实际上许多开发项目都是在郊外进行新的开发。同时他还提出，历史出现重演。无论是在美国，还是在英国，城市规划师们能否做到在50年前的斯德哥尔摩所采用的规划手法呢？——在靠近具有良好公共交通设施的地方进行新的开发、在车站周边进行商店等生活服务设施的选址建设、采用步行交通手段就可以到达各个相关设施。并且，他还评价道：彼得·卡尔索普等人倡导的新城市主义正在使上述规划手法逐渐变为现实。

美国的"新城市主义"是与过度依赖汽车交通的市区无序扩大的城市相对立的城市设计的理念和运动。20世纪90年代以后，这一理念在美国全国600个以上的开发项目中得到运用，同时，新城市主义思想在14个区域规划中也得到体现。举办了新城市主义会议的安德烈斯·杜安伊等人提出了新城市主义的原则[3]。

人们认为，运用新城市主义原理进行的住宅区开发，其不动产的价值也相对较高。然而，这样的开发也受到了诸如"妨碍地权者的自由选址和开发、是为精英们实施的开发、是变相的市区无序蔓延"这样的来自不同立场的批评。或许可以说，新城市主义是依然在成长扩大的美国城市地区所采用的城市设计手法。

在英国也可以感受到新城市主义的理念。那就是查尔斯王子倡导的、王子主持的财团进行开发并提出建议的，同时也被纳入政府的规划政策指南中的都市村庄（参照4·1（2））。

(2) 精明增长的事例

★马里兰州的精明增长政策

1997年，马里兰州制定了精明增长地区法，进行抑制市区无序蔓延的城市建设。其中心方向在于在基础设施完善的地区集中进行开发、有价值的自然环境的保全，以及由于从城市中心区向外扩散的开发将导致成本增加，要维持不增加纳税者负担的高品质的生活。具体来说，采用如下多种手法[4]：

- 收买23处保全区域的开发权（花费160亿日元，购得总面积达21600hm^2的保全区域的开发权，约合74日元/m^2）。
- 原则上禁止在优先地区以外的地区进行开发（有助于州的产业振兴的开发项目，其99.9%均在优先地区内选址建设）。
- 在优先地区内，禁止用于开发目的的州所有的用地的出售。
- 对在靠近工作单位的地方提供住宅的雇主给予补助金。
- 对民间在城市建成区内进行再开发事业的给予支援。
- 使已在郊外进行选址的法院、大学重新回归市区。
- 中止五条高速道路迂回线路的建设。
- 推进市民与非政府组织（NGO）共同合作的环境政策的实施。
- 扩大对作为公共交通的铁路（6年间约600亿日元）、公共汽车等设施建设的投资和利用，促进自行车的利用。

在该州的网页上，对正在实施的80个项目进行了相关的介绍。

★通过住宅开发商进行的紧凑型开发的促进

全美住宅建设业协会（NAHB，National Association of Home Builder）是总部设在华盛顿的房屋建筑商的全国性的组织[5]，同时也是全国新建住宅建设量的80%由其会员企业承担的强有力的组织，进行旨在实现住宅产业发展的（美参议院为了一定的利益）院外活动和会员服务等。全美住宅建设业协会（NAHB）通过实施精明增长政策，促进土地的有效利用，即支持进行紧凑型开发建设（NAHB，2005年a、b）。具体来说，作为紧凑型开发，NAHB设想有如下类型：

- 集中建筑群的开发：在农村或郊外进行的单户独立住宅的开发。开放空间的确保。
- 更高密度的开发：在城市和近郊进行的高密度的单户独立住宅和公寓式建筑的开发。住宅价格更加低廉，同时，也易于进行维护管理。

- 混合用途的开发：多用途的方便的地区，汽车交通的减少。
- 传统的邻里开发（TND）：各种不同的住宅类型和土地利用，能够很好地实现步行购物和生活设施的利用。在全国实际进行 200 个以上的传统邻里社区的开发建设。

全美住宅建设业协会（NAHB）认为，因为要进行上述的开发，就要进行基于法令的限制，住民对这样的开发常常会加以反对，所以，在规划的过程中，要同市民很好地进行对话。然而，即使说是高密度的开发，若同欧洲和日本相比较，估计还是相当大的用地面积。譬如，相对于假设一般的郊外开发为 1 户/1 英亩（4000m²），若采用集中建筑群的开发方式，所需用地只相当于前者的一半。然而，即使这样，其用地规模也是日本地方城市的单户独立住宅居住区用地规模的 10 倍（!）左右。

5·2 得克萨斯州中部地区的精明增长

(1) 得克萨斯州中部地区的未来设想

★ 奥斯汀市区的特点

奥斯汀市是得克萨斯州的首府，拥有人口约 80 万人。加之包括圣安东尼奥在内的地区拥有得克萨斯大学、低成本的劳动力，以及住房价格低廉等生活环境的优势，这里作为同硅谷一同成长的地区而被大家所知晓。该市自称为世界现场音乐之都，在城市中心区设有许多可以欣赏现场音乐的场所。虽然市中心的土地利用以业务办公用途为主，缺乏购物、娱乐等的城市生活的享受，但是，得克萨斯大学位于城市中心区，使人感受到作为大学城的清净、高雅与严肃认真的氛围。购物基本上依赖于郊外的超级市场和交通干道沿线的商业设施（图 5·2）。

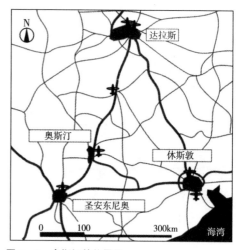

图 5·2 奥斯汀的位置图

在郊外，建有体现美国梦般的单户独立住宅的住宅区在不断地扩展。其中，既有拥有优美的绿色景观的住宅区（照片 5·1），也可以看到一些不断地创造低密度且依赖于汽车交通的住宅区。此外，还可以看到由于担心犯罪的发生，为使人不能从外部自由出入而安装有大门的（多层公寓中有独立所有权的）住宅单元（日本的公寓式住宅），以及所谓的用外墙围合的社区。另外，在市中心行驶有免费乘坐的公共汽车，以求抑制汽车交通的利用。

照片5·1　奥斯汀的单户独立住宅居住区

以奥斯汀为中心的得克萨斯州中部地区，作为以高科技产业为中心的新兴成长地区被人们所关注，预计在今后的20~40年间，将增加人口125万人，总人口将是现在的2倍左右。作为由奥斯汀和五个县组成的得克萨斯州中部地区的20~40年后的远景规划，许多市民对更紧凑的地区形态持积极支持的态度[6]。

★市民对紧凑的远期规划构想的支持

虽然远期规划构想是由因公共交通指向型开发（TOD）和新城市主义运动而有名的彼得·卡尔索普事务所花费了2亿日元以上的调查费用，经过归纳整理完成的，然而，负责市民参与型规划的整个制定过程的组织和经营管理工作的却是ECT（Envision Central Texas[7]）。ECT是2001年成立的非营利组织（NPO），包括市长在内的行政当局、企业团体组织、商工会议所、河川管理局、环境NPO组织、住民组织、大学相关者等地区主要团体组织的最高领导人都是该组织中参与实际运作的成员。2002年秋天，召开了有多样的市民参与的大型学术专题研讨会。2003年春天，在典型地区（试验地区）也召开了研讨会，同年秋天，ECT根据上述研讨会的意见，发表了四个规划设想方案。

方案A是将现在的城市开发不加修改地加以延伸。方案D在城市开发方向上进行了大的转换，力求根据新城市主义的理念，实现紧凑型市区的形成。方案B和方案C介于方案A和方案D两者之间。方案D中的新基础设施的投资额及新开发面积均较小，在市民生活中不可缺少的市区上游水源地区的开发面积也较小。在增加低所得者的雇用的同时，对拥有像以前那样的大面积用地的住宅区的开发加大了限制的力度。并且，所有的方案都是以恢复被废除的市内铁路为前提。为了广泛征求公众对方案的意见，进行了以数万人为对象的问卷调查，其中的12500人对此给出答复。其结果显示，方案D获得了最大的支持率（表5·2）。

表 5·2 得克萨斯州中部地区的远期规划设想

特长	现在	方案 A	方案 B	方案 C	方案 D
特长：开发模式、住宅类型		近年的再开发模式的延伸，在市区边缘地带进行的低密度开发，在现有干线道路沿线进行的商业设施开发，众多的市民在单户独立住宅中居住。到达服务设施需要耗费一定的时间，再开发较少，以新开发为主，通过铁路、快速公共汽车等交通手段实现与中心地区的连接	沿主要干线道路成长。促进复合功能开发，由各县进行增加住宅供给和就业场所方面的建设，到达服务设施所需时间较方案 A 要短。但是，中心地区的交通拥塞现象较为严重。进行通勤铁路、中心地区的轻轨交通（LRT）的建设	进行现有市区及新市区两方面的开发建设。增加现有市区的人口与就业。以复合功能开发为基础。在主要干线道路的沿线地区，进行邻里居住中拥有开放空间的新城开发建设。进行通勤铁路、快速公共汽车系统的建设	在现有市区内进行集中开发，加大对轻轨交通、自行车及步行交通的投资力度，众多的市民在市内住宅、公寓式住宅中居住。最大限度地提高开发密度、进行紧凑的城市开发
新的、必要的基础设施投资额（亿美元）	—	106	55	49	30
新开发面积 (a)	现有市区 = 739323	468000	192000	170000	85000
人口每增加 1000 人，需要开发用地 (a)	—	373	152	136	73
再开发面积	—	3559	5472	7973	10192
水源涵养地区的新开发面积 (a)	水源涵养地区 145000	36258	18300	53	397
市区面积增加率（％）		63	26	23	11
前往中心地区的平均到达时间（min）		68	64	60	57
交通高峰时段平均移动时间（min）		22	19	20	18
地区行动的汽车利用比率（％）		92	90	88	85
在低所得者居住地区的新增户数	—	6900	48783	51241	52425
在低所得者居住地区的新增就业数	—	753	73	2295	16042
单户独立住宅比率（％）	64	63	63	59	48

续表

特长	现在	方案 A	方案 B	方案 C	方案 D
集合住宅比率（%）	36	37	37	41	52
市民支持率（%）（关于土地利用*）	—	5	10	24	57

a：面积（英亩）

* 由于存在未回答的情况，因而，合计不是100%

许多市民不是选择所谓被称作美国梦的城市形象、居住方式，而是选择接近欧洲型的城市远期规划设想，由此，可以使人感受到大的趋势的变化。将通过对市区无序蔓延的抑制所取得的各项成果，以具体数值的方式，通俗易懂地加以表示，其本身就是颇有趣味的事情。

★市民参与型城市远期规划设想的制定

2004年ECT召开了有地区领导人参加的专题研讨会，在2005年设置了七个专门委员会，就交通与土地利用、经济开发、住宅与就业、密度与混合用途、开放空间、社会公平性、优秀事例等课题进行研究与探讨。并计划在2007年中，对具体的规划方法和手段进行整理和归纳。

在日本，编制城市总体规划是行政方面的工作。即使是进行在规划编制过程中实施像住民问卷调查、住民参与的专题研讨会及当地恳谈会那样的所谓市民参与型规划的制定，也达不到像ECT那样的、由行政当局也参加的非营利组织（NPO）负责制定城市远期规划设想这样的程度。虽然也可以认为这反映出美国的行政部门中专业人员的数量比日本要少，但是，却是在市民自始至终参与的情况下，进行规划的制定。住民问卷调查显示，在地区所面临的最大课题中，交通占40%，道路、桥梁占18%，交通相关方面所占比率较大；教育、学校为11%，工作、失业为9%，相比之下，社会问题所占的比率相对较小。另外，同白人相比，拉丁美洲系的住民对健康、居住成本方面的问题表现得更为关注。

ECT在规划编制过程中，采用的是住民从总体规划编制阶段就开始参与其中，并由住民对地区的远期规划设想作出选择的规划手法。通过所做的四个方案，将市区的未来开发模式及其影响、效果等，以具体数值和规划图的方式，通俗易懂地加以表示。虽然，今后将以该方案为依据，制定具体的对策，但是，果真会按照该方案实施？将会如何实施呢？——对此，人们给予极大的关注。

（2）奥斯汀市的精明增长规划

★ 精明增长规划图

虽然，得克萨斯州没有有关精明增长方面的立法，但是，从20世纪90年代开始，奥斯汀市就公开表示要实施精明增长政策，并积极促进新城市主义倡导的公共交通指向型开发（TOD）和传统的邻里社区开发（TND）的发展[8]。奥斯汀市的人口从1990年的465000人猛增到2000年的65万人，根据预测，2010年该市人口将达到80万人。该市的精明增长政策包括以下3个方面，即制定对开发区和饮用水水源保护区作出指定的精明增长规划（图5·3）、生活质量的改善，以及赋税构成（税的基本构成）的改善。

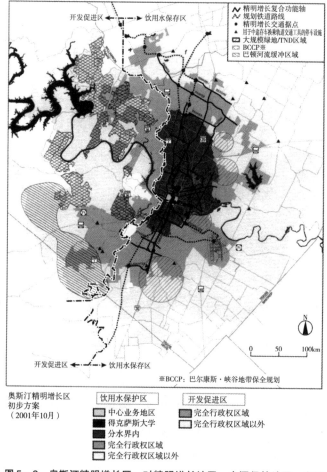

图5·3 奥斯汀精明增长区，对精明增长地区、水源保护地区、交通节点等作出指定（来源：Neal, 2003年）

在该市的精明增长规划图上，明确标示有水源保护地区、再开发促进地区、城市中心区、传统的邻里社区开发（TND）、有轨电车规划、地区公园以及商业区等。另外，在奥斯汀的中心城区，行驶有在美国城市中常见的免费乘坐的公共汽车。

★ **TOD 的事例**

作为在市区内实施的公共交通指向型开发（TOD）项目，在该市的网页上，就三角广场[9]（商业步行街和集合住宅）项目和莫斯社区项目进行了介绍。将前者与被称为失去的橡树的模仿版的开发规划（商业街单一功能）进行研究和比较，认为其有助于实现精明增长，市里给予该项目 760 万美元的补助金。

作为小规模的公共交通指向型开发（TOD）项目有佩达奈尔斯阁楼项目[10]。该项目是对位于城市商业区以东 3km 的仓库遗址进行的再开发建设，其周边是较贫困人群居住的住宅区。这是由包括艺术家的工作室、办公室、商店以及住宅在内的层高为 4 层的建筑和广场构成的复合功能的开发。

我们在建设工地的现场，听取了有关工作人员对该项目所作的说明（2003 年 12 月）。据说，当时，他辞去了市政府规划部门的工作，与得克萨斯大学的同窗友人一起，从事该项目的工作。他向我们介绍说，虽然周边是不十分富裕者居住的住宅区，但是，这里残留有弃置不用的铁路轨道，还可以眺望到远处的城市商业区。规划在与该用地邻接的地方，设置同市中心连接的轨道交通车站。如果是这样的话，则真正成为公共交通指向型开发（TOD）的开发模式。各个领域的艺术家聚集在该设施中，在相互交流的同时，一起共同生活，这不是一件绝好的事情吗？

2004 年 10 月，100 处阁楼建筑建设完成，并已实施入住，入住者对此给予高度评价。在得克萨斯大学周边的住宅区中，可以看到许多将公寓住宅作为小型办公室利用的事例，我想，对于位于市中心附近的阁楼建筑的需求也会很多。开发者试图将上述的开发方式，即安全、多样的收入阶层、交通便捷、合理的价格、公共交通的利用这样的手法，作为精明住宅建设（已经进行商标注册）的有效手段加以实施和发展。另外，在互联网上还可以看到对在贫困地区成功进行的再开发事业提出的诸如"贵族化（高级化）"等的批评意见。

在得克萨斯大学，一位研究人员通过承担孵化器功能的 IC^2（译者注：IC^2 是在将"信息共享空间〈information commons〉"和"创新社区〈innovation community〉"两种 IC 服务模式进行互补融合的基础上，提出的一种全新的大学图书馆服务模式）的平台回答访问者的问题，他说，公共交通指向型开发（TOD）和传统的邻里社区开发（TND）有着建设以贫困人群为对象的可负担得起的住宅的含义。总而言之，可以说这其中有着与日本完全不同的社会经济环境、规划课题和规划文化。市民共同参与描绘实现可持续、高品质生活的城市形象，并采用种种方法和手段，努力使之成为现实的奥斯汀的事例，对于被认为正在迈向"成熟社会"的日本来说，也有着极大的参考意义。

★ 注 ★

1　http：//www.islandnet.com/-litman/.
2　精明增长协商会的网页（HP）http：//www.smartgrowth.org/default.asp。
3　● 在靠近公共交通车站的地方进行地区中心的设置。
　　● 在距住宅区15min步行圈的范围内配置地区中心。
　　● 多样的住宅形式。
　　● 在靠近住宅区的地方配置日常生活设施、业务办公设施及公园。
　　● 考虑到步行者及自行车利用等因素的街道。
　　● 由社区实施的地区自治。
4　在日本生态系协会主办的"国际论坛"（2003年11月）上的原该州环境局局长的报告。在马里兰州规划局的网页上，登载有精明增长的10项原则。其中包括复合的土地利用、紧凑的建筑设计的促进、住宅选择机会的创出、依靠步行交通可满足日常生活需求的社区的形成、富于个性的社区的形成、开放空间及自然、农田的保全、加强现有社区的开发、交通选择的多样性、对公平且投资收效较高的开发事业的事前决定、促进在开发决定过程中的社区与利害关系者的共同合作。但是，据蒂弗德（Teaford，2008年，第208页）介绍，马里兰州实施精明增长政策并未取得很大的收效。
5　http：//www.builderonline.com/.
6　Austin American-Statement（2003年12月9日）（奥斯汀当地报纸）。
7　http：//www.envisioncentraltexas.org/.
8　http：//www.ci.austin.tx.us/smartgrowth/.
9　卡尔索普事务所设计。30hm^2。
　　http：//www.calthorpe.com/projects_community%20design.html.
10　佩达奈尔斯（Pedernales），
　　http：//www.cityofaustin.org/housing/2004/news_100404pedernales.htm，http：//aprendizdetodo.com/austin/？item=20040926.

第3部分

以实现日本式紧凑型城市为目标

★

在本书的第1部分和第2部分的内容中,主要介绍了欧美各国的相关事例,本书的第3部分将着重介绍日本旨在实现紧凑型城市的基本思路,以及具体的实施方法和手段。

在该部分中还将就虽然抑制城市无序蔓延、实现城市中心区活性化的政策已经被认为是不言自明之目标,然而,从人们生活的角度来分析,紧凑型城市究竟具有怎样的价值和意义?以及日本以实现紧凑型城市为目标所进行的种种规划、事业及实施的手法等方面的问题进行归纳和整理。近年来,市内居住不仅是政策性的诱导目标,而且,也可将其视为人们追求新的生活方式的动向。对于城市中心区的再生,人们都努力追求高质量的空间设计,然而,采用怎样的方法才能使之成为现实呢?在郊外居住区中,有些已经呈现出高龄化、人口减少等新的问题地区的样态。

此前,我们已经分别按照大规模城市圈和中小规模城市的区分,概略地介绍了紧凑型城市的空间模式。在本书的最后部分,还将就今后日本的城市建设,以及地区的理想状态作进一步的研究和探讨。

第6章
城市生活的意义与价值

6·1 城市空间的形态与人们的生活

(1) 传统城市空间的价值

★市内生活的方便性与人口密度

鸟取县米子市是具有典型的单一中心型城市结构的中等规模的城市。该市的人口从1960年的99000人增加到2000年的138000人,增幅约为1960年的1.4倍。1960年的市区面积为4.2km^2（半径约1.2km的圈域面积），2000年增加到16.4km^2，约为1960年的4倍，DID（人口集中地区）的人口密度则从10300人/km^{2}下降到4300人/km^2，下降幅度达一半以上。

米子市的调查结果[1]显示,同郊外相比,市内的日常生活较为便利,在设施呈分散状态的低密度的郊外,高龄者为满足日常生活所需,被迫进行较在市中心生活更为长距离的移动。在城市中心区,60岁以上的居住者几乎全部采用步行及自行车等交通手段,利用半径为250m圈域内的超级市场;然而,在郊外,步行及自行车的利用圈扩大至半径为1000m的圈域范围,且汽车的利用也有所增加。在往来医院就医方面,城市中心区约75%的70岁以上的高龄居住者采用步行及自行车等交通手段,市中心近半数以上的居住者利用半径为600m圈域以内的医疗设施。在郊外,全部居住者中的75%利用汽车往来医院,居住地距医院1500m以上的高达80%左右。认为医疗设施若位于450m的圈域范围内则非常方便的居住者的比率极高。

高龄者移动的交通手段也往往被限定在步行交通等方面。在前往食品店购物的场合,中心市区的80%以上的高龄者采用步行及自行车交通手段;然而,在郊外,这一比率只停留在60%左右。郊外的食品店主要是在大规模的超级市场和道路的沿线进行选址,人们购物时的移动距离比中心市区加长。即使是在

50岁以下住民的场合，在中心市区，半数以上的住民采用步行及自行车交通手段就可以满足办事之需；然而，在郊外，汽车利用率达60%~70%。

呈无序蔓延状态的市区，人口密度较低。从名古屋市、爱知县及岐阜县的实际情况来看，人口密度越低，医疗设施位于半径200m圈域内的住宅比率就越低。如果人口密度低，则难于接受城市性的服务的倾向就越加明显（图6·1）。

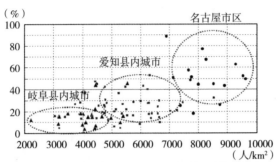

爱知县内城市、岐阜县内城市及名古屋市区的DID（人口集中地区）的人口密度及在半径250m圈域内拥有医疗设施的住宅比率

图6·1 人口密度越高，医疗设施的设置就越接近居住地（岐阜县、爱知县）（根据2000年国势调查及1998年住宅土地统计调查资料作图）

在以汽车交通为主导建造的城市中，即使对无论去任何地方都可以自由移动的移动性加以提高，也不能够使市民、住民对于各种生活方便设施的可达性得到提高（图6·2）。尤其是在今后人口减少的社会，即使在高龄者中，75岁以上的后期高龄者也会不断增加。对于70岁以上的高龄者来说，驾驶汽车不仅是困难的事情，而且，还会逐渐成为危险的行为。在高龄社会，期望能够营造出依靠步行交通也可以满足办事之需的城市环境。

失去中心的市区无序蔓延的城市　　拥有中心的紧凑型城市

即使提高移动性，也不能够使低密度市区的可达性得到提高

图6·2　移动性与可达性

(2) 紧凑型城市的生活原风景：金泽

★以可持续城市为目标的城市建设

金泽市作为地区中心城市，以进行有效利用历史、文化资源的城市建设而被大家所知晓。1960年在国势调查中导入人口集中地区这一概念，当时，在全国的主要城市中，金泽是人口密度最高的城市之一，是呈紧凑形态的城市。此后，市区逐渐向郊外蔓延发展（海道清信，2001年，第236-238页）。

在地方行政和市民的共同努力下，在作为百万石的城下町（译者注：以诸侯的居城为中心发展起来的城邑）而闻名、并免于战争灾害的市区中，历史街道景观得到很好的保全、修复及再生，并且吸引了众多的旅游观光者。对诸如犀川、浅野川这样的有代表性的流经市内的河流也进行了景观方面的整顿与建设，河边的散步道深受大家的欢迎。对江户时代修建的水渠进行的保全与整修也为城市增添了情趣，地方行政和市民正在为旧町名的恢复进行着积极的努力。为实现邻近市中心的香林坊交叉口的竖町商业街的振兴所作的努力及取得的成果受到大家的极大关注。

该市以旧城下町地区为中心，积极进行有效利用各种条例的制定等手段、重新焕发传统空间生机与活力的被称为"金泽模式"的城市建设。在金泽市内，虽然进行了许多有关土地区划整理方面的工作，然而，在旧城下町地区，基本上只是限于对部分道路进行拓宽方面。近年来，作为针对城市中心区的通过交通政策，进行了道路环线的整顿与建设。并且，还实施了许多颇具特色的项目建设，诸如市内居住的促进、历史街道景观的修复与保全、狭窄道路（通道）空间的整顿与建设、小公园的整顿与建设、中心商业空间的步行街建设、社区公共汽车的运行、大规模商业设施的选址限制、收费低廉且进行以市民为本位的经营管理的"市民艺术村"、继承传统产业并培养传统产业手艺人的"工艺村"、有效利用江户时期建筑物的"创作之林"，以及吸引众多市民和观光客前来参观的"金泽21世纪美术馆"等。另外，充分发挥和利用金泽的传统文化的"金泽町家"的保全与利用工作也开始积极地进行。

★城下町的市区结构即使到近代，也已经维持了百年之久

加贺百万石的城下町的建设是从1583年藩祖前田利家第一次进入采邑时开始的。经过17世纪前半期的扩张期建设，在17世纪后半期城下町的扩张基本上告一段落。此后，除部分手艺人和拥有保证人的新加入的武士之外，对城下町的迁入实施限制。1755年家臣团的人数约为6500人，1870年的藩臣、陪臣人数为20200人，武士阶级的家族人数总共为6万~8万人，町人为

6万、7万人,总计12万~15万人就是明治初期的金泽人口(中野节子,1995年,第6-7页)。

幕府末期,金泽城下町的面积约为10km²(岛村升,1989年,第32页),平均人口密度约为120~150人/hm²。在总户数中占7%的武士占有城下町面积的三分之二,余下的三分之一由商人和手艺人使用(原田伴彦,1968年,第127页)。假设当时的人口为12万人,那么,商人和手艺人所在地区的人口密度则为330人/hm²。这是包括道路和水道等在内的所谓毛密度。江户城下町的商人和手艺人所在地区的人口密度约为670人/hm²,而金泽城下町的商人和手艺人所在地区的人口密度是其一半左右,然而,如今看来却是相当高密度的居住状态。从城堡的周边到城下町的边端,直线距离是1.4km,步行约需17min。这是江户时期的人们毋庸说、就是如今的我们也可以利用步行交通满足生活需求的紧凑的市区结构(图6·3)。

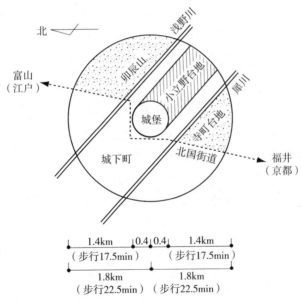

图6·3 城下町金泽的市区结构(来源:岛村升,《金泽的建筑景观》,1989年)

明治时代以后,对武士所在地区实施了再利用,人口也有所增加。20世纪30年代的人口为27万人,市区面积较城下町时代增加了50%左右,市区整体的人口密度为200人/hm²以上,平均人口密度比江户时代还高。另外,当时的金泽也被称为衰老城市。那是因为在全国的县政府所在城市中,该市与鹿儿岛市同样,也呈现人口的社会减少状态,即迁出人口超过迁入人口。明治维新以后的金泽,经过了明治的整个时期,呈现日渐衰退的状态。幕府末期,与金泽同样拥有12万人口规模的城市——名古屋(尾张城下町),

1910年时的人口数为40万人，1930年时则达到91万人。与此相比较，金泽的人口并没有呈现如此的增加。为此，还曾设法发挥陆军师团的诱导作用等（本康宏史编，1998年）。

城下町金泽未曾遭受过战争灾害和大的灾害的破坏，仍然保持着历史市区的结构，1960年DID（人口集中地区）的面积为1600hm^2，市区平面上的扩大也只相当于城下町面积的2倍左右（图6·4）。金泽市在1923年开始实施城市规划，并进行了最初的功能分区的指定。由于彦三火灾后的复兴建设以及市内电车（1919年开业）的轨道铺设等方面的因素，进行了城市规划道路的指定，干线道路得到拓宽。除此之外的许多道路，至今仍然保持着江户时代的形状。

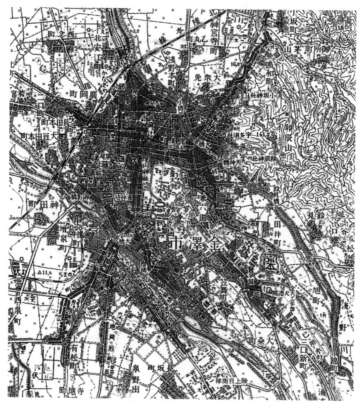

图6·4 1960年左右的金泽市市区（来源：《金泽市史·资料篇18，绘图·地图》。原图为国土地理院的五万分之一地图）

旧市区的高密度居住既是住民享受城市生活的基础，也是培育传统生活和社会关系的基础。在金泽的旧城内，市民在进行"能乐"等传统艺术活动的同时，还积极开展町内会的活动。在前面所提到的町内会中，有许多是战前或者明治时期成立的，有人认为其源自以江户时代的"町年寄（译者注：

江户时代在'町奉行'属下办理市政的官吏)"为中心的自治组织(西村雄都,1991年)。

★市内生活的原风景:金泽市泉町

紧凑的城市(街区)建设并不是旨在迎接人口减少社会及高龄社会所采用的手法。即使人口没有减少,也不是高龄社会,紧凑而热闹繁华的城市也充满了魅力,被人们所期待。笔者认为,日本的紧凑型城市的空间形象和生活风景存在于20世纪60年代。1960年日本全国的汽车保有数量为46万辆,人口集中地区(DID)的面积是3865km^2。10年之后的1970年,日本全国的汽车保有数量达到878万辆,大约是1960年的20倍;人口集中地区(DID)的面积是6444km^2,约为1960年的2倍。20世纪60年代是经济高速成长时期,同时也是日本传统的生活方式及城市空间快速丧失的时代。

1960年时,金泽的人口大约为25万人,家庭数量约为7万户,平均家庭人口为3.6人。专业农户家庭数量为3754户,兼业农户家庭数量为3067户,专业农户家庭数量多于兼业农户家庭数量,总家庭数量的10%、家庭人员的15%是农户(《石川县统计书》〈1960年版〉、《金泽统计书》〈1962年版〉)。笔者1948年生于金泽市泉町,一直到高中时代都是在那里度过的。泉町一带位于城下町的最西端,是北国街道沿线的商店街。该街道在藩政时代被用于(江户时代的)大名每隔一年从自己的领国轮流到幕府供职时通过的道路;战前时是面向农村的商店街,也是将农产品运往菜市场过程中的中间集散场所。街道的尽端是被称作"有松"的地方,大约在明治初年以前,这里开设有三角茶屋。据说,当年从金泽进京的人们都在这里接受家族和亲戚们的送行(《为了弥生的明天》,1995年)。上述的街道特征,在笔者孩提时代的商店构成和街道景观中,仍然可以看到它的痕迹。

在与北国街道相接的狭窄小路旁有一座寺院。我家最初的住所就是位于寺院旁的狭小住宅,其对面的房屋还是用稻草苫盖屋顶的农家样式。由于战后归来的父亲开设的水道工务店的缘故,我家搬到了距原住所200~300m远的北国街道沿街的地方。建造在与工务店共用的狭长用地上的建筑曾经是旅馆,但是同旁边的建筑仅一墙之隔,是连续建造的。我家最多的时候是兄弟姊妹8人、双亲、祖父以及住宿的匠人总共12人共同居住。后来,我家又搬迁到同一街区内的专用住宅中居住。

构成街道的成排建筑的背后是广阔的农田,农村聚落散在其中。市区和农业地带的分界相当明确,其关系是亲密的。即使是在1973年的住宅区地图中,也可以确认在泉町的商店街中设置有如下的各种各样的商店和设施:竹篮等竹制品店、杂货店、小五金店、农业机械经营、染坊、石材经营、燃料经营、海带等海产品经营、山葵菜等调味品经营、制造门窗隔扇等的店铺、茶馆、诊疗所、豆腐店、佛具店、澡堂、寝具店、面馆、酒店、帐篷制造、裱糊作坊、制作或经营厚草席的草席铺子、不动产经营、钟表店、面包店、陶器店、杂样煎菜饼、寿司、杂烩菜、自行车、理发美容店、鞋店、电器店、洗衣店、铁皮加工、西服店、铁工厂、印刷、牛奶贩卖、插花、家具经营、蔬菜店、卷烟经营、冰、殡葬、糕点、乐器、鱼店、文具、黑板、肥料、染料、粮食、水道工程（自家）、寺院、神社等。

在我幼年的时候，在泉町的商业街中，还有饲养肉用鸡的店铺。虽然，现在这里呈现出的是狭小街道的、给人以寂寞之感的街道景观（照片6·1），然而，当我把这些写成文字的时候，还是不禁为位于城乡结合点的商店街的多彩构成感到惊讶。并且，这里完全没有全国连锁的商店，全部都是个人经营的商

照片6·1　如今的金泽市泉町（2007年5月）

店。同时，像经营海带、豆腐、鞋类等的不少商店都是前店后厂性质的，自己进行商品的加工和制造。

★汽车的普及与作为生活空间的街道

如果从反映当时金泽最繁华街道片町的街道状况的照片6·2来看，电车从街道的中央通过，街上稀稀拉拉地行驶着几辆卡车，没有乘用车在街道驶过。街道两侧的步行道尚未进行充分的整顿与建设，人们闲散地在道路的路边行走，自行车在街上往来穿行。各种各样的交通手段共同利用道路的空间（照片6·2）。

当时，道路尚未充分地进行改良铺装。石川县内的干线道路——一级国道8号线的总长度约为89000m，其中，砾石路面铺装的道路为31000m。二级国道全长408000m，其中，水泥、沥青路面铺装的道路其长度仅为31000m，砾石路面铺装的道路长度为308000m。同市道连接的道路，其95%均

照片6·2　金泽市片町（1959年）（来源：《写真集　昭和时期的金泽》阿卡依布斯出版，2007年，井上三郎先生摄影）

为砾石铺面的道路。在笔者幼年的时候，家门前的道路（旧北国街道）逐渐被进行铺装。在经过沥青铺装的路面上，装饰性地铺撒石灰。白色的路面如同冬天下过雪似的，甚至连家中都感觉明亮了许多，大家都为此而高兴。

那时，汽车的数量还很少。1961年1月金泽的汽车保有数量为自家用车12967辆，事业用车1197辆。其中，小型汽车约占汽车保有总量的50%，为6538辆，这其中包括2396辆小型三轮货车。我家经营的水道工务店最初购买的是小型三轮货车。驾驶者坐在座位的中央，手握方向盘，并进行左右转动，但是，由于不是动力转向装置，所以，操作起来很费力。此后购入的第二辆汽车是小型汽车"斯巴尔"，其车价约为40万日元，如果从现在来看，那已经是很高的价格了。这是最初的乘用型汽车，在我所居住的街区内也是最早购入的。

据当地报纸《北国新闻》（1960年1月3日）的报道，作为"1960年的新三种神器"，分别为立体声录音机、室内冷气装置以及汽车。室内冷气装置的全国年销售量大约是2万台，用于面积为4.5叠（译者注：日本的面积单位。通常，1叠≈1.62m^2）房间的室内冷气装置，每台的价格高达10万日元左右。进一步提高住宅的密封性，这是室内冷气装置销售方面所期待的。立体声录音机的拥有量仅为当时留声机台数的10%，住宅面积的逐渐增加，使得立体声录音机的设置也成为可能。从报道中列举的月收入为2万日元的工薪者的事例可知，这样的电气制品及汽车其价格是多么的昂贵。由于人们在收入提高的同时，会追求生活的享受，所以，会购买这样的制品。由此可知，住宅的质量和面积的大小，以及城市空间的整顿与建设，将给人们的生活带来更加丰富的消费选择。

在当时的报纸报道中，经常可以看到在报道汽车事故增加的同时，呼吁人们遵守交通规则这样的宣传报道。另外，在报纸上还可以看到这样的报道，"如果儿童在路上玩耍，那么，由于违反了道路交通法施行令，其监护者要被处以3000日元以下的罚款，所以，不要让儿童在路上玩耍"（图6·5）。在同年2月27日的报纸上登载了这样一条消息，"为了进一步减少交通事故，警察署将向步

图6·5 在汽车得到不断普及时（来源：北国新闻，1960年1月24日）

行者（！）发放'交通违反指导卡'"。千叶大学的木下勇指出，在荷兰的道路交通法中，准许按照庭园化生活区（步行与汽车共存的道路）的有关规定，在道路上进行游戏和玩耍。与此相对比，日本怎能制定出道路空间是以汽车交通为中心的规定呢（吉永，2006年）。

  1919年，金泽有轨电车的金泽车站前至兼六园下区间的线路开通。"顾客过门而不入，没有生意；因为木屐不减少，所以木屐店销售额下降……"，商店街方面提出了诸如此类的反对意见。在任何时代，商店街往往都是采取保守应对的态度。然而，该线路开通后，由于市内有轨电车的运营效果，使得商店街的销售额有所增加。在其后的三年间，市内的主要线路开通，其沿线的商店街也得到了近代化的发展。市内地区真正迎来了有轨电车的时代。至有轨电车线路开通时，原来在市内运营的130辆人力车停止营业，其沿线的地价也得到提升。有轨电车乘客数量的峰值时期是1947年，年输送乘客数量为3900万人，1965年时减少到2100万人。1960年时，同片町（中心商店街）的近代化发展相关联，有关撤销市内有轨电车的活动很活跃，1967年有轨电车线路全线被拆除（《金泽市内有轨电车50年的历程》，1968年）。

  1960年时，最受欢迎的庶民的娱乐活动就是看电影。在当时的报纸上，每天都登载许多有关电影的广告。如今，香林坊的电影院一条街已经不复存在，大神宫被迁移到大厦的顶层。而且，当时的广播节目的内容较电视节目还详细，NHK的节目播出也是晚间11点才告结束。当时，电视的家庭普及率是52.3%，收音机的家庭普及率为48.6%（金泽市）。金泽国税局管辖内的电影院数量为87座，总入场者人数为940万人（1960年）。

  那时的商店街也呈现出热闹繁华的景象。1960年正月初二的新年后初次开市时，街上的游人达20万人左右，相当于当时金泽人口的三分之二，真是热闹非凡。金泽最繁华的商店街——片町商店街也进行了道路拓宽，并实施了步行道以及拱廊式商店街的整顿与建设。1960年度片町商店街整顿建设工程的一半左右得以完成。居住在笔者双亲的故里——现津幡市的叔父们将"来金泽"说成"去尾山"，令人体味到非平日所能享受的乐趣。不管任何时候，城市都是令人愉悦、担心或者满怀信心地有所期待的场所。夏休时节，笔者一行人来到位于津幡山中的叔父的农家小住。晚上，受附近农户之邀，我们前去洗澡，在洒满星光的夜道上悠闲漫步，别有一番情趣。

  当时中心城区的一等地的地价为20万~30万日元/坪（译者注：日本的土地或建筑面积单位。1坪约合3.3m^2），郊外住宅区的地价在1万日元/坪以上。据当时的消息报道（北国新闻，1960年4月24日），最近3年间，中心城区的地价上涨了2倍，高于全国的平均水平。由于郊外的住宅用地价格也上涨，土地所有者惜售土地，因此，引起人们到远离市区的地方进行住宅用地的开发。于是，开始渐渐地形成郊外化的发展潮流。

6·2 以实现市内居住的时代为目标

(1) 人口构成的变化

★趋于减少的全国人口

日本城市规划的近年基本状况变化呈多样化倾向，主要表现在全国性的人口减少、少子、高龄化以及家庭规模缩小等诸多方面。据国立社会保障·人口问题研究所所作的全国推测统计（2006年12月，中位推测统计），2006年以后，全国人口呈继续减少趋势，2050年预测人口为9515万人。65岁以上的高龄者所占比率从2005年的20.2%提高到2050年的39.6%，后者约为前者的2倍，高龄者人数本身也从2005年的2576万人增加到3764万人。14岁以下人口则从1758万人减少至821万人，大约减少一半。同住宅供给和城市形态有着直接关系的家庭数量（同，2003年10月推测统计）从2000年的4678万户，到2015年时将达到高峰，为5047万户，2025年时则减少为4964万户。同期，单身家庭从1291万户猛增到1716万户，平均家庭人员从2.67人缩小至2.37人。

从2000年到2005年，占全国道、县半数以上的32个道、县已经呈现人口减少的状态。据各都道府县的人口推测统计（2007年5月发表），从21世纪20年代后半期开始，包括东京都、冲绳县在内，所有都道府县的人口均将减少。在出生率低的大城市，青年人口的比例将急剧减少，在秋田县等地方圈，老年人口的比例将达三分之一以上，尤其是后期高龄者（75岁以上）的比例较高，其中秋田县为26.8%，青森县为24.0%。

21世纪的日本将不可避免地迎来人口减少和高龄化的时代。但是，在住宅用地政策以及同城市结构的关系方面，家庭数量、家庭结构也是重要的课题。如果家庭规模缩小的趋势继续发展，那么，即使进入人口也在不断减少的时期，家庭数量依然会增加。虽然，看上去市区形态并没有发生变化，但是，却呈现低密度化发展。然而，家庭数量也将会出现减少。

虽然，至2025年家庭数量将出现5%以上大幅度减少的只限于北海道、秋田、和歌山、山口、长崎、大分等地方，但是，2025年以后，预计家庭数量将出现快速减少的状况。据预测，如果早的话，将在21世纪10年代，最迟在21世纪20年代以后，东海圈、首都圈的各都、县都会出现家庭数量减少的状况（图6·6）。

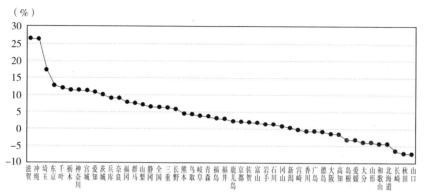

图6·6 家庭数量增减情况预测（2000~2025年）（根据社会保障人口问题研究所2003年有关资料作图）

★名古屋城市圈的人口恢复

在全国性的人口减少过程中，可以看出在人口布局方面也发生了变化。虽然从20世纪50年代后半期以来的大约20年间，3大城市圈的迁入人口始终保持超过迁出人口的趋势，但是，在90年代的后半期，情况有所变化，东京城市圈的迁入人口依然超过迁出人口，名古屋城市圈的迁入人口与迁出人口处于均衡状态，而大阪城市圈则呈现迁出人口超出迁入人口的倾向。20世纪90年代后半期以后，大城市中心区的人口恢复现象十分显著。东京都特别区部和大阪市分别从1997年和2001年开始，人口的社会移动（迁入、迁出）转向有利的方向发展。位于东京城市中心区的各行政区，其人口均转为增加，尤其是位于市中心的3个行政区，人口增加更为显著。在大阪市，所有的位于城市中心区的行政区，其人口也均转为增加。在泡沫经济时期异常上涨的地价的快速回落、城市圈整体的住宅需求的降低，以及人们的市中心居住指向等成为城市中心区人口恢复的主要因素。

名古屋城市圈在作为3大城市圈之一的同时，由于人口密度、汽车通勤者比率等因素，还具有地方城市的特点。作为名古屋城市圈800万人的中心城市——名古屋市，1920年时的市区面积为38km²、人口43万人、家庭数量9.2万户、平均家庭人口4.65人；2005年时市区面积发展至326km²，人口为222万人，家庭数量为95.5万户，平均家庭人口为2.23人。由于20世纪60年代以后的城市郊区化发展，在90年代前半期，该市16个行政区中，有12个行政区的人口呈现负增长。然而，到20世纪90年代后半期，只有7个行政区的人口出现减少，从2000年到2005年，呈现人口负增长的有4个行政区，且人口减少的幅度也逐渐缩小（图6·7）。

在城市化的发展进程中，家庭规模逐渐缩小，人均住宅面积不断扩大。在名古屋市，虽然人口密度呈低密度化发展，然而，市区单位面积的家庭户

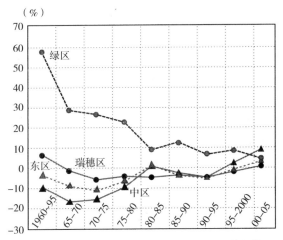

图6·7 名古屋市城市中心区人口变化率的发展变化情况，东区、中区是城市中心区，瑞穗区及绿区则呈现以住宅区为中心的土地利用（根据国势调查资料作图）

数密度，以1955年的1137户/km^{2}为最低值，以后逐渐转为回升，2005年时达到2925户/km^2。即使是在家庭数量减少的地区，呈无序蔓延状态的市区依然存在，在一定的地区，也有些地方在进行住宅建设。这并不是像由人口减少导致市区轮廓线"向内缩退"这样的城市的紧凑化，而是显示出市区居住人口密度降低、家庭户数密度或者住宅户数密度提高这一倾向的发展。

★名古屋城市中心区的人口构成

城市圈的通勤中心是中区（夜间人口5.9万人，2000年）和中村区（夜间人口13.5万人）。在前往名古屋市的通勤通学的流入人口54.7万人中，中区和中村区分别占有28.6万人和14.3万人（2000年国势调查）。在城市中心区中唯一呈现人口恢复状态的中区的人口，假如将1960年设为100的话，那么，1980年则约为60。此后，直至20世纪90年代初，基本上处于稳定状态，之后，再次减少至55，从1997年开始出现逆转。截至1980年，家庭数量基本上稳定在25000户左右，此后，呈现增加的趋势，特别是从1995年到2000年间，家庭数量呈现快速增加的态势。在其背景中，存在单身（单独）家庭增加的因素。在1970年名古屋市全市的家庭总数548000户中，单身家庭数量为77000户，仅占家庭总数的14.0%；1985年为19.3万户，占26.6%；2000年单身家庭数量达到29.8万户，占家庭总数的34.0%。

中区迁入者的年龄构成特点是以20~24岁年龄段的迁入者数量为最高值，15~34岁的比较年轻年龄层所占比率相对较高。2000年的国势调查资料显示，从对5年前的不同常住地及不同年龄组的资料分析来看，县外的20

岁、40~50岁年龄层的迁入者趋于增加，而对于市外、县内来说，所有年龄层的迁入者都呈现增加的倾向。从同市内关系的角度进行分析，20岁年龄层的迁入者增加，其他的基本处于均衡状态。即中区承担着作为广域地区的人口迁入的接受地、特别是作为年轻人的迁入接受地的功能。从各年龄组的人口增减率来看，在人口减少的1990年，15~24岁年龄组的人口基本上呈现不增不减的状态，其他年龄层均出现人口减少现象。在人口转为增加的1997年以后，15~24岁年龄层的人口年增加率为6%~8%。其他年龄层基本上保持人口不增不减的状态。也就是说，20世纪90年代以后的人口增加趋势是以20岁年龄层的年轻人的增加为支撑的。

正如前面所讲述的那样，名古屋市的市中心居住及市内居住不断增加的倾向始于20世纪90年代后半期，2000年以后这一倾向得到进一步的加强。这一倾向通过由于地价趋于下跌及企业不动产资产出售所导致的开发用地供给，使得公寓建筑的建设户数进一步增加等方面得到体现。同时，名古屋市全市的人口、家庭数量增加的倾向较20世纪90年代后半期更为明显，人口向广域圈的名古屋集中的倾向也在不断地加强。

（2）市内居住与郊外居住

★可以选择居住地的时代

笔者曾对大学的"都市整备论"课程的听讲学生（以大学本科三年级的学生为主）进行问卷调查。对于"在将今后的人生分为3个阶段的场合，对于市内、郊外，以及农村山村来说，你更愿意在哪里居住？"这样的问题，调查结果显示，单身或者只有夫妇2人的家庭类型占多数的20岁年龄层，以及30岁前半期年龄层，市内居住指向较强。虽然在育儿期间，还是郊外居住指向较强，然而，即便如此，市内居住指向也接近40%。在高龄时期，则农村和山村的居住指向增强。如果对每个人的人生轨迹进行分析，可以发现如同人们所称的市内派、郊外派、市内→郊外→农村和山村那样的若干的类型（表6·1）。

表6·1　"都市整备论"课程听讲学生的居住地指向（2005年实施调查）（%）

居住地/人生的阶段	单身、仅夫妇2人时期	育儿时期	高龄时期
市内	73	38	33
郊外	29	53	46
农村和山村	0	9	21

在城市圈中，有各种不同类型的住宅区、居住区。或许，这样的居住区

也受到全国性的人口结构、就业及经济结构方面的很大影响。各种不同的因素与住宅区今后的变化相关联，而且十分的复杂（图6·8）。由于人口构成、家庭结构和生活方式或者工作方式的不同，居住者的因素可以是多种多样的。在住宅市场方面，由于所有关系、设备和面积，或者新旧程度和结构，以及使用方便性的设计等方面的因素，都会产生供求上的差异。或许成为支持住宅和居住者的基础的城市和城市圈，今后也将会发生很大的变化。

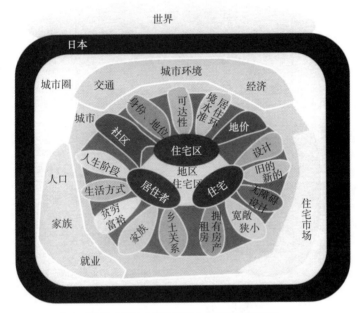

图6·8　与今后的住宅及住宅区的发展方向相关联的要素

在20世纪60、70年代，要想在可支付限度内取得住宅，就不得不选择郊外。《经济白皮书》（1971年版）的资料显示，能够取得距市中心20km圈域内住宅的劳动者家庭仅为1%，能够取得距市中心50km圈域内住宅的劳动者家庭勉强达到21.3%（图6·9）。"由于地价上涨猛烈，在土地购入方面需要更多的资金，在作为'高级物件'的住宅和附属设施方面尚不能够实现充分的生活福利，……无法解决对于住宅的满足感"（第197页）。"如果收入低，那么就要选择到更远的郊外去居住"，这就是过去的住宅取得的形式（小田光雄，1997年）。

地价的下跌、住宅供求市场的缓和、交通通信基础设施的建设发展、经济条件的提高、差别的扩大、高龄化、生活方式多样化等各种各样的条件都会发生变化。今后一定能够迎来"可以选择各种各样的居住区及住宅类型的时代"。以城市向郊外蔓延为前提的、将郊外单户独立的房产住宅作"升值"之用的以前的老一套的"住宅双六（译者注：'双六'在此意为双六、升官图游戏）"确实在发生着变化。但是，总体上来说，相对于包含存量在内的供给，住宅和住宅用地的需求在逐渐地减少。在许多地区，住宅价格也在不断地下降。"在市内居住，或是在郊外居住"这样的选择正在逐步成为可能。现在人们正在努力寻求能够应对上述变化的城市、住宅政策。尤其，高龄期时将"最终的居所"选在何处，同今后的城市理想状态也有着极大的关联。

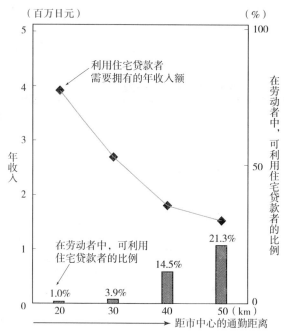

图6·9 "可利用住宅贷款的阶层与距市中心的通勤距离"
（来源：《经济白皮书》，1971年）

★ 市内与郊外的"地狱图"与"极乐图"

作为城市圈整体来说，现在正在进行从郊外到市内这样大范围的居住区结构的重新调整，从经济社会条件的角度出发，预测将会进行像欧美那样的居住者和居住地的阶层分化。城市圈的居住地大致可以设定为城市中心区及车站周边的住宅区、从城市中心区及车站周边向外侧扩展的一般住宅区，以及郊外住宅区这样三种典型的类型（图6·10）。人们对各类型住宅区生活质量的期待如表6·2所示。

具有可持续性及较高居住环境水准的住宅区应该满足以下六个条件：即住民具有较强继续居住意向的"定居性"；由新入住者维持居住者的居住更替的"代谢性"；年龄、家族形态及所得的"多样性"；住宅及住宅用地价格得以维持的"市场性"；在居住地附近可以享受生活服务、居住满足度高的"服务设施的可达性"；以及环境负荷小且拥有丰富的自然环境和绿地的"生态性"这样的指标。

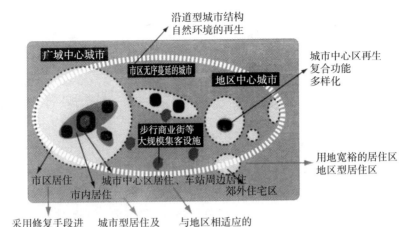

图6·10 大城市圈的住宅区类型

表6·2 对不同类型居住区生活质量的期待

项目/居住区类型	城市中心区、车站周边	一般住宅区	郊外居住区
都市生活的享受	◎	○	△
生活服务设施的可达性	○	○	△如果利用汽车○
宽敞舒适	△	○	◎长距离通勤△
社区	△	○	○
安全、保健	○	○	◎

在此,尝试采用描绘"地狱图"和"极乐图"的方式,表现市内居住和郊外居住两种对照性的未来情景(表6·3)。该构图同埃比尼泽·霍华德的著名的"三块磁铁"相类似。各个地区能否尽量避开"地狱图(译者注:在此比喻不良的生活环境)"之道、接近"极乐图(译者注:在此比喻良好的生活环境)",需要住民、行政方面和企业的积极努力以及专家们的支援。

表6·3 市内居住和郊外居住的两种对照性的未来情景

居住形态	地狱图	极乐图
市内	高昂的生活费用及住房费用;停车场的高租用费;公寓管理组合的不活跃;对重新翻建、改建时达成共识等的不安;近前高层建筑导致的日照及眺望远景方面的欠缺;来自旁边邻居和楼上的噪声和振动;地震时的不安;狭小的贮藏、居住空间;连回忆也渐渐忘却的郊外住宅;不能享受侍弄庭园花草的乐趣;噪声和废气排放导致的公害;附近连街坊四邻也没有、对犯罪行为的不安;同邻里社区的断绝及对立;孩童只能闭居家中;不能进行心情转换、竞争导致的压抑	在百货商场购物;具有优良资产价值的住宅;防止犯罪设施齐备的、采用无障碍设计的防灾集合住宅;采用优秀设计的、观景及采光均佳的公寓建筑;享受城市中心区的历史文化环境;电影、剧场、饭店、百货商店等城市型文化的轻松享受;在酒馆直至深夜的自由而刺激的交流;即使没有汽车,也可以方便地进行购物和就医;四通八达、方便快捷的公共交通;高水平的学校、教育设施;较短的通勤时间;富有创造性的就业机会

续表

居住形态	地狱图	极乐图
郊外	闲置空地的增加；空房多、对犯罪的不安；近邻多为高龄者，给人以寂寞、冷清之感的住宅区；面积过大、收拾很费力、老朽住宅维护管理的艰辛；庭园的杂草拔除和清扫落叶的辛劳；由于住宅区的道路是坡道，外出走动、闲逛也很吃力；虽然欲进行转售，但是由于地价便宜、想卖又不能卖；未得到充分维护管理的公共空间；即使这样，还要负担城市规划税；被放弃的农田及休耕田；由于高龄，对汽车驾驶的不安及不能驾驶；远离公共交通车站；生活服务设施不充分；附近没有商店和医疗设施；混乱的景观和难看的道路沿线设施；荒废的原购物中心设施；无人愿意担任的自治会负责人员	宽敞的住宅、颇有情趣的生活方式；别墅式的住所；孙辈人来探望也可留宿的宽敞的住宅；采光良好的走廊；能唤起人们回忆和使人陷入沉思的住所；轻松交往、关系亲密的街坊四邻；可以自由地摆弄庭园（中的花木）；自由地进行增建和改建；有利于健康的散步和舒适的慢跑跑道；可以轻松停放2、3辆汽车的空间；靠近干线道路和高速道路、移动自由；享受附近的拥有山林与河川的自然环境；在农贸市场上享受当地生产、当地消费的乐趣；可以经营家庭菜园的农田；设有影剧院等设施的郊外大型购物中心的享受；利用IT实现的居家服务及居家办公；还可进行大医院的利用；邻里间的相互帮助及志愿者活动的活跃开展

(3) 以促进市内居住为目标

★市内居住指向：对大垣市、丰桥市的调查分析

曾经作为纺织产业的街区而繁荣兴盛的岐阜县大垣市（人口约15万人），城市中心区呈现商业集聚的衰退、人口不断减少的倾向。城市人口的24%、家庭数量的27%、就业者人数的35%集中在旧城区（2003年住民基本情况登记资料，2001年事业所统计）。在该市的中心市区活性化规划中，将使人口恢复至1985年的旧城区人口约45000人（今后将增加5000人）的水平作为规划的目标。在以商业为中心实现城市活性化面临困难的情况下，该市试图将促进市中心居住作为新的城市再生政策的重要支柱。据测算，因为市内的郊外居住人口比为75%、计11.1万人，所以，如果能使郊外人口的5%~7%迁入市内居住、实现迁入纯增长的话，则上述规划目标可以实现。

在市民问卷调查（大垣市，2004年）中，有关在市内（占旧城区三分之一左右的中心市区）居住的问题，在郊外住民的答复中，回答"非常想住"的占4.2%，"如果可能，则想住"的占13.1%，"在某段时期内想住"的占5.8%（图6·11）。从年龄层的划分来看，未满30岁年龄层者在城市中心区居住的意向较高，60岁年龄层者在市内居住意向的百分比也高于平均水平。现在，中心市区居住者的半数左右是来自外部的迁入者。其中的70%是以结婚和同家人共住这样的家族关系为理由的。总的说来，人与人的关系以及社区较郊外要密切得多。

与大垣市同样面临克服中心市区空洞化这一课题的丰桥市（人口36.5万人），也在积极地进行公寓建筑的建设。在丰桥中心市区通勤的"熟年"一代

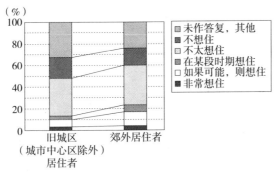

图6·11 城市中心区居住指向（来源：大垣市市民问卷调查，2003年）

（译者注："熟年"在日本通常指46～56岁的人。"熟年一代"泛指第二次世界大战后，婴儿潮时的出生者）的中心市区居住指向为"非常想住"的占9.7%，"想住"的占12.9%；年轻一代的中心市区居住指向则分别为3.7%和11.1%。城市中心区公寓建筑居住者的入住理由，大体上是交通的便利。然而，单身者更注重通勤的便利性；高龄单身者以及夫妇家庭则对日常生活的方便性更为关注；在家庭的层面上，则对是否靠近前住地和亲戚的住宅更为重视（中部地方整备局，2004年）。

★市内居住的条件

据对大垣市市民进行的问卷调查（2003年）显示，作为选择在城市中心区居住的条件，"希望拥有到老年时也可以安心生活的生活环境"这样的意见占有很大的比重。作为希望在市内设置的设施，对于郊外居住者来说，能够应对紧急情况的医院、高龄者支援设施，以及购物停车设施分列前3位；对于现在居住在市内（旧城区）的人们来说，列为第3位的不是停车场，而是电影院和美术馆等文化设施，追求与郊外不同的中心城区特有的文化环境和购物的便利性（表6·4）。对于回答者来说，由于是以迁移为前提进行思考，因而要设想到高龄时期的生活情景，所以，对于能应对高龄者需求的设施有高要求这一点是可以理解的。可是，现在，在市内（旧市区）居住的人们，希望在市内设置可满足日常购物需求的便利店和购物中心的占有较高的比例。目前的状况表明，对于居住在市内的住民来说，市内正在成为并不一定是生活便利且能够享受城市文化的地区。

表6·4 希望在城市中心区设置的设施（大垣市，2003年市民问卷调查）

顺序	中心市区居住者（A）	旧城区（除A以外）居住者	郊外居住者
1	支援高龄者生活的设施	能够应对紧急情况的医院/诊疗所	能够应对紧急情况的医院/诊疗所
2	能够应对紧急情况的医院/诊疗所	支援高龄者生活的设施	支援高龄者生活的设施

续表

顺序	中心市区居住者（A）	旧城区（除 A 以外）居住者	郊外居住者
3	电影院/美术馆等的文化设施	电影院/美术馆等的文化设施	为购物提供方便的停车场
4	大型购物中心	给人以购物享受的商店街	公共服务设施
5	给人以购物享受的商店街	公共服务设施	电影院/美术馆等的文化设施
6	为购物提供方便的停车场	满足日常购物之需的便利店	可供休憩的街心公园和小公园

调查显示，70%的大城市圈的住民认为，作为居住环境来说，城市中心区居住并不是适合的。对城市中心区居住有意回避的理由之一就是房租和住宅出售价格过高等"在经济上不能应对"。同时，该调查资料指出，在中部城市圈（名古屋圈），由于汽车的利用大于东京、大阪城市圈，因此，如果要维持没有停车场、需要花费资金进行停车场确保这样的汽车利用指向的生活方式，则需要花费一定的资金（〈社〉中部开发中心网页，2005 年）。

虽然市内居住的潮流在不断地增强，促进该潮流发展的政策措施也在不断地增加，但是，与郊外居住相比，并不能认为市内居住空间是适应、适合所有的阶层、所有的生活方式的居住地。还需要同已经呈扩展状态的郊外居住区进行居住区分。以前，因为要应对快速的城市化发展和住宅的不足，所以，采取各种对策进行郊外开发。如今，正计划采取以促进市内居住为方针的各项政策和措施。可以说这也是伴随城市圈整体向成熟型发展的政策转换（照片 6·3）。

在目前的住宅政策方面，由于要依靠民间市场及个体的经济力量，所以，采用推进城市中心区居住及市内居住的手段所提供的住宅不一定能够取得平衡。需要在住宅租赁和商品住宅出售这样的所有关系（占有权）、住宅的规模和设备（住宅水准）、住宅的价格和房租（担负得起的）、同周边环境的亲和性（社区、景观）、地区的生活环境（舒适性），以及居住者类型等诸多方面，进行有关城市中心区或者市内居住政策的理想状态的研究和探讨（照片 6·4）。

照片 6·3 作为符合人体尺度的生活空间的市内居住（东京谷中）

照片 6·4 与地区景观不协调的高层公寓建筑（东京神乐坂）

★城市中心区公寓建筑的入住者特点：名古屋市中区

在建造有公寓建筑的城市中心区、市内地区中，有不少是拥有①由单户独立住宅等构成的良好的居住环境；②居住年数长久、进入高龄期且长期居住意识强的住民；③良好而安定的社区这样的地区。然而，在城市规划中被指定为商业地区的地区，缺少有关日照等的居住环境确保方面的规定。在一些地区，伴随公寓建筑建设的建筑纷争时有发生，同时，有人认为不能将集合住宅的数量增加单纯地认为是理想的事情。

从20世纪90年代中期开始，在名古屋市中心的中区、东区，公寓建筑的建设数量也呈现增加的趋势。中区的面积为9.36km²，夜间人口密度约为73人/hm²，如果同面积为326.45km²的名古屋市的平均人口密度67.4人/hm²及东京、大阪的区部相比较，该数值并不十分高。在1995～2002年间，名古屋市内所提供的新建公寓建筑商品房为1060栋，其中，中区为47栋，通过区别比较，平均层数最高（值）为13.3层。中区所提供的公寓建筑商品房的价格，1987年为50万日元/m²，1991年为100万日元/m²，实现成倍的增长，1993年房价出现急跌。2002年中区公寓建筑的每户平均价格是3344万日元，合43万日元/m²，同周边的名东区和天白区处于同一水准。每户平均建筑面积77.8m²，较周边区还要少大约5m²。

由于市内公寓建筑在价格方面同郊外的单户独立住宅不存在很大的差别，因此，对于生活方式和通勤等城市中心区居住指向的入住者来说，市内公寓建筑的售价成为十分有可能选择的价格。根据对公寓建筑入住者的调查（最近5年间新建的公寓建筑），虽然年龄层的跨度较大，但是，入住者多为单身或只有夫妇2人的家庭。在此，可以将其称作是经营者或者管理工作者多，且在经济上较为富裕的职住近接型居住方式。虽然来自名古屋市外的入住者将近40%，但是，在中区内的移动为37%，分为"邻里地区迁居"和"其他"等情况。出租房屋的比例占28%，这也充分地显示出城市中心区公寓建筑商品房正在成为投资的对象（表6·5）。

表6·5 公寓建筑商品房入住者的特点（名古屋市中区）

所有及利用形态	自己所有60%、出租28%、（向民间征借的）公司职工住宅9%
户主年龄	20岁年龄层17%、30岁年龄层28%、40岁年龄层20%、50岁年龄层21%、60岁年龄层11%、70岁年龄层3%
家庭构成	单身家庭49%、只有夫妇2人的家庭26.7%
户主的职业	经营者、政府工作人员+管理工作者42.1%、公司正式职员45.9%
户主的工作地点	中区内占45%
前往地	来自名古屋市内的占63%、来自中区内的占37%

（根据2002年、2003年〈财〉名古屋城市中心报告书制表）

在入住者的长期居住意向方面，表示"不迁移的"占28%，"迟早要迁移的"占40%，显示长期居住意向不高。然而，却存在着户主的年龄越大，长期居住意向越高这样的倾向。入住者中表示"不迁移的"，40岁、50岁年龄层的占35%，60岁以上的占60%。该倾向同生活方便程度的评价相关联。有关生活方便程度的评价，不同的年龄层，其评价对象的侧重有所不同，60岁以上的更加关注医疗福利设施；20岁、30岁年龄层的主要侧重于热闹繁华程度和通勤的便利；任何年龄层的入住者都注重对购物、交通工具，以及文化艺术等方面的评价。

★城市中心区公寓建筑入住者特点：岐阜市

鹤田佳子副教授（岐阜高等专科学校）对岐阜市中心区的公寓建筑（出租、出售）的居住状况进行了调查研究，其结果表明，在入住者构成中，单身者所占比率为35%，只有夫妇2人的家庭占20%，夫妇2人+孩子的家庭所占比率高于名古屋城市中心区。高龄者家庭所占比率不高，为5%左右。值得关注的是单户独立住宅房产主的迁居率高达30%。

作为迁居的理由，独身女性和高龄者重视选址条件。其他类型的迁居者则以前住宅的狭小为契机，评价城市中心区的方便性以及住房的宽敞程度。另外，利用汽车通勤的占40%，拥有汽车是必须的生活方式。在有关公寓建筑出售价格的测算方面，假设地价为40万日元/m^2、容积率为400%、建筑密度为80%、户均建筑面积为$80m^2$的话，那么，可以以2900万日元/户的价格，在$1000m^2$的建筑用地上建设50户的公寓住宅。如果应用上述计算，并将每户居住人口设为2人，那么，要实现岐阜市中心区常住人口增加3万人（恢复从高峰时的人口减少数的二分之一）的目标，需要建筑用地$30hm^2$，以及进行300栋公寓建筑的建设。如果将容积率设定为800%的话，则公寓住宅的出售价格将下降20%（中部地方整备局，2004年）。为了使建设成本有所降低，采用提高容积率的手段；为了将良好观景效果的确保作为房屋销售时的招牌，高层住宅建筑在商业地区应运而生。购买低价格的建筑用地，在狭窄道路的沿线进行公寓建筑的建设，由此，造成了对于地区社区来说难于接受的状况，形成频繁引发建筑纷争的结构。

★城市中心区公寓建筑建设与地区住民的意向

以名古屋市东区白壁5丁目、主税町（4丁目）、橦木町（3丁目）及其周边地区（计$17hm^2$）的单户独立住宅的住民为对象，实施问卷调查（2004年12月）。该地区位于江户时代曾是高级武士的住宅区，现在依然拥有大规模的单户独立住宅建筑，并被列为保护区的白壁地区的东部。虽然是与外堀大街和 19 号国道毗连的清静的住宅区，但是，公寓建筑却在不断地增加。对问卷调查给出回复意见的为 45 人（向 100 户提出请求），半数的回答者为 65 岁以上的高龄者。85% 的回答者的回复意见为"今后将继续在该地区居住"，长期居住意识较强。

对于问卷调查中提出的"公寓建筑的建设发展将会给地区带来怎样的影响？"这样的提问，作出负面评价（在图表中用★表示）的占有很大的比重（图 6·12）。在综合评价方面，认为公寓建筑的建设将会给生活带来困扰的占 54%。而"存在有利的方面"这样的回答意见也占到 36%，对公寓建筑的建设持反对意见的也未必占有压倒的多数。然而，从个别的项目来看，任何负面评价项目都有半数以上的回答者进行选择。尤其，有关诸如"不了解周围居住者的情况，感到不安"、"垃圾丢弃的做法令人感到不方便"这样的同社区相关的负面评价，要多于诸如"路边停车、交通事故导致的不安，以及日照、噪声"这样的有关直接被害的评价。作为进行公寓建筑建设所带来的好处，人口增加所产生的效应（商店的销售情况不断好转）远远超出了环境改善的效果（街区变得更加整洁漂亮）。

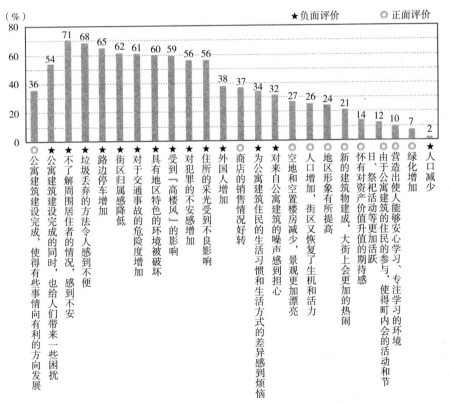

图 6·12　进行公寓建筑建设的城市中心区的居住者对公寓建筑建设的评价（名古屋市东区东白壁地区）

关于今后在地区进行公寓建筑建设的问题，持赞成意见的占3%（仅为1人），所占比例极小。"根据条件来说，赞成"的占68%，持反对意见的占29%。作为今后也认可进行公寓建筑建设的条件，包括与地区环境相协调、降低公寓建筑的高度、缩小公寓建筑的规模、公寓建筑建设过程的住民参与，以及相关情报事前公开等诸多方面。总体说来，希望能进行包括对建筑材料和色彩的要求在内的、能反映住民意见且与地区相协调的公寓建筑的建设。

（4）谋求实现可持续的郊外住宅区

★郊外住宅区衰退的危险

现在已经进入可以随意进行郊外居住地或者市内居住地选择的时代，在许多的地区，将市内作为居住地选择的倾向正在不断地加强。促进市内居住的发展作为中心市区活性化政策的一环，正在逐渐形成大的潮流。另一方面，"郊外住宅区的未来发展如何？应该对其采取怎样的政策和措施？"成为当前许多城市面临的重要课题。

在推进城市化发展的20世纪60~70年代所建设开发的郊外住宅区，现在已经开始出现衰退的迹象。让我们运用人们比较了解的名古屋城市圈中典型的郊外住宅区（大部分是民间开发、单户独立住宅）——岐阜县可儿市、多治见市的相关事例的调查结果，作进一步的分析和研究（片山直纪等，2006年）。分析结果表明，衰退现象按如下阶段发展：①新住宅建设停止，空地上不再进行房屋建筑；②新入住者减少，地价下跌；③人口减少与年龄构成的高龄化；④家庭数量减少，自治会活动的活跃程度降低；⑤被放弃管理的空地增加；⑥住宅的未利用及房屋空置化；⑦空置房的放弃和空地的增加，以及住宅用地的荒野化发展。

由于在丘陵地带开发建设的住宅区入住人口的增加，多治见市经历了20世纪70年代后半期和80年代后半期的两次人口快速增加的过程。此后，从20世纪90年代后半期开始，人口的社会增加（迁入人口与迁出人口之差）呈现负增长的倾向，作为多治见市整体来说，迎来人口逐渐减少的时代。20世纪70年代，与其相邻的可儿市也经历了由于丘陵地带的住宅区开发导致人口快速增加的过程。虽然由于合并的缘故，可儿市的人口已经超过10万人，但是，由于没有进行城市规划的"画线"（控制市区化地区的设定）、有关农用地转为住宅用地方面的限制极其宽松，以及工业项目选址的兴盛，巴西人等外国人的增加（外国人人口比率约为7%，2007年）等因素，使得该市得以避免人口减少状况的发生。

对可儿市的15个主要住宅区进行了将来人口预测。其结果表明，从2000

年至2005年，在15个住宅区中，有11个住宅区已经呈现人口减少的倾向，一些住宅区的家庭数量也趋于减少。住宅区入住者的年龄层构成的特征表现为入住当初的父母一代和子女一代两个年龄层（图6·13）。像经过住宅建设、住宅分户出售等，在短时期内实现按住宅单元出售、入住这样的住宅区，年龄层构成的这两个突出点是十分明确的。一旦子女一代长大独立、因升学、就业等迁出，那么就只剩下父母一代，并且逐渐向高龄化发展。如果进行将来人口预测，则可以看到许多的住宅区今后人口将趋于减少。到2030年，不少住宅区的高龄者人口比率将达到40%~45%，尤其，75岁以上的后期高龄者人口将超过30%。

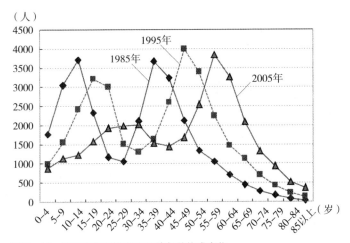

图6·13 可儿市的主要住宅区的年龄构成变化

★对空地及空置房屋状况的调查分析

在岐阜县可儿市、多治见市，对实施入住后历经20年以上、面积在1hm² 以上的住宅区进行了调查（2005年9月），其中包括可儿市的17个住宅区（约12000个地块）及多治见市的27个住宅区（约1万个地块）。可儿市的平均空地率为14.3%，多治见市的平均空地率为9.5%，但是，不同的住宅区，在空地率方面也存在很大的差异。从空置房的比率来看，可儿市的平均值为1.2%，多治见市的平均值为0.8%，并不是很高。然而，经过现场调查的确认，由于是通过亲眼所见作出的判断，所以觉得上述的平均值稍显偏低[2]。有关空地的利用状况，其中的45%为闲置状态，约30%为共同停车场及私人停车场，家庭菜园约占10%，处于出售状态及其他情况的约占10%。在一些住宅区还可以看到住宅区自治会从私人地主那里进行住宅征借，然后出租给住民的事例。20~30年前所开发的住宅区，平均用地规模为50坪（译者注："坪"，日本所采用的土地或建筑面积单位，

1坪约合3.3m²)左右，只设置1个车位的停车空间。然而，现在，已经进入每人拥有1辆车的时代，尽管说人口在不断地减少，但是，停车场仍显不足。许多的住宅区正在被路边停车问题所困扰。虽然空置房屋其数量并不多，但是其中的三分之二处于被放弃的状态，属于别墅性的暂时利用约占10%，其余的则处于出售中或其他状态。

由于住宅区各自情况的不同，在空地率方面存在很大的差异。研究表明，选址条件、住宅区的整顿建设水准与空地率之间存在某种程度的相关性。即在选址条件较差的住宅区及环境建设不完善的住宅区，存在着空地偏多的倾向。今后预计将会出现衰退的住宅区，或许不会是处于下列状况的住宅区吧？

- 交通可达性较差。
- 小规模孤立型选址。
- 陡坡状建筑用地选址。
- 生活服务设施的可达性较差。
- 住宅用地的整顿建设水准较低。
- 住宅区的公共设施整顿建设水准较低。
- 自治会活动以及对住民参与城市建设方面所做的工作较为薄弱。

该地区空地中的大部分是从最初就未进行建筑的用地。由于建筑用地面积狭小，以及汽车利用的生活方式，如果住宅区的空地率为10%~15%左右，尚可应对停车场利用等的个人需求。但是，如果空地率达到30%~40%，那么，已经停止进行合作建设的住宅区，其作为社区的可持续性将会降低。从对住宅区居民的问卷调查（2007年6月实施）中了解到，虽然在许多呈高龄化发展的住宅区中，其住民的长期居住意向高达70%~80%，但是，对步入老年之后的"出行便利"的确保方面，还是深感不安。在空地率高、公共交通不方便，且生活设施缺乏的住宅区，以经济条件为理由的继续居住意向较强。即担心在条件较差的住宅区，是否会增加像原先的市区内不良住宅区那样的、被称为"沉淀住民阶层"的居住者。或许在空间性的"缩退"之前，会出现住民阶层的缩退开始显现的住宅区。即使不存在由于量的扩大所导致的城市化发展，也可以看到居住者移动状况的发生。并且，在空地多的住宅区附近，有些住宅区呈现新入住者增加的倾向。要实现可持续的住宅区，关键在于如何不断地吸引新的入住者。同时，还要努力探寻新的空间控制手法及地区政策。

★以实现可持续住宅区为目标

出现衰退住宅区的最大背景在于对作为城市圈整体的郊外住宅区的住宅需求（住宅建设需求）的降低。当然，并不是对郊外住宅区的需求已经完全消失。在处于高龄化和人口减少发展进程中的住宅区的附近，可以看到新开发的住宅区。以多治见市为例，采用不良资产处置手段，在7万~8万日元/坪的售价非常低廉的住宅区，正在进行2块住宅用地的销售。这样的住宅区，在住宅区内和步行圈范围内几乎没有生活服务设施，距小学校的通学距离也接近临界值。

呈现高龄化状态的现有住宅区居住者的最大烦恼就是出行问题。在以汽车利用为前提，实施开发、入住的住宅区中，受到郊外大型商店选址等的影响，住宅区内的日常生活服务设施中，有不少店铺被迫倒闭。当步入70岁以后、不能驾驶汽车的时候，果真还能继续享受如今这样的生活吗？在经济富裕的人群中，开始有人迁居市内、回到子女居住的地方或者返回故乡。要想从自家走到大道上，就不得不利用层层的阶梯。在坡道多的住宅区中移动也是一件颇为困难的事情。多治见市与当地的出租汽车公司合作，开始进行采用应呼公共汽车方式（根据利用者的需求，变更路线或时间）的社区公共汽车的运行尝试。由地方自治体运营的许多社区公共汽车大体上都处于赤字经营的状态，而且，也未得到很好的利用。或许需要将利用目的和运行方式改变为路线公共汽车的运行方式。当处于高龄期时在单户独立住宅的住宅区中生活，除交通出行问题之外，还将面临老旧房产的维护、修缮费用及需要耗费的劳力和时间，以及庭园的杂草拔除等维护管理方面的问题。或许最终也可以揭示出由拥有房产所导致的自我负担的住宅问题解决的善后这样的问题的本质。

从紧凑型城市的形成这一观点出发，对于应该听任郊外住宅区发展变化的意见不能表示赞同。城市问题、居住区问题在不同的时代、不同的地区，会变换出各种各样的形式和课题。不可能存在没有问题的城市。现在以及不远的将来我们将会面临的郊外住宅区问题，是应该在21世纪解决的新形式的居住区问题。如果我们对其置之不理，那么，很显然居住困难的人群将会不断地增加。而且，同所有的城市问题一样，上述的人群会集中在弱者方面。在空地及空置房屋非常多的住宅区，或许需要采取迁移、集约这样的手法加以解决。现在已经开始就有关对住民自助的听任程度及实施公共政策的范围的把握等问题进行研究和探讨。在城市的缩小过程中，在郊外地区实现人们对紧凑型城市所期待的种种长处的手法，同社会、经济、财政、环境这样的基本要素及地区的特点相对应，是我们今后应该进一步深入研究和探讨的重要课题。

在可儿市和多治见市的事例中，可以看到各种各样的发展动向。诸如成立基于条例规定的街区建设协商会和非营利组织，以及为推进以住民为主体的城市建设所作的各项工作（照片6·5）；以自治会为中心，为在社区进一步加强互助网络体系建设所作的不懈努力；孩童们重新回到住宅区的事例；试图在毗邻地区和邻里地区寻求闲置用地作为家庭菜园，享受舒适的郊外居住生活的动向；自己买下空置房，将其作为住民自由集聚的场所，自己也成为其中的互助合作伙伴的女性；从通勤型向本地工作型转换的入住者阶层的变化；采用住宅区内小规模再开发的手段进行的颇具魅力的住宅的建设；现有（半新不旧的）住宅的翻建改造业务等。

照片6·5 讨论有关街区建设问题的现场会（可儿市樱丘住宅区），由自治会、城市建设协商会等共同组织进行的自主性的街区建设活动。与会者们正在利用轮椅进行住宅区内步行道无障碍状况的调查

要实现郊外住宅区的再生，住民、地方自治体和行政方面的通力合作是不可缺少的。一般来说，无计划地进行低密度化、分散化的城市建设，往往会导致社会费用的增加，无视这样的倾向，将会使上述的费用更进一步地增大。要营造稳定的居住区，就需要不断地吸引新的入住者，并且，实现居住者阶层的多样化。

6·3 中心市区的规划与设计

（1）中心市区的价值与城市结构

★价值与作用

为什么要实现中心市区活性化呢？首先，让我们对其价值和意义作进一步的归纳和整理。中心市区具有如下的价值。

◇表现城市的个性

一般来说，城市中心区是城市的起源所在，是可以使人欣赏并享受拥有历史、文化资源的传统空间和氛围、充分体现城市个性的场所。

◇提高生活的质量

城市生活的本质就是购物、娱乐、饮食等消费和交换、交流文化。城市中心区是集约了城市的乐趣的场所。并且，一般来说，中心市区拥有便利的公共交通服务，使得减少进入城市中心区的汽车交通成为可能。

◇城市型居住空间

城市中心区居住地是可以实现独自的生活方式的居住空间。在那里可以轻松地得到城市的热闹繁华、文化艺术，以及娱乐消遣等诸多方面的享受。作为担负城市的未来、承担当前经济活动和社会活动的年轻人居住的场所，是最适合的。对于高龄者来说，这里拥有较高的居住密度、便利的生活服务设施，作为依靠步行交通手段也可以满足日常生活需求的环境，颇具吸引力。

◇城市型经济发展的引擎

具有成长力的中心市区成为各种经济活动的中心。在服务经济化不断发展的现代社会，如果市中心的商业业务活动出现衰退，那么，那座城市也将面临衰退。成长发展的空间也成为吸引各种投资的场所。颇具吸引力的城市中心区还可以促进服务产业的发展和人们消费活动的活跃化。那座城市的质量方面与数量方面的集聚，在城市中心区得到集中的体现。换言之，直接体现那座城市的经济、社会或者文化方面"实力"的场所就是城市的中心区。

◇吸引外来者

从在欧美诸国已经非常普遍的城市型观光方面来说，城市中心区作为像京都那样可以同时体验传统文化与都市的热闹繁华以及休闲乐趣的空间，成为重要的颇具吸引力的空间。由此，可以招引支撑经济活动和文化活动的人群的迁居与交流。因而，城市中心区还可以成为创意城市的孵化场。

◇实现市民民主主义所需的自由空间

人们能够自由地聚集、交流的开放空间可以减轻来自社会的压力。各种各样的人群通过日常会面及联谊活动的开展，可以进一步增进相互间的理解，提高回避无谓对立的可能性。

★中心市区，城市形象的展示？

当我们以中心市区活性化及再生为课题进行研究探讨的时候，常常会听到来自行政职员及相关者这样的发言，"中心市区代表着我们城市的形象，不能让那里再继续衰退下去，要重新恢复城市的形象"。然而，中心市区还具有仅是那座城市的"形象展示"以上的作用。譬如福冈市博多·大名地区。该地区位于西铁福冈车站西侧，与博多最繁华的街区——天神地区邻接。在那里，狭窄的街道两旁，商店、住宅、公寓建筑、餐饮店以及专科学校等混合在一起。这里房屋的租金也很低廉。1987年地区合作组织"大名村庄"着手进行城市复兴方面的工作。如今，这里已经成为博多的最热闹繁华、最富有吸引力的街区之一（佐佐木喜美代，2002年）。

再譬如熊本市的中心市区（照片6·6）。道路上行驶的有轨电车，街上穿梭般往来的行人，这里是多功能集聚的地区。在购物方面，既有大型百货商店，也有颇具个性的小商店，以及传统的老店铺。附近还设有饮食店，以及娱乐休闲设施等的聚集场所，同时，还设有美术馆和饭店等设施。如果将上述的特性用一句话来概括，那么就是功能、空间的多样性和集聚性，以及包括汽车在内的较高的交通可达性。这是郊外购物中心所不具有的作用。

兰德里指出，"作为中立场所的城市的中心区或者公共空间成为不断孕育、提出创意性见解的"最佳场所，以及那座城市所拥有的创意性见解和活动的展示场所，美术馆、剧场、图书馆、电影院、咖啡店、

照片6·6 街上行人往来熙攘的城市中心区（熊本市），这里集聚有商业、娱乐及文化等设施，人们在此可以尽情地享受城市的魅力

大众化小酒馆以及西餐馆等的公共领域，充分发挥着作为聚集场所的功能（兰德里，2002年，第150页）。

"城市的本质不是建筑、道路和经济活动，而是人类不断进行的各种接触行为。……具体来说是购物，是业务上的聚会，是娱乐、社交和鉴赏"（清水、服部，1970年）。表述这样的城市中心区的休闲娱乐空间的词汇是"聚集的场所"。

城市中心区的魅力不仅仅在于给市民和来访者以愉悦享受的空间，作为工作场所来说，也是重要的地方。中央商务区（CBD）从交通的便利性、办公设施的集聚性或者同行政机关的良好联络性的角度，对选址作出很好的说明。然而，在近年来成长中的服务产业部门，尤其是在信息、文化艺术、信息通信（IT）产业方面，可以明显地看到与以往不同的城市中心区的魅力吸引产业选址及就业者的倾向。

譬如名古屋市在市中心的中区锦二丁目，提出了"伏见·长者町冒险城构想"。从江户时代开始，该地区作为商业小镇而兴旺繁荣，并且，在近代作为日本三大纺织批发商云集的街区得到进一步的发展。但是，近年来，由于纺织批发商歇业等原因，这里的空置楼房及闲置空间的问题引起人们的关注。另一方面，现在也可以看到一些饮食店和公寓建筑在这里进行选址建设，同时，该地区还制定出有效利用位于名古屋市中心的荣街与名古屋车站中间的选址条件的新的产业振兴构想。该构想以培育设计、时装、电子化信息产业等都市型、文化创意型产业为目标。当地还成立了"锦二丁目街区建设联络协商会"（名古屋市，2006年，第41页）。

★**中心市区的空间结构：富山市和高松市**

作为中等规模的地方城市来说，为长崎县佐世保市带来与众不同的兴旺

与繁荣的是在开展富于独创性的文化娱乐活动方面所作的不懈努力。然而，佐世保市自称为"天然的紧凑型城市"，城市结构对中心市区的兴旺与繁荣也具有重要的作用。呈低密度扩散状态的市区结构很难构成具有一定繁华度的城市中心区、中心市区。如果能维持高密度的城市结构，那么，利用者、消费者可以轻松地来到市中心，并且，也可能产生出人流。努力致力于中心市区活性化的富山市，以建设新型有轨电车系统（LRT）、促进市内居住以及城市中心区再开发作为城市发展战略，可以说是采用行政主导的方式，将城市建设在紧凑型城市的方向上进行了大的转换。与此不同，高松市则是以民间主导的方式，在紧凑型城市的方向上进行中心市区的再开发以及再生建设。

两市的人口规模同为 33 万人；中心市区的人口密度，富山市为 40 人/hm^2，高松市为 83 人/hm^2；夜间人口（居住在中心市区的人口），富山市为 1 万人，高松市为 2 万人；日步行者人数，富山市为 7000~12000 人，高松市为 17000~2 万人。高松市中心市区的密度明显高于富山市。两市在地形、都市圈以及农田整顿建设方面也存在差异。同富山市相比，高松市的地价以及集合住宅比率较高；在中心市区的结构方面，高松市的商业业务功能呈一体连续状态。富山市被道路和铁道等分割、分隔（图 6·14）。高松市取消了市区化地区，富山市则试图使城市功能向中心市区集约化发展。在城市结构方面，

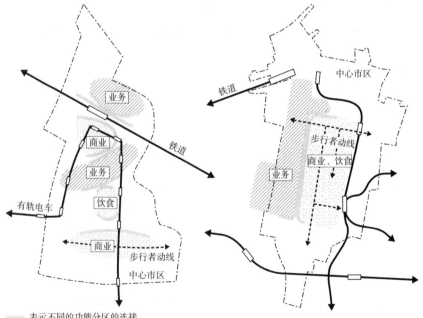

图 6·14 中心城区的城市结构，富山市（左图）和高松市（右图）。以步行商业街（全长 2560m）为中心、形成商业饮食区的高松市与步行商业街（总长 780m）长度较短、地区被分割的富山市的对比 （来源：《富山市紧凑型城市建设研究会资料》，2004 年 3 月）

虽然高松市存在一定的优势，但是，如果继续实施助长市区向郊外扩展的策略，那么，毋庸说其优势在相应的程度上也会对实现中心市区活性化的工作增添很大的负担。

★ 胡佛模型的理念

在根据距离、集聚程度以及交通条件等因素，推算利用者被吸引强度时，采用在市场销售的合理化管理方面所应用的胡佛模型。某地点的居住者被某商业集聚的吸引强度，同商业集聚规模的大小成正比例，同至商业集聚的距离成反比例。即因为距离越近（越易于接近）、商业集聚的规模越大，则更能吸引消费者，对此，从我们的实际生活感受中很容易得到理解。对距离添加乘数 k（阻力系数）。在重力模型的场合，$k=2$，即与距离的 2 次乘方成反比例（奥平耕三，1976 年）。

譬如，假设有两个商业中心 A 和 B。将商业集聚的规模（如建筑面积等）分别设为 P_a 和 P_b。如果将距离设为 d_a 和 d_b，则被商业集聚吸引的力（吸引力）为 $F_a = G \cdot P_a/d_a^k$ 和 $F_b = G \cdot P_b/d_b^k$。那么，将 A 设为中心市区的商店街，将 B 设为郊外的购物中心（SC），竞争力的比较则为 $F_a/F_b = (P_a/P_b) \cdot (d_b/d_a)^k$。假设中心市区 A 与郊外 B 的商业集聚相同，为 1∶1。在市内居住者的场合，如果将到达 A 的距离 d_a 设为 1、到达 B 的距离 d_b 设为 5、$k=2$，则 $F_a/F_b = 25$，市内商店街的吸引力是郊外购物中心的 25 倍；在郊外居住者的场合，如果将到达 A 的距离 d_a 设为 4、到达 B 的距离 d_b 设为 2，则可以推算出郊外购物中心（SC）的吸引力是市内商店街的 4 倍（图 6·15）。

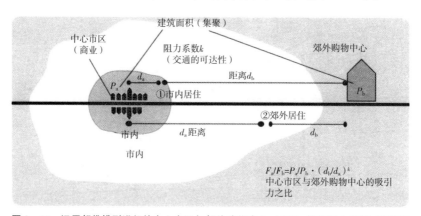

图 6·15　运用胡佛模型进行的中心市区与郊外购物中心（SC）的吸引力比较（根据奥平耕三《都市工学读本》作图）

该胡佛模型意味着在城市开发中如果采用通过自由的商业选址、进行中心市区与郊外竞争、消费者更多选择的一方取胜这样的游戏手法，那么，将会存在许多中心市区的商业集聚或将成为败者之虞。究其原因，这是因为由于成为市区向郊外扩展先导的郊外住宅区的开发，使得众多的消费者居住在郊外。由于汽车交通的发展，距离的阻力系数变小，消费者自由移动成为可能。并且，在郊外选址，地价低廉，开设新的分店相对比较容易，所需费用较少，且在短时间内可能完成。从上述条件可以看出，郊外选址的商业设施、娱乐设施显然存在着有利的竞争条件。而且，如果郊外店彼此间也自由地展开"竞争"的话，那么，或许，城市将会出现明显的混乱，并且在极其低效率、生活不便、缺少城市生活乐趣的方向上呈现逐渐衰退的状况。

★城市空间结构与文化设施：金泽与毕尔巴鄂的战略

在金泽，令人瞩目的建设项目是金泽21世纪美术馆（照片6·7）。该馆于2004年10月开馆，年参观人数达157万人。从与城市结构关系的角度进行分析，该馆位于与繁华街的香林坊·竖町商业街、兼六园相接的位置，与市政府邻接，形成了新的中心城区环游路线。美术馆周边的绿色空间和街道也营造出新的公共空间的魅力。在美术馆的经营

照片6·7　为中心城区带来新的环游性的金泽21世纪美术馆（金泽市）

管理方面，在为市民提供能够广泛地接触被认为难以理解的现代美术的场所这一点上，有着重大的意义。由于许多志愿者的参与和包括高龄者和儿童在内的市民的支持，这里正在成为市民的文化创意基础所在。

据说，耗资113亿日元的该美术馆，在建设准备阶段，遭到了诸如"为什么要在传统的街道、金泽正中位置的地方进行表现现代艺术的建设？与其说是反映现代的一面镜子，或许毋宁说是100年后的垃圾"这样的责问（Yomiuri Weekly，2005年2月13日）。美术馆建筑具有独特的设计理念，获得了多个奖项。据说，仅美术馆部分的实际工程费用就达88亿日元，如果将地下停车场计算在内，那么，工程费用将翻番（为此，开馆前的收藏费预算从44亿日元被削减至不足12亿日元。根据"伟肯柏德亚"资料）。要实现这一项目，领导要有政治上的主导权，美术馆的馆长兼任该项目的副指挥。

作为通过现代美术馆的建设实现城市再生的事例，使我想起了西班牙的毕尔巴鄂（照片6·8）的相关事例。毕尔巴鄂具有地形方面的有利条件，在欧洲的城市中，始终保持着极其高密度的市区形态。古根海姆美术馆（1997年建设）使得由于重型工业的衰退、失业者增加，甚至引起城市暴动的毕尔

巴鄂的城市形象焕然一新，市民的自豪感得到进一步的恢复。由于相关联的国际会议中心及交通基础设施等的建设，又引来新的投资。

"虽然对于投入130亿日元的巨资进行美术馆的建设，当地也存在着赞成与反对的两种意见，然而，其独特的外观（建筑师弗兰克·盖里设计）格外引人注目，有记载表明，1998年入场参观者人数达到130

照片6·8 远处的古根海姆美术馆和新建设的有轨电车（西班牙毕尔巴鄂市）

万人，对于观光客的增加以及城市的活性化有着极大的贡献。随着2000年国际会议中心的投入使用，以及歌剧和音乐会的上演等，毕尔巴鄂市作为文化产业中心地的知名度得到进一步的提高[3]"。

在古根海姆美术馆的场合，也需要理解城市结构的意义。在此，并不只是在河边的工场遗址上进行有着引人注目设计的美术馆选址建设。同时，还在位于新市区的城市轴的终点位置，进行与旧市区连接的新型轨道交通（LRT）的整顿与建设。并且，还成功地进行了将居住在河流两岸的不同阶层的住民联系在一起的河边散步道、人行桥以及公园等富有魅力的公共空间的创造。

（2）繁华空间的设计

★ 生活居住地附近的商店街的价值

堺屋太一的长篇小说《经历7·团块世代的7人》（2005年）（译者注：团块世代是指日本战后第一个人口出生高峰期1947～1949年出生的人）主要讲述的是有关即将陆续退休的"团块世代"，充分利用其经验和智慧，努力致力于呈衰退状态的小型商业街的再生以及再开发事业的故事。书中主要人物的经历涉及金融、广告宣传、建筑、饮食店、经营管理顾问、非营利性护理组织、司机等诸多方面。这些人结为一体，将工作的对象设定为商店街及市内再生这一点非常有趣。他们对于某都市银行将商店街一带全部买下、计划在此建设超高层公寓建筑的项目进行了抵制。其主导思想是以个人所有的日本庭园的保存为杠杆，努力实现中高层公寓建筑与当地的商店和新的医疗设施等共存的、"依靠步行交通手段可满足日常生活需求的街区"的再生。

虽然我们可以从这个故事中读懂许多的事情，然而，市内的再生以及市内居住将成为今后的时代发展方向。要实现城市的再生，"城市"所具有的各种魅力将成为基础所在。同时还需要作出使地区的复杂利害关系者可以理解的空间规划以及收支的预测。最重要的一点在于如果热爱那座城市的人们都能够努力地进行战略性的工作,那么,就能够实现美好的未来。

许多小规模的店铺逐渐失去了商业竞争力,但是,仍然保持有同社区间的信赖关系、在生活居住地附近场所的雇用、步行圈范围内的购物服务等郊外型购物中心所不具有的特色。如何才能使商店街具有的魅力得以持续并实现再生?实际上,一些批评意见也指出,虽然英国的许多城市中心区呈现出一派繁华兴旺的景象,但是,其中的商店多为连锁店,缺乏自身的个性。或许这同英国全国在世界上最早发展资本主义相关联,然而,在地区性方面的缺乏亦成为一个显著的特征。

"如果提到大型商店所不具有的,那就是当地的文化遗产、历史和自然。大型商店不能对其加以有效利用。这成为相互间竞争的武器。这就是我们现在正在努力经营的观光商店街《重现昭和时代风景的青梅宿》"。说此番话的正是担任位于该商店街的两个博物馆馆长的横川先生("重现昭和时代风景的城市·青梅"《季刊 城市建设》,第 15 期,2007 年)。岐阜市商业设施的情况,从业人员为 1~2 人的小规模商店,商品销售额只占整体销售额的 8.3%,卖场面积占 18.6%,单位卖场面积的销售效率较为低下,但是从业者人数所占比率为 13.9%,成为可提供较多就业机会的场所(图 6·16)。

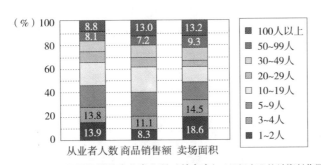

图 6·16　不同规模的商业事业所(岐阜市)(根据商业统计资料作图)

★可以营造都市繁荣的城市中心区商业步行街的设计

在可吸引众多游人的中心市区的城市中心区商业步行街的设计方面,存在着成功的要素。基本上来说,作为步行、休憩、欣赏风景的空间,要使人能够安心地打发时光,就需要排除汽车交通。为了使人们能够享受到郊外购物中心所不能具有的独特的氛围,很重要的一点就是不要使空间过于开放。被周围的建筑物围合的空间、适度的面积和适度的建筑高度,且直线距离不要过长。同时,对于具有一定长度的商业步行街,在设计时还需要采用设置广场、拓宽道路,以及使道路呈弯曲状延伸等设计手法,力求进行可营造出给人以连续而又有独特空间感觉的道路设计。

　　道路周边的建筑物用途，特别是首层部分，尤为重要。尽量临街开设店铺，在某种程度上，使游人能够从街上看到店内的情景。同时，还需要设置具有不同用途的商店和设施。并且，要将类似的商店（商品、服务、价格水平、文化性）就近设置，以提高集聚的效果。再有，历史性建筑物和文化的氛围也是重要的因素。古老的建筑和设施、路边被保留的遗迹以及空间本身的独特性是无上宝贵的资产。

　　另外，该空间的可达性也是十分重要的方面。以往在实施中心市区活性化事业时，不太排除通过交通。有关停车场的设置场所，也是采取靠近城市中心区的地方优先考虑的原则，许多地方的事例表明，由于所进行的汽车流及立体停车场的设计给商业步行街的魅力带来极大的损害[4]。作为商业空间，最重要的是必须拥有能够满足利用者需求的商品和服务，并且要实现颇具吸引力的商品展示和热情周到的待客服务。

　　要实现上述的种种要素，需要有超越各自的利害、与商业步行街空间相关联的所有的利害关系者、公共机构以及市民等的共同协作和努力。总体上说来，优秀的设计和管理具有重要的作用。

　　在城市中心区的商业步行街设计方面，细小的建筑要素、自然、街道景观、房屋的排列等各种要素，以及材料（木材、石材等）、形态（屋顶、开间、高度、墙面、墙面位置）、设计（屋顶、窗户、出入口）、街道元素（招牌、照明、铺装、树木、流水）等也是重要的要素（图6·17）。在实施旨在实现地区活性化的公共投资的地区，应该像英国那样，将商店的正面部位也作为城市规划的对象。

图6·17　能够吸引游客的城市中心区商业步行街的设计要素（照片所示为德国亚琛市）

★内容与路径

　　荷兰的大学教授尼克斯·萨林加洛斯指出，城市设计也同互联网世界一样，路径与内容是重要的方面（Salingaros，2005年）。当我们在进行城市中心区商业步行街的构思时，作为路径，首先考虑到的是通达那里的交通系统。要应对汽车交通，单纯依靠停车场数量的确保是难以奏效的。当然，公共交通的服务也是重要的方面，需要将这些因素加以有机的结合。作为内容，不仅各个商店的待客服务，在商业步行街上开展的各项文化娱乐活动也是重要的组成部分。从城市设计方面来说，上述"内容"得以展开的空间的质量与数量也是重要的因素。图6·18所示为空间（公共空间）和场所（位置、场所）的概念。

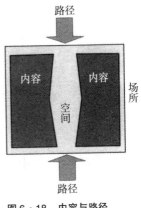

图6·18 内容与路径

★城市中颇具魅力的商店街

作为修复型商店街的事例，可见彦根市的花菖蒲商店街（照片6·9）和濑户市的银座商店街（照片6·10）。两处商店街之间存在着诸多的共同点：譬如都是明治时期形成的商店街；邻接的街道中都存在有曾经的烟花巷；拥有同大学的协作关系；未经过大规模的改造，只是对原有的空间稍作修复及整顿；以及热爱那座城市的历史和氛围的人们所作的不懈努力等。并且，都分别与城堡大道（彦根市）、濑户河滨水区（濑户市）这样的新的整顿建设项目的所在地邻接，使地区的环游性得到进一步的提高。但是，街上往来的游客并不是很多。

照片6·9 花菖蒲商店街（滋贺县彦根市），由商店街和非营利组织（NPO）主导进行的建筑物正面外观的整顿工作。由数所大学共同组成的市内问题研究室有效地利用空置店铺，并使之得到实际运用

照片6·10 银座大街（爱知县濑户市），有效利用古建筑的新店铺。稍稍弯曲的狭窄街道的魅力

名古屋的大须商店街是大规模的商店街，由若干的商店街组合而成，是

197

深受年轻人喜欢的地方。这里集聚有微型计算机、家用电器、古旧服装、处理名牌商品、妇女服饰品、家具等业种。设有拱顶的传统商店街的氛围和年轻人喜爱的商店，营造出给人以怀旧之感的氛围。另外，这里还拥有在大须观音寺庙院内开设的旧货市场，以及完全体现庶民风情的大须演艺场。

在江户时代，大须与妓馆区邻接，作为有着在寺庙门前附近形成的市区的传统，并设有电影院的街道，在大正时期，这里成为名古屋首屈一指的繁华街道。但是，从20世纪50年代开始，衰退的倾向不断加强，在20世纪60年代初的问卷调查中，得到了黑暗、恐怖、肮脏这样的3K评价。此后，到了20世纪70年代，在"将大须建设成为市民共同的场所"的口号下，积极开展町人节等文化娱乐活动，进行商业基础设施的整顿，以及大须宪章的制定等，终于迎来了如今的兴旺繁荣景象。从笔者对前来听课的学生进行的问卷调查中可知，对于"前往大须的理由"这样的提问，其回答意见包括商品的价格低廉、商店的种类繁多，以及那里有着唯有大须才有的东西。作为前往大须的目的，其回答意见显示，虽然主要的目的是购物，但是也有诸如游览名古屋市中心的繁华街——荣街后，顺便休闲散步、逛书店、参加与音乐相关的活动等多种多样的出行目的。

前面所提到的深受人们欢迎的商店街，其共同的特征在于郊外购物中心所不具备的"多样性"和"场所性"。将位于市内、与各种各样的人群相关联、存在阻碍这样的"不利因素"作反向理解，并加以积极地利用。同时，商品和服务本身的吸引力、同店员的交往、商店的陈列、到此游览才可以发现的意外性，以及亲密感和个性、历史性与文化的感知、可供人们轻松休闲消遣的安全而整洁的道路空间等也是不可缺少的方面。要实现这样的情景，作为当事者的商店街的经营者以及权力者拥有共同的目标以及远景的规划，并为之进行不懈的努力这一点，有着决定性的重要意义。

（3）商店街的拱顶

★综合性基础整顿建设所带来的——硬环境或软环境

究竟是从何时开始出现中心市区空洞化问题的呢？对此，在1992年时就已经有报告书指出，中心商业区基础下降的原因在于未能采取有效措施应对汽车交通、商品魅力的缺乏、购物空间整顿建设方面的不足，以及大规模商店在郊外的选址建设等方面。针对上述问题所采取的相应对策包括：进行干线道路的整顿与建设、商店街的近代化建设、再开发事业以及停车场的整顿与建设等。另一方面，当时对中心市区的人口减少和住宅建设的促进并未引起足够的重视。

如果进行大规模的基础整顿建设，是否能进一步活跃商业活动呢？X市是拥有大约9万人口的中小规模的城市，未曾遭受战争的损害。从20世纪50年代末，开始着手进行中心市区的土地区划整理事业。当初，实施该项事业的主要目的是进行市政府等政府办公设施以及住宅区的整顿与建设，后来，在进行干线道路整顿建设的同时，将中心商店街的整顿建设等也一并考虑在内。在城市建成区占较大比重的第二期土地区划整理事业中，公共用地率从16%增加到32%，较先前增加了1倍，住宅用地面积出现减少。在该项目完成15年后的1998年，进行了住民的问卷调查。调查结果显示，对道路、下水道等公共设施的整顿与建设给予较高的评价，与此相反，许多人对与邻里社区的关联度的下降、交通量增加所导致的噪声及事故的不安、城市特征的丧失、建筑用地狭小导致的拥挤感，以及商店街的基础下降等诸多方面表示不满。虽然进行了城市基础建设，但是，作为城市的功能和作用却大大地降低。所谓按理说不会是这样，或许这只是作为事业主体的行政方面和住民双方的想法吧。

起源于江户时代的名古屋市内的某古老商店街，直至20世纪60年代，该商店街作为地区的中心商业区，呈现出一派繁荣兴旺的景象。从20世纪70年代初，大型超级市场开始在其周边选址建设，在70年代的后半期，进行通往市中心的铁道路网建设，这里成为铁道交通的中途通过地点。从20世纪80年代开始，成立街区建设协商会，并且得到了行政方面的全面支援，在实施以干线道路拓宽和站前广场整顿建设为目标的土地区划整理事业、再开发事业、居住环境整顿建设事业的80年代末期，通过采用拆除旧的拱顶、进行步车共存道路的整顿与建设、1.5m的建筑物主体的后退、漂亮的街道装饰物、街道树、水道的整顿与建设，以及进行基于建筑协定和设计控制的建筑设计等手段，营造出给人以全新感觉的新的商店街。商店街开业不久，顾客较从前有大幅度的增加，并且还有许多来自全国各地的考察团到这里来参观、游览。虽然，在61hm^{2}的用地上，投入了450亿日元的事业费，公共用地得到大幅度的增加，但是，住宅用地面积却从50hm^{2}减少到39hm^2。

从20世纪90年代后半期开始，其中也存在受到经济不景气影响的因素，顾客快速地减少。在2000年实施的以商店主为对象的问卷调查中，对于商店街的建设，被调查者只给予了这样的评价：虽然在景观建设、商店街的氛围、文化娱乐活动的开展以及个性等方面有所改善，但是，关键的顾客数量、商品销售额以及商店街的繁荣程度仍然较为低下。在问卷调查的自由发表意见一栏，可以看到许多诸如拆除拱顶是大的失败，虽然外观有所改善，但是，从事经营的商店却减少了；在时代的潮流中，无论如何也无法扭转衰退的趋势这样的悲观的记述。为什么会出现这样的状况呢？我想，下面所引用的自由发表的意见可谓是一语中的。①即使商业街恢复活力，经营者也还是老样子；②道路过于宽阔，沿街建筑呈分散状布置；③成为没有个性的城市，工商业者居住区的优越性逐渐失去；④由于未能同相关权力者达成一致的意见，在与商店街邻接地段进行的站前再开发项目停止进行。虽然在新整顿建设的邻接的国道的地下部分，花费巨资修建了拥有数百个泊位的地下停车场，然而，却未能有效地加以利用。近年来，在商店街的周边地区进行了大规模的公寓建筑建设，在某种程度上，也使得顾客的数量有所恢复。

有些人认为，硬环境（基础建设）建设完成之后，再考虑软环境（管理、空间利用）的建设。然而，这种说法是错误的。经济基础的整顿与建设优先进行，之后，再考虑地区的历史和文化方面的问题。这种提法也欠妥。要力求能够全面、综合地理解各个不同的要素，并进行相应的规划与设计。

★拱顶的文化——拆除的设计

作为战后在日本出现的自然发生的城市设计，川添登列举了拱顶（银色顶棚）、地下街以及会馆等事例（川添登，1985年，第293-298页）。川添登认为，有拱顶的街道是日本社会特有的公私混同，即虽然私人空间占领了公共空间，但是公共空间却表现出明确的、与西方城市不同的民间主导的"街道文化"。在全国各地的商店街所看到的拱顶就是在1955年建设省（当时）下达设置基准，制定融资制度，以及20世纪60年代的商业近代化的发展过程中，得到快速普及的[5]。那时，人们认为拱顶装置是实现商店街兴旺繁荣的不可缺少的设备。

然而，在人们面对商店街的衰退和再生这样的课题时，如何应对许多已经设置30~40年的拱顶，成为亟待解决的课题。有三个方向可供选择：①由于呈老朽化状态，维修困难，进行拆除；②拆除后，更换新的拱顶；③在拆除拱顶的同时，进行街道的整顿与建设，使街道的景观得到进一步的提高。具体事例如下：

鸟取县米子市茶町商店街（20世纪60年代中期设置）的四条街道总长800m的拱顶中，有50m处于老朽化状态，对其进行了拆除处理（2006年）。该商店街商店会的宫永秀昭副会长说："虽然对在维修的同时进行更新一事也进行了研究和探讨，但是，同拆除相比，要花费2倍以上的费用，资金方面没有眉目，只得下决心进行拆除。……虽然希望保留拱顶，但是，由于没有维修的资金，也只好作罢。要力求通过采取设置街灯等措施，消除过往行人的不安之感"[6]。

对于同为鸟取县的仓吉市商店街的拱顶（长400m，建成后已有43年的历史），该市曾将"古老的城市仓吉"作为新的城市观光的热点。然而，由于拱顶老朽化严重，维修管理十分困难，遂将其拆除。拆除工作及其后的整顿建设是利用国土交通省拨付的城市建设资金进行的[7]。

拱顶的拆除如同商店街再开发规划中采用的解决手法那样，当时得到了人们的理解。最初的事例为横滨市的马车道地区。1976年商业步行街化的第一期工程完成，其新颖、明快的设计引起了全国的注目，这也成为采取拱顶拆除等手段实现商店街再生的手法得到进一步推广的契机。2003年该地区在"港口未来线"建成通车的同时，商业步行街改造项目的第一期工程也相继完成。

现在，在全国的许多地方还可以看到不少将拱顶的拆除同商店街的改造结合进行的事例。譬如伊万里市仲町观音大街是28个店铺中有14个为空置店铺的、呈衰退状态的商店街。在商店街改造过程中，拱顶（1973年建造安装）被拆除（2006年），并将沿街的店铺按照拥有白色泥灰墙的仓库建筑的样式进行整修，商店街的整体面貌焕然一新。在该项目的工程建设费4250万日元中，有五分之四是由县、市给予补助的，商店街的市建道路也进行了彩色铺装。平均每个店铺负担50万~300万日元的费用[8]。上诹访商店街的拱顶是1956~1957年间建造的，已经呈老朽化状态。2005年拆除约400m长的拱顶，并且以营造有效利用昭和初期建造的"招牌建筑"的、"颇具怀古情趣的街区"为理念，进行商店建筑正面外观部分的整修以及无电柱化工程的建设[9]。松江市竖町商店街也拆除了长约200m的拱顶，并积极致力于至今依然保留有古老时代的氛围的商店街再生方面的工作。

★拱顶拆除的效果与设计

金泽市旧横安江町商店街·金泽表参道（译者注：日文的"表参道"意为神社、寺院正面的参拜用道路）靠近有名的游览地近江町市场，是金泽最繁华的商店街，一些从能登方面来的游客也专程到此购物。该商店街的长达330m的拱顶是1959年设置建造的。商店街拥有300余年的悠久历史，早在藩祖前田利家进入之前，加贺鱼钩店等就已经在此营业。然而，现在这里也呈现出不断衰退的倾向。为此，相关各方积极采取对策，力求实现商店街的再生，其中包括成立城市管理组织（TMO）、组成城市建设协商会、制定商店街活性化规划、根据与金泽市市长达成的城市建设协议实施的拱顶拆除和商业步行街化建设，以及禁止一般汽车通行的对策的实施（2006年）等诸多方面。此外，该商店街还举办浴佛节（译者注：四月八日，如来佛的生日）活动、开办露天市场，并且与金泽美术大学共同合作，进行艺术街区的整顿与建设工作[10]。由于拱顶的拆除，不再需要维修管理费用，同时，少了拱顶的遮挡，商店街也明亮了许多。电柱的入地化处理使得街道变得更加宽阔，同时亦作为历史景观的商店街的建筑物也更加的引人注目（照片6·11）。

在设有拱顶的情况下，建筑物内部的宽阔通道这样的氛围使得道路与建筑的关系进一步得到明确。尤其，如同新变更的"金泽表参道"这样的道路名称那样，置身商店街中，可以看到西本愿寺的大屋顶，同时还可以轻松地欣赏到其周边连续的风景。并且，同郊外型购物中心的差异也变得更加明显。由于拱顶的拆除，作为商店街所具有的空间资源，不少地区谋求进行有效利用怀旧感的街区建设。这是因为通过拱顶设置所获得的舒适性远不及郊外型购物中心和大型超级市场这一点是十分明确的。

拱顶拆除所带来的最大不利点就是原本作为拱顶设置目的的，对于雨、雪、夏日阳光照射等天气反常情况的应对。尤其是在多雪地方的场合，在哥本哈根的斯特洛伊埃商业步行街，相对于夏天的繁荣兴旺景象，冬天街上过往行人的数量只有夏天的十分之一左右。将天气反常的日子也包括在内，今后或许需要进一步地考虑如何应对快速增

照片6·11 拱顶的拆除、禁止汽车进入以及社区公共汽车的运行（旧横安江町商店街·金泽表参道，2006年6月）

照片6·12 拱顶的部分拆除和新设置的穹隆状拱顶（高松市丸龟商店街，2007年3月）

加的高龄者方面的服务需求。同时，在雨天等天气状况下，还需要进行将游客向可以避雨的有顶棚的广场和商店中诱导这样的应对。然而，从拱顶拆除的效果来看，1年中下雨的天数并不是很多（高松市丸龟商店街振兴工会的明石先生的话语）。在丸龟商店街，拆除了部分拱顶，在街道两旁设置座椅，栽种树木，在实现商业步行街化的同时，新设置了穹隆状的拱顶，使这里可以作为举办各种活动的广场加以利用（照片6·12）。今后，拱顶的拆除将视情况进行。前面所介绍的各个不同地区进行的设计以及采取的战略有着重要的借鉴作用。

★ 注 ★

1 根据米子高等专科学校建筑学科片木克男教授的调查结果（1998年，1999年）。
2 根据对地方自治会所作的可儿市的调查显示，平均空房率约为2%。
3 http：//www.meti.go.jp/report/tsuhaku2004/2004honbun/html/G2224000.html。
4 生活在旧金山的佐佐木宏幸先生（城市设计事务所Freedman Tung & Bottomley）指出，在中心市区的商店街再生方面，通常采用商店门前的路边停车、街上停车的手法。这样一来，利用商店街的汽车的可达性得到提高，由于需要小心谨慎地驾驶，使得通过交通的车速有所降低。即使增加一些快速的通过交通，商店街也不会繁荣兴旺。通过对路边停车的规划与设计，可以谋求可达性与流动性的共存（2007年9月访问）。在英国莱奇沃斯的商店街道路改造中，也巧妙地设置了步行者可以自由行走的拱廊和路边停车场。
5 拱顶的历史 http：//www.kamimura-arcade.co.jp/rekisi/rekisi.htm。
6 日本海新闻（2006年7月27日）
7 日本海新闻（2007年3月6日）
8 http：//www.city.imari.saga.jp/cgi-bin/。
9 长野日报 http：//www.nagano-np.co.jp/。
10 横安江商店街 http：//www.siz-sba.or.jp/kamihon/yokoyasue.html。

第7章
以建设紧凑型城市为目标

7·1 城市再生与规划体系

★ 所谓城市规划

规划体系和规划政策是那个国家的文化的一部分，从广义上来说，它是政治领域的重要组成部分。所以，市长被称为最高层次的规划师。根据不同时期的经济社会的结构和状态，选择各个不同的方向。另一方面，规划体系和规划政策对人们生活以及从事经济活动的地区空间的形成给以很大的影响。通过自然结构和历史文化积累的不断变化，地区空间结构产生出如今的形态。如果城市规划、农村规划未被确立为经济社会的中心位置，那么，在给国民带来丰富的生活（环境）这一点上将面临失败。

城市规划体系受到来自经济结构、生产水平、生产过程这样的经济方面，作为对阶层、阶级或文化的都市生活反映的生活方式和价值观这样的社会方面，以及诸如权利、社会权限的状态、统治阶层与市民的关系及统治机构这样的政治侧面的强力制约。近年的特长在于上述主要的三个领域，并且，环境要素具有很大的影响。那是因为人类所及的环境改变（破坏）的量与质甚至威胁到作为生存基础的地区环境及地球环境的正常状态。现实的城市空间结构、建筑群及空间形态无非是建筑技术、交通手段、交通体系以及规划体系的反映。上述主要的要素，在相互关联的同时，进行着不断的发展和变化。

同欧美各国相比较，日本规划体系的特点如表7·1所示。在日本，一直未能从以前的扩大型的规划体系进行转换。究其原因，主要在于：第一，没有形成综合的、体系化的政策，尤其，农田农业政策、综合的土地利用规划及政策，以及广域的应对方面极其欠缺；第二，有效的开发控制手法极其缺乏，城市规划的手段明显偏向于开发建设手法；第三，与欧美各国相比较，地方自治体与市民的参与只具有极其有限的作用；第四，土地的所有权、开发权较强，所有形态呈零星分散的个体化状态。

表7·1 英国、德国、美国及日本在城市规划体系方面的差异

方面/国家	英国	德国	美国	日本
城市化	产业革命后城市扩张、20世纪后半期的反城市化倾向	战后历史城市恢复重建、持续缓慢成长、城市农村界限明确	城市成长的继续，市区无序蔓延发展	战后复兴、向快速城市化及人口减少的方向发展、高龄社会
城市中心区	活性化政策、绿带政策	充满生机和活力的历史中心市区	中心城市的衰退、边缘城市	衰退的中心市区
土地形态	南北问题、东南部的扩大和北部的衰退	形成自立城市网络	广阔的国土	单一中心型城市结构、城市外延式发展、少量平地
自然、农田	农田、田园的保全，被管理的单调的景观	森林、自然生态的再生，具有较强的环境保护意识，优美的村落	农田保全、野生生物圈的丧失危机	丰富的自然环境及自然环境的逐步丧失、农业衰退
土地所有	开发权的公有、大土地所有	强有力的私权限制	广阔的国土、大土地所有	小的个体，高价格（近年来有所降低）、强大的所有者权利
行政权限	中央集权化的推行。市民参与制度	地方分权。市民自治（投票箱的民主主义）	州和地方自治体的分权。市民自治	分权的发展。NPO等市民活动的发展
规划体系	政府的不同领域规划方针战略化	与F规划、B规划周边地区相适合的开发	分区规划体系、地区多样性	划一、宽松的限制体系
目标	城市复兴、紧凑型城市政策、社会包容	紧凑型城市形成、城市圈的分层次构成	精明增长、新城市主义	向紧凑型城市的方向转换

下面，让我们就导致日本市区无序蔓延的主要原因作进一步的研究和探讨。应对20世纪60年代以后的人口快速增长及快速的城市化发展的"扩张型城市规划"也是生活基础的整顿建设及经济发展方面所必需的。基于市区化地区的划定+混合用途的功能分区+容积率、建筑密度是日本的城市规划及建筑限制手法的特征。然而，如果回顾新城市规划法制定时（1968年）的情况，那么，可以清楚地看到日本的城市规划在抑制市区无序蔓延方面的失败，其主要原因在于：①市区已经呈不断扩展的状态，新城市规划法的制定时间相对滞后；②过于宽松的开发限制；③市区化地区的设定面积过大等诸多方面。在此之后，日本的城市规划制度也一直处于限制宽松的状态，日本20世纪80年代的城市规划被称为"反规划的时代"（石田赖房，2004年）。

★经济政策与农业对策

在城市开发和土地利用方面的限制宽松政策的背景中,有着围绕城市空间理想状态问题展开的思考。对日本的限制宽松政策具有极大影响力的近代经济学者的观点是:"总而言之,不管(经济社会)是扩大或是缩小,都应采用限制宽松政策"(城市结构改革研究会等编,2003年,第171页)。因此,在经济成长的形势下,主张在不妨碍经济成长的前提下,实施限制宽松政策;在经济衰退的形势下,为了刺激经济向景气的方向发展,同样主张采用限制宽松政策。

作为同欧美存在差异的条件,其中包括农田所有者及农业政策也促进了如今的城市无序蔓延等方面的问题。从1990~2005年,日本耕地面积从524万hm^2减少到469万hm^2,而弃耕地则从21.7万hm^2增加到38.6万hm^2。高龄者在农业就业人口中所占比例为57%,国家的农业振兴政策明显偏向于大规模地扶植由于地区分工所形成的核心农户。因此,在市区化压力大的位于城市内部及接近市区的农田方面,由于后继者的缺乏,以及税金对策和稳定收益的确保等方面的因素,有着从农田向城市利用的方向进行转换的强烈要求(《平成十九年度版食品、农业、农村白皮书》)。

欧美在农业方面具有很强的农田保全指向,与此相对,在日本,农田的城市利用指向较为明显。譬如,农田的人为调整面积的一半左右被转用为住宅用地和工厂用地。在不少地区,就连适用各种例外规定、名曰"农振农用地(译者注:意为农业振兴地区的农用地)"这样的给予很大农业投资的农田,也被轻易地从"农振农用地"中免除,进行城市化指向的利用。

★大规模商业设施的选址限制与自由竞争论

任意设置的商业设施和医院等大规模设施的郊外选址导致中心市区的衰退及土地利用的混乱。然而,事实上,中心市区商业的衰退在20世纪90年代之后的郊外型大规模购物中心出现之前就已经开始显现。在选址限制宽松的情况下,根据旧大店法所进行的商业调整是商店街及当地的商业界可以采取的对抗手段。然而,另一方面,不可否认的是商店街本身在街区建设方面所作的努力同时也被削弱。此后,地区超级市场与全国连锁性超级市场、大中规模的超级市场与大规模购物中心的业态间、企业间的竞争愈演愈烈。

"因为郊区需要商业服务设施,所以不应该进行选址限制"这样的主张好像很有道理,然而,现在,对于郊外的居住者来说,最需要的是住所附近的小规模的商业、服务设施的配置。由于人口减少和大型商店的选址建设,许多住宅区内的食品零售店等纷纷关闭。总的说来,即使在郊外,商业营业网点也已经呈现出商店过剩（因超级市场出现而产生的一般商店过多）的状况。近年来，单位营业面积的销售额急速下降，呈现商业设施间及企业间的竞争状态。即使是昼夜营业、商品自选的小卖店也面临同样的状况。在郊外，超级市场及商业设施的空置店铺在不断地增加。这显然是伴随自由竞争而产生的资源和土地空间的浪费。

自由主义经济万能论的缺陷有两点：其一，即使假设有最佳方案，那么，也是未考虑实现该方案将导致的许多资源的浪费及非效率因素。即它是以土地、资源、能源以及时间的无限存在为前提的，如果从地球环境时代的理想的地区空间的角度进行分析，存在着很大的问题。再有，虽然通过企业间的竞争，最佳方案能够得以实现，但是，这其中几乎没有考虑到利用者的阶层性。如果试图对任何人都提高服务的便利性，那么，在通过"所得的再分配"进行调整的经济上的应对以及安全网论方面，将存在着很大的局限。

★城市再生的意义

经济战略会议（小渊内阁）上的报告"谋求实现日本经济再生的战略"，成为日本向重视城市再生方向进行政策转换的重要转机。在政府内设置城市再生推进恳谈会（东京、大阪，2000年2月）及城市再生本部（2001年5月），城市再生作为实施经济振兴战略的重要手法得以确立。并且，制定了城市再生特别措施法（2002年2月），同年，进行了城市再生紧急整顿建设地区（共计44个地区、5772hm^2）的指定工作。在城市再生特别地区，大力推行限制宽松政策，使旨在吸引民间投资的新手法的实施成为可能。

在泡沫经济和泡沫经济崩溃的过程中，土地价格呈现异常上涨和快速跌落的状况。与住宅用地相比，商业用地的地价下跌倾向更为猛烈，2000年商业用地的价格相当于20世纪80年代前半期的价格水平。上述状况成为导致城市空间变化的主要因素之一。许多地方城市中心城区的商业用地地价的下跌更为猛烈，使得以前由于地价负担能力及收益性较低，而未被考虑的公寓建筑等新用途的开发选址成为可能。对于土地及建筑物的所有者来说，地价的下跌意味着资产的缩减，然而，由于土地收益性并不是很高的业态也能够进行选址，所以，城市空间可以在多样的土地及建筑物利用中不断地发生变化。

在城市发展过程中，可以看到人口、产业等的集中、生成、形成→集聚、成长、扩大→成熟→衰退→再生、再都市化这样的循环（CAPA，2006年，第403－404页）。虽然城市与生命体不同，但是，暂且被形成的物理空间以及在这样的空间中生活必然会发生变化，过去的空间逐渐变得难以应对。在20世纪型的城市形成被无奈地进行转换这样的意义上来说，或许可以认为，如今日本的城市正在迎来成熟期的阶段。

一般来说,经济衰退成为城市衰退的开端。经济出现衰退对社会上的弱势阶层造成打击,产生出集中出现人口流出和社会环境问题的地区。城市的衰退现象从支撑城市繁荣的部分开始显现。那就是城市中心区、社会阶层不高的就业者的居住地区,以及老的产业空间等。由公害和灾害引发的居住条件的崩溃,以及郊外型设施的任意选址等所导致的市区集聚的衰退是20世纪后半期的日本城市的特征。在许多城市,特别是大规模的城市,在城市内,呈现成长、扩大趋势的地区与处于不断衰退状态的地区同时发生。这就需要对以前的市区向郊外的无序蔓延或者市区内部的盲目扩展加以积极的应对(表7·2)。

表7·2 成熟期的城市特征

项目	城市化期	成熟、衰退、再生期
城市供求	土地(住宅用地)不足	土地(住宅用地)充足
土地价格	由地价上涨带来的开发利益,土地神话,土地比建筑更具有价值	对土地/建筑物有效运用得到的收益、设计的价值
城市、住宅开发	新开发、大量需求、郊外化、大规模开发	城市建成区的再开发,现有资源的有效利用、转换、分散性开发
社会阶层	均等的、大量的中间阶层、新住民和老住民	社会阶层的分裂、社会差距加大、多民族、全球化
家族、年龄	从大家族向核心家族转化	家族的多样化,单身家庭/高龄者家庭的增加

城市的再生就是通过采用拥有共同的规划目标、行政以及社区、市民、企业等的共同协作,对现有的城市空间进行保全、修复、有效利用以及再开发,使之产生出新的价值这样的方法和手段,对地区可持续发展的条件进行整合。对于持续的城市及地区的发展来说,需要富有活力和雇用能力的经济支撑、能够满足人们的丰富生活及社会公平性的社会、可以使人们享受历史环境及城市的生活文化的市区空间、可以节省能源及有效利用循环资源、与自然环境共生的城市环境。

7·2 以实现紧凑型城市为目标的规划与对策

紧凑型城市作为有关城市建设的三部法律法规修正案(2006年)的目标城市形象得以确立。中心市区的多功能化、对市区向郊外无序蔓延的抑制、特别是对大规模集客设施的限制成为紧凑型城市建设的重要方面。在此,以本书尚未涉及的内容为中心,就紧凑型城市建设的有关对策作进一步的整理和介绍。如今,通过互联网等渠道可以简单、方便地进行相关问题的检索,且新的对策和规划事例也在不断地增加,读者自己可以很容易地进行相关资料的查找和研究。

(1) 制定紧凑型城市的构想及规划

紧凑型城市是与城市的形态相关联的目标形象。要实现紧凑的城市和地区,首先,必须作出明确的设想及构想。作为城市设想来说,城市规划法中规定的"城市总体规划"、国土利用法中规定的"土地利用规划",以及基于地方自治法的"综合规划"成为"法律上的设想及规划"。除上述法律上的设想之外,还有各地方自治体制定的环境、住宅、道路和交通、防灾等各种各样的规划。另外,还有商工会议所等民间团体制定的规划等。在此,就以紧凑型城市为目标的事例作一介绍。

- 札幌市城市总体规划(2004年):对市区无序蔓延的抑制及车站周边地区的功能集约。地区经济规划、农村规划、环境设计、生命·生态系规划、社区设计以及景观设计的相互协调(图7·1)。
- 21世纪新潟县城市政策设想(2003年):紧凑型城市建设。以城市功能的重新集结、促进公共交通工具的有效利用,以及创造并保全丰富的自然环境为目标。
- 石川县城市总体规划(2003年):对市区无序蔓延的抑制及实现中心市区的活性化。
- 丰田市城市总体规划(2007年):广域合并城市。通过中心市区再开发事业的实施,实现地区的复合功能,多样的城市功能向交通节点周边地区的集中,社区公共汽车的地区运行及生活据点的形成。
- 石川县白山市(2006年)《关于合并城市的紧凑型城市化模式调查》:通过针对城市总体规划的制定所作的调查分析,就各种类型的市区及包括村落在内的地区所采用的紧凑化手法及实施的效果进行研究和探讨。
- 爱知县田原市"生态·花园城市构想"(2003年):重视与环境共生。推进再开发大厦、社区公共汽车、自行车利用,以及市区居住等方面工作的开展。
- 福井市商工会议所"福井式紧凑型城市建设";2007年4月向市长提交提案报告。人口密度为60人/hm^2左右的基础生活圈、地区管理、福井车站周边地区的多样的功能集聚。
- 其他,诸如神户市(紧凑型城市建设)、东京圈的更新改造项目(生活活动的紧凑化)、北海道(紧凑型城市建设促进方针)、仙台市(以铁路车

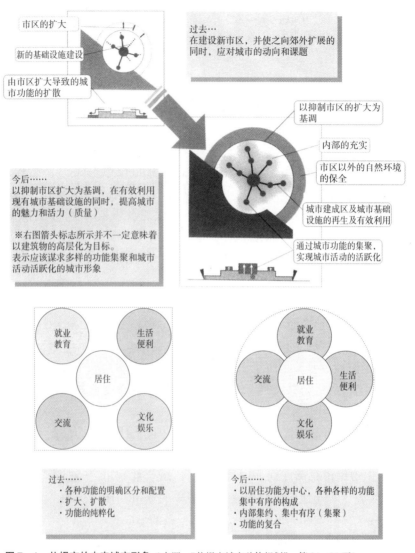

图7·1 札幌市的未来城市形象（来源："札幌市城市总体规划"，第24-25页）

站为中心的紧凑化建设）、江别市（合并城市）、善通寺市（住宅城市）、南阳市（紧凑型文化交流城市）、富士市（商业振兴设想）、金泽市（综合交通规划）、大阪府（住宅、城市建设）、秋田市（城市总体规划）、长冈市（通过再开发事业的实施，推进和完善市内型公共服务）等。

(2) 中心市区的活性化、再生及城市功能的再集约

在中心市区活性化对策方面，已经进行了诸多方面的工作，譬如2006年的有关城市建设的三部法律法规的修正以及其后的认定规划的制定、中小企

业机构和经济产业省的相关对策的具体化实施工作，以及在全国的许多地方努力进行的与此相关联的各种各样的研究和具体的实践（照片7·1）。在此，将过去和今后的中心市区活性化对策的应有状态进行整理和归纳，具体内容如表7·3中所示。另外，在商工会议所和商店街等民间团体和市民之间，对作为中心市区活性化手法的紧凑型城市建设也表现出极大的热情（松山商工会议所女性会、平塚市见附台、千叶新城、龟冈车站周边地区、函馆市内开放学校、和歌山市〈交通城市建设协商会〉）。

照片7·1 苹果行道树，以及苹果官厅亦迁入其中的再开发大厦（长野县饭田市），与商业设施的郊外选址相抗衡的、为实现中心市区多功能集聚所作的积极努力

虽然，在过去，从市中心向郊外的功能分散是主流，但是仍然可以看到市政府中止搬迁计划、在原址进行办公建筑的重新翻建（犬山市）、市政府功能向JR车站站前地区迁移、集中，以及大学向城市中

图7·2 从濑户市向名古屋市内迁移的名古屋学院大学（在中日新闻上刊登的广告，2007年4月）

心区附近迁移（图7·2）等动向。可以认为，像英国那样，今后日本也将会出现实施以中心市区为对象的积极选址战略的流通企业。

表7·3 中心市区活性化对策的应有状态

过　去	今　后
1. 以商业振兴为中心	多样的功能集聚，城市经济活动的引擎，谋求常住人口的增加，城市型观光指向
2. 尊重个体商店的方针	体现地区特性的租房者构成，比管理人更加注重经营管理
3. 空置店铺对策等	提供有吸引力的商品及服务，进行重新整顿，在一定程度上缩小规模，规模的魅力，利用于多样的用途，混合型居住，城市功能的再集约
4. 不动产的所有与利用的零散化及分割，对升值、高收益的期待幻想	提高资产价值的不动产经营、房租降低、安装卷帘式铁门、必要的工商业的种类和等级齐全的租房者的混合、与周边环境相协调的建筑翻新改建
5. 基础整顿建设事业优先、硬环境建设先行、软环境附加建设	大小项目的配合战略化，旨在实现战略性"软环境"的硬环境建设

续表

过　去	今　后
6. 一种模式、划一的、个别建筑、低质量的设计	高质量的综合性城市设计、给人以舒适和安心感的商业步行街化建设、多样性/个性、历史性/文化性、场所性、更新改造
7. 汽车可达性的改善、增设停车场	对分割商业街的通过交通的分离、与公共交通的连接、采用步行及自行车等交通手段的交通可达性的改善、汽车短时间停车的应对
8. 不活跃的城市管理组织、专家未参与、领导者未参与	由企业、地方自治体及市民等组成的推进组织、专家的活动。有各种不同组织参与的共同合作
9. 并非有效的《活性化规划》	付诸实施的规划、特性分析与健康状况检查、对政策措施实施效果的持续性监控

(3) 促进市内居住的发展

2006年制定了居住生活基本法，住宅建设规划法被废止。国家的住宅政策也发生了很大的变化。在这样的潮流下，促进市内居住的政策也需要得到进一步的理解。"为实现中心市区的活性化而促进市内居住"的想法只不过是片面的理解。因为要通过郊外的大面积开发及市内的再开发事业的实施进行住宅的供给，所以，如何才能做到以已经形成的市区为前提，应对多样化需求及变化的地区条件，确保向市民提供理想的住宅，这已经成为摆在面前的需要认真解决的重要课题。

现在，作为综合性的市内居住促进策略，可见金泽市的基于市内长期居住促进条例等的支援对策、富山市的多样的促进制度及基于市内居住环境指导方针的环境形成，以及福井市等显著的事例。以上事例的共同点在于都规定一定的市内的居住区域，并且，在住宅的建设、转用、取得以及房租支付等方面给予支援。在金泽市的场合，由于同时又是古老的城下町地区，因此，在以继承传统的建筑技术为目的这一点上，颇具特色。在实现市内居住的目的中，包括高龄者居住、育儿支援、社区再生以及产业振兴等诸多方面，同时，在手法上，也期待今后能够采用除直接促进之外的更加多样的手段和方法。

然而，对于上述的对策，一些人也提出了诸如"这不是对经济上优越阶层的支援对策吗？这不是连理想住宅的所有关系和规模等的目标都没有的资金散发吗？"这样的疑问。譬如多治见市采用的拆除郊外不受欢迎的公营住宅及有效利用民间空置房屋的、诱导居住者到市内居住的手法；以及像田原市那样，对市内空置房屋进行调查，并采取回归故里的诱导对策等，期待着今后能够产生出更多的与地区条件相适合的手法。

另外，在具体实施的过程中，还存在着对粗暴地破坏现有的居住环境和景观的、以建设中高层公寓建筑的形式片面地促进市内居住的担忧。在全国各地，伴随公寓建筑建设的建筑纷争频繁发生。京都市通过新景观条例（2007年9月施行）等的运用，克服达成共识方面的困难，采用分区规划的手段，进行建筑高度的限制等，推进划时代的景观策略的实施。另外，还可以看到住民和专业技术人员经过不懈的努力，

照片7·2　经过控制高度及变更设计的公寓建筑（三重县松阪市）

对原方案进行设计变更，使之成为与地区相融合的公寓建筑设计的事例（照片7·2）。并不只是说人口增加就是理想的事情。况且，如果在以投资为目的所建设的市内及城市中心区的公寓建筑中，出现空置的房屋，那么，也可以认为这相当于使街区遭受损害的状况。

(4) 对郊外的无序化分散选址的限制

根据修改后的有关城市规划与建设的三部法律法规的相关规定，对于占地面积超过1万m^2的、诸如购物中心等大型集客设施的选址，引入了限制的机制。特别是要谋求对在准工业区进行的大规模集客设施的选址限制的应对。然而，即使是在像德国那样有着严格的限制机制的地方，郊外型购物中心的建设也并不是都能够得到有效的控制（阿部成治，2001年）。城市的郊外化现象随着利用者的郊外居住和汽车利用的便利性而不断地发展。或许，在现实中，像20世纪70年代那样仅依靠百货商店等的城市中心型商业设施和道路沿线型商店街满足商业设施的需求是十分困难的。要对像有损于城市结构那样的在郊外进行的新的大规模选址加以限制，并且，进行商业上的竞争。

如今的城市无序蔓延的现象，并不是由于人口等的量的需求增大而引起的（参照1·1）。企业间的自由竞争、无计划的限制宽松政策，以及经济振兴策略等引起了城市向郊外的无序蔓延。昨天还在那里存在的小型超级市场、商品售价低廉的大型食品店、汽车加油站、路边餐馆、超级商场，今天就已经倒闭，用绳索拦起，成为长期的空置建筑或沥青铺面的空地。若是位于具有良好选址条件的地方，则进行建筑拆除，改换为新的用途。在一般商品的场合，如果过分生产且在商业竞争中处于失利，则商品在仓库中积压或者被废弃。然而，在进行与土地利用相关联的竞争的场合，由于存在着土地作为商品的特殊性，所以，会表现出完全不同的情况。因此，需要进行基于规划

213

的开发诱导限制。

在地方自治体的层面上，对大规模商业设施的选址也进行限制。

- 对在控制市区化地区、农业振兴地区进行的大规模商业设施选址的否决（熊本市）："我们从同本市城市总体规划中的土地利用基本方针的整合性、或者至区域交通据点的可达性等，该开发规划对熊本都市圈所带来的交通影响等方面作出判断，不能够说'断定该规划在谋求熊本城市规划区域的、规划的市区化方面不存在障碍'……我们已经将与事前审查相关的开发行为不能给予许可的意见通知申请者……"（2006年5月，源自熊本市市长与记者的会见及互联网的网页）。同样的事例在长野市等地也有所发生。
- 大规模集客设施的选址条例（兵库县，2006年）。
- 大规模商业设施等的选址限制（福岛县·商业街区建设条例，2006年6月；长野市·商业环境调整方针，2005年11月）。
- 基于规划的选址限制及商业环境形成方面的城市建设条例（金泽市，2002年4月）：按照四个层次，将商业设施选址区域划分为7个分区（表7·4）。

表7·4 金泽市商业环境形成指南的区域设定概要

区域名称	基准店铺面积的上限
中心市区 活性化区域	没有上限，或者3000～2万 m^2 以下
车站以西的城市中心轴 业务聚集区	1万 m^2 以下（街区整体利用为2万 m^2 以下）
地区据点形成区域	干道沿线：5000m^2，其他：1000m^2
历史、观光特别区域 邻里商业扶植区域 生活环境整顿建设区域 产业聚集区	干道沿线：3000m^2， 其他：1000m^2

（来源：金泽市资料）

- 长野市"商业环境形成指南"（2004年11月）；尼崎市"商业设施选址指导方针"（2004年）；小田原市市长"不希望对川东南部地区的工业用途地区进行较现在更大规模的商业、集客设施选址的宣言"（2003年11月）；北海道"大规模集客设施的选址指导方针"（2006年8月）。

由于城市规划法的修正，对于在控制市区化地区进行的住宅区的开发，也进一步加强限制。另一方面，通过地区规划的制定，使得在控制市区化地区内也可进行开发这样的灵活做法得到运用。在这样的场合，需要进一步明确像英国的村落内小规模开发那样的在环境、景观上的提高，以及对市区无序蔓延的抑制。

另外，还可以看到不进行市区的设施分散、相互间不展开合作这样的动向。

- 佐贺市：在县立医院的迁移过程中，未将市有地"咚咚咚之林"作转让处置。

(5) 城市建成区开发优先，有效利用现有资源

城市空间是通过历史的积累而形成的。相比之下，经济社会的变化要快得多。在日本，以在新事物中发现价值这样的国民性为背景，采用力求适应经济社会的变化、重新建造城市的政策，不断地进行城市的改造和更新。在日本，由于第二次世界大战所导致的严重受害，以及为了支撑其后的高度的经济成长，城市的基础建设也成为当时所面临的长期的、重要的政策课题。同时，由于受到材料、气候，以及地震和灾害的频繁发生、地价昂贵等因素的影响，日本的建筑、特别是住宅的寿命较短，城市、建筑都在频繁地进行着更新。

在欧洲的街道上，经常可以看到正在进行中的建筑物的修缮工程，使人真实地感受到可持续城市的一道风景。在建筑产业方面，修缮、修复工程也占到很大的比重。虽然，在其背景中隐藏着各种各样的差异，但是，继续利用地区空间这样的姿态，给城市空间带来了厚重、丰富，以及资源方面的节约（照片7·3）。

照片7·3 将19世纪的工厂厂房改造成为住宅建筑的事例（用途转换）（英国曼彻斯特）

欧盟（EU）推荐采用的所谓"翻新改造"，就是在不破坏地区的空间资源、城市空间、不拆除旧有建筑物的前提下，进行修复，并使之再生的手法。同时，也期望通过该手法的实施，进一步提高住民的地区自豪感，实现传统文化和人类空间的继承，维持继续居住的条件，以及减少建设废弃物的发生。

在日本，伴随着地价的下跌和产业结构的转换、办公建筑的过剩供给以及人们向城市中心的回归，旨在满足住宅和小规模办公需求的旧有建筑的用途转换，亦成为实现城市再生及不动产升值的重要手法。在许多的城市，使中心市区的空地和空置房屋得到再生和进一步的有效利用，成为所面临的重要课题。作为与中心市区活性化对策相结合的事例，长野市的"门前休闲广场"颇为有名。市政府取得了位于市中心的已经停业的大荣大厦，由城市管

理组织（TMO）"城市建设长野株式会社"负责经营。建筑的首层是以周边的住民为服务对象的食品超市，经过重新整顿与改造，在建筑的2层、3层及地下部分设置了母子休息设施、市民画廊、展示空间、会议室以及多功能厅等，市民花很少的费用就可以轻松利用的设施（照片7·4）。在饭田市的中心城区再开发事业中，古代的仓储建筑也得到保留，在使人能够真切地感受历史连续性的同时，城市的个性也得到了充分的体现。

照片7·4　将位于市中心的已经停业的超级市场改建成为面向市民的多功能设施"门前休闲广场"（长野市）

- 田原市：在医院迁移后的旧址上，进行复合功能项目"福利之家住宅"的选址建设。
- 市区内建筑条件宽松（岐阜市·对于在再生特别地区内选址建设的百货商店增加营业面积）。
- 空置建筑的用途转换、更新改造（诸多事例。由地方自治体主导的岛田市等）。

（6）抑制对汽车交通的过度依赖，大力扶植公共交通

导入了新型有轨电车（LRT）的富山市拥有汽车保有率及汽车交通依赖度高、DID人口密度低这样的市区结构。较高的私有住房拥有率和宽阔的住宅占地面积也是形成低密度市区的原因之一。中心市区逐渐失去了生机与活力。该市充分利用道路预算，取得了利用度较为低下的JR运营路线，并对其进行重新整顿与建设。设计新颖的车辆与车站建筑、车站的重新设置与运行频度的增加，以及低廉的票价等的效果也得到了充分的显现，利用者人数超出预想的结果。有效利用新型轨道交通（LRT），以轨道交通沿线的车站为中心，进一步提高城市的集聚度，促进城市的据点形成。并且，实施有效利用历史街道景观、谋求地区活性化发展的综合战略。据朝日新闻的报道（2007年2月6日），全国有63起希望导入新型有轨电车（LRT）的动向，国土交通厅已经在着手进行旨在促进新型有轨电车（LRT）导入的新的法律法规制定的准备工作（照片7·5）。除此之外，各地在大力发展公共交通方面也作出了积极的努力，具体事例如下：

- 公共交通运费制度、生态积分点（名古屋市）。

- 应呼公共汽车（译者注：根据用户需求，在规定路线外运行的公共汽车）等公共交通系统（社会实验，多治见市）。
- 根据相关条例，同商店街达成的步行交通与公共交通共存道路的协定（金泽市）。
- 采用"我喜欢乘坐的出租车"这样的方式实施的交通服务（北海道伊达市）。

然而，如果同欧洲的交通、城市建设战略和规划相比较，还不能把日本的从汽车交通依赖型城市的摆脱这样的目标及政策的定位说得那么高。要应对高龄社会及地球环境问题，还需要进行较大程度的政策转换（照片7·6）。

照片7·5　乘车费用为100日元的有轨电车深受市民及旅游者的欢迎（长崎市）

照片7·6　重新恢复运营的有轨电车（法国蒙彼利埃市）

(7) 以人为本，实施道路更新改造，建设依靠步行交通亦可满足生活需求的城市

要进行"可步行城市的建设"需要具有两个要素。其一，作为交通环境来说，要进行可供人们安全、舒适地行走的道路和广场的建设；再有，就是在可步行的范围内，人们的日常生活需求得到相当程度的满足。前者是对为满足汽车交通的便利而拓宽的道路空间进行改造，将其作为舒适安全的步行者空间，或者用于商店街利用者的短时间路边停车的方法。如果能够与相关者达成协议，该方法可能比较容易实施（照片7·7、照片7·8）。该理念在于有效地利用业已整顿建设的公共空间，以及重新评价以汽车顺畅行驶为主流的交通空间的理想状态。

在京都市，以进行步行交通与公共交通共存道路的建设为方针，拟将四条道路的车道进行削减，并对步道实施2倍的拓宽，该项目计划在2007年秋天进入试验阶段，2009年着手进行实施方面的工作。彦根市已经在进行同样的工程，三重县内也在进行相关项目的准备工作。在伦敦，正在进行像被称

217

为"步行圈"那样的、在400~800m步行圈范围内能够满足日常生活需求的服务设施和步行空间整顿建设规划的研究和探讨。将上述两种做法结合运用的规划手法就是美国的"公共交通指向型开发（TOD）"。日本的富山市也试图进行这样的尝试。要进行具体的实施工作，需要利用GIS（地理信息系统）等手段，进行市内生活相关设施的现状调查，并作出相应的评价。

照片7·7 缩减车行道宽度。经过拓宽处理的商店街步行道（滋贺县彦根市）

照片7·8 通过迂回道路的建设，通过交通减少。与此相对应，对现有道路的步行道进行拓宽（英国莱奇沃思市）

（8） 对扩张型城市基础设施整顿建设的重新评价

城市规划道路在路线决定之后，往往还要经过漫长的岁月，在当初的建设必要性减小之后，假如预算已经得到确保，那么，城市规划道路仍将被修建，在各地有不少这样的事例。近年来，国土交通省根据公共事业预算的缩减倾向，建设速度逐渐放缓。为此，岐阜县进行了城市规划道路建设必要性的重新评估。同时，还特别产生出一些对分割历史街区的城市规划道路进行项目中止的事例（郡上市八幡町，美浓市）。

虽然，位于爱知县犬山市旧城下町地区的鱼屋町大街、新町大街是江户时代修建的，但是也对其进行了道路拓宽等整顿建设工作。对此，虽然在住民中也存在正反两方面的意见，然而，持反对意见的住民展开运动，向市里提出中止该项目的意见和要求。该运动的领导者对我讲述道："当时若是考虑如果提出反对意见，是否会遭到别人背后报复的话，那么，也就不存在这样的事情了。我认为在许多住民的心中，还是觉得道路并不需要进行拓宽"。市政府接受了这样的意见和建议，并且，同住民反复地进行商谈。专业技术顾问针对道路拓宽和现状道路两种情况，绘制出简单的效果图，进行反复的研究和比较，并对一些已经实施拓宽工程的道路进行实地考察。大家一致认为，如果道路被拓宽，那么，不仅通过交通增加，街坊之间的关系也会变得淡漠，从商店街的角度来说，街道过于宽阔，会显得冷清。最后，住民和市政府都

【城市规划道路的3个整顿建设方案】
A方案……现状维持型（单向通行限制）
B方案……步道设置型
C方案……城市规划决定型

图7·3 当地住民参与规划建设的犬山市新町大街，城市规划道路拓宽设计的研究与探讨→中止决定。有效利用历史街区的景观城市建设（来源：犬山市，2006年）

认真地进行了反复的讨论和研究，在中止道路拓宽工程的同时，共同努力进行有效地利用历史街道景观的城市建设（图7·3）。

多治见市为了实现有效利用历史遗产的织部大街构想，中止了将对道路进行拓宽的城市规划道路的建设。并且，在预测未来将会出现人口减少的过程中，对现在拥有的城市空间的容量进行了推算。探讨公园、上水道、下水道、住宅、学校等城市基础设施的现状水准能够支撑多少人口的需求；试图对在人口减少、财政困难的情况下如何应对更为恰当等问题作出判断（多治见市，2007年）。今后，在许多城市，需要对在城市成长期被规划，或者已经着手进行的住宅用地整理事业，城市规划道路的整顿建设、土地区划整理事业，以及再开发事业等进行重新的评价。在城市总体规划方面，一些城市在将"推进紧凑型城市建设"作为规划理念的同时，个别部门还提出了市区化地区的扩大，以及推进区划整理事业进行等方面的问题。或许，今后也需要像多治见市那样，进行自我评价及自我分析，作出中止工程项目或者规划的决定。

（9）传统的街道景观、建筑物及空间的继承

在日本，各地在历史街道景观的保全与有效地利用方面都作出了积极的

努力。如今,从具有历史文化遗产价值的建筑物的保全、修复,到对体现地区个性及地区文化的建筑物和地区文化遗产的保全,乃至于对由地区生活产生出的"生活风景"的保全,所有这些正在逐步地展开。有形文化遗产登录制度也正在得到广泛的运用。在日本,虽然建筑物的寿命比较短,但是,由于基础的城市空间构成得到维持,亦使得包

照片7·9　有效利用中世纪城市的街区划分的市内生活的乐趣(法国卡尔卡松市)

括建筑物在内的市区环境的继承成为可能。这样的空间所体现的并不只是打动人们感情的怀旧情结。通俗易懂地向人们传达那个城市和地区拥有的历史和文化的是那里的建筑物及营造物。作为城市的历史文化遗产的价值是由人们决定并传播的。汽车交通普及以前的符合人体尺度的城市空间,以及在这样空间中的生活是宝贵的(照片7·9)。

　　石川县七尾市的事例。据介绍,该市是人口趋于减少的城市圈圈域的中心城市,是以温泉和渔业为观光特色的旅游观光城市。虽然高速道路的延伸正在不断地缩短着同大城市间的时间距离,然而,铁道被废除,广域的公共交通的方便程度正在逐渐地下降。沿着贯穿城市南北的河流修建的道路正在实施道路的拓宽工程,如果汽车通过交通增加,那么,城市将被分隔开来。虽然车站站前地区正在进行由市政府实施的大规模的城市再开发事业,但是对租房者的预测并不理想。在郊外,已经制定有大型购物中心的选址规划。由于是农业振兴地区的农用地,理应难于进行开发,然而,地权者对农业持放弃的态度,具有强烈的土地开发欲望。尽管在旧市区中保留有许多寺院和古老的建筑,但是,今后仍计划进行街道景观的整顿建设工作。

　　现在,被所成立的城市建设会社录用的年轻职员们已经成为城市建设的主力军,他们正在努力致力于新的城市整顿建设工作。其中包括力求将现在作为车库使用的老剧场重新加以恢复利用所开展的各项活动,以及将未遭受战争破坏的旧市区的建筑作为有形文化资产登录建筑加以保留等项工作。这是谋求重视市民对于所居住城市的自豪感所作的努力。并且,还积极开展了反对郊外购物中心选址的签名运动。通过上述活动的开展,同市内住民间的相互信赖关系也得到进一步的加深,而且也培养了城市历史、文化的传播者。与此同时,还开始进行接受来自大城市的移居者的尝试(照片7·10)。

　　虽然旧市区的许多商店正在逐渐失去活力,但是并非处于关门停业的状况。如果在大街上行走,可以发现这里过往的行人十分稀少。然而,这里却

拥有作为依靠步行交通可以满足日常生活需求的城市的许多条件。当地超级市场的社长也在努力经营，极力保留市内的店铺。还有一些当地的经营者将古建筑按原式样迁建到市内的河流滨水地带，在这里进行饭店和礼品店的经营。由于城市再开发建设和道路的拓宽工程，店铺被削减的鱼店经营者也振奋精神，决心今后在市内也要努力搞好店铺的经营。在欧洲的小城市中，有着许多有效利用历史遗产环境，充满生机和活力的、颇具魅力的城市。英国的拉伊小城（照片7·11）就是被用于《都市村庄和社区的形成》（Neal，2003年）一书封面照片的英国南部的历史小城。期望在日本也能够出现许多规模不大，却可以成为城市建设典范的城市。

照片7·10 有效利用拥有许多鱼类店铺的历史街道景观的城市建设（石川县七尾市）

照片7·11 符合人体尺度的历史小城（英国拉伊市）

（10）促进车站周边地区等据点式复合功能的开发

人们都期望采用据点式开发的手段进行复合功能开发（MXD）。然而，说是进行工作单位与居住地的一体化开发，在许多的场合，实际上的职住近接只不过是幻想。但是，在人群往来的地上部分导入商业功能等，可以更进一步地增强地区的吸引力。作为具有复合功能的据点的整顿与建设，可见诸多类型的事例，譬如在靠近车站的地方，进行各种城市设施及住宅的建设；再有就是在进行中心市区的据点式再开发事业时，导入包括住宅在内的复合功能的事例。

富山市及岐阜市等属于上面所提到的前者的事例，后者的事例可见饭田市及高松市（丸龟商店街再开发）等。特别是富山市的目标城市结构的重新调整，可以作为一个典型的事例（图7·4）。

对于维持城市中心区整体的活力来说，实现中心市区活性化是必不可少的对策之一。但是，如果达到人口为数万人以上的城市规模，则需要搞好住所附近的生活设施服务。在英国，拥有多层次的中心设施规划，并且，推进

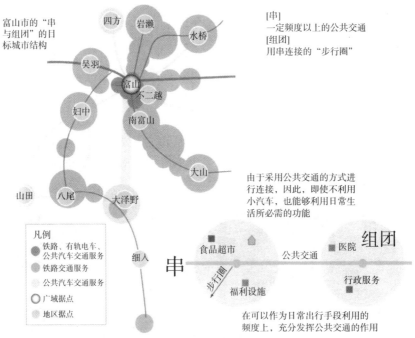

图7·4 有效利用有轨电车（LRT）的车站周边地区的整顿建设情况（来源：富山市城市总体规划·草案，2007年6月，第16-17页）

适合不同等级的整顿建设对策、措施的实施。在美国，各地都在进行公共交通指向型开发（TOD）（图7·5）。在适用教科书式的邻里住区理论的、由大阪府实施建设的泉北新城，许多的邻里中心都呈现出衰退的状态，地区中心的商业功能下降，正在推进公寓建筑等的住宅建设工作的进行。虽然，在高藏寺新城的邻里中心，根据规划设计营造的空间也呈现出衰退的状态，然而，道路沿线的自然发生商业及服务设施却保持着某种程度的生机和活力。从日本的实际情况来说，目前，有关以一般市区为对象的层次构成的规划手法，以及实现的对策尚比较缺乏。

通常来说，在高龄社会，人们在地区的生活时间长，移动距离也比较短。因此，基于邻里住区理论的市区环境的整顿建设与维持颇为重要。然而，这其中存在着两个问题。其一，或许许多的高龄者很难放弃汽车的利用；再有，就是不能认为高龄者对商品和服务的要求低，通过按照邻里层面设置的商业设施获得的满足度并不是很高。若只是强调在住所的周边进行商业设施的设置，那么，特别是在经营上要维持商品和服务供给是较为困难的事情。

据说，在郊外住宅区生活的年近80岁的某家庭主妇，由于难于进行汽车的利用，已经开始利用消费合作社的住宅配送服务。虽然人们确实希望能够进一步地实现在步行交通可满足生活需求的范围内的生活服务的充实，然而，

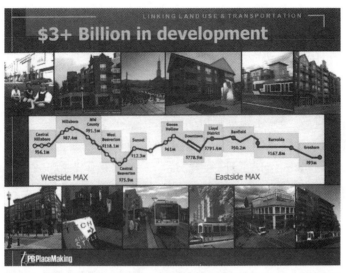

图7·5　波特兰的铁路（MAX）车站周边地区的开发（TOD），波特兰城市圈在设置成长边界、抑制城市无序蔓延的同时，积极采取对策，力求实现车站周边地区的高密度住宅区（中层集合住宅）和商业、业务等功能的集聚（来源：GB Arrington，源自互联网）

在郊外住宅区，则追求进一步补充和完善邻里住区的土地利用的各项服务。同时，挖掘出与以往的邻里服务不同的需求也是重要的方面。譬如，作为商店街来说，在已经呈现衰退状态的可儿市的中心区，在住民的善意和市里的一定支援下，采用"宅老所（虽然是不太中听的语言）"的形式，开办的"聊天沙龙"，成为高龄者经常聚集的重要场所。在此，重要的是要位于依靠步行交通可以实现聚集的场所。这样的形态在千里新城的"街角沙龙"也得到了进一步的实践。

（11）对邻近市区的农业空间和自然环境的保全与利用

在日本式城市规划方面，所面临的重要课题就是如何将分布在城市市区内的农田及城市近郊的农田等在城市规划中作适当的定位。石田赖房（1990年）指出，作为市区周边农户、农业的特征，表现在广泛存在的意欲放弃农田的动向、土地利用的分化（住宅用地、农田）、土地利用及农业经营形态的地区性非分化（零星散在的住宅用地化）、缓慢的农田转用的进行，以及近郊农业的解体等诸多方面（第89－91页）。在日本的许多城市，其周边都拥有最优良的农田，特别是稻田。在城市规划制度中，导入市区化区域概念，大致花费10年的时间，最初将应该作为市区化区域进行控制的地区采用"画线"的方式加以区分的时间是从1969年至1973年。"一旦区域划分大体结束,那么,市区化区域将以超出预想的面积被决定,在所决定的市区化区域中,包含有大量的农田"(石田赖房,第201页)。此后,围绕着在原本应该是市区化的范围内保留的农田的处置问题,产生出各种各样的议论、制度和运动。石田赖房主张,作为城市规划理论来说,不应该将农田作为城市方面的娱乐消遣用地和绿地暧昧地加以保留,如果有必要,应该采用收购等方法进行处置,并且作为城市规划加以明确定位。

另外,山本雅之(2005年)从农业(农业合作社)的立场出发,对城市市区内农田的有效利用作了进一步的说明。那就是作为市民农园和农贸市场利用的、农业与住区共存的城市建设。"农贸市场"是现代版的"集市"(照片7·12)。将在地区收获的当地的农产品出售给城市的消费者。对于农民来说,地区市场得到扩大;对于消费者来说,可以购入放心、美味的天然食品。

在美国,仅从1994年至1996年间,全国的农贸市场数量就从1775处增加到1994处(照片7·13)。格拉兹指出,农贸市场定义为在室外出售在本地区收获的季节性的某种蔬菜和水果的市场,对于地区经济来说,收益由当地取得;在不拘种族、人人都可以参与这一点上,又体现出民主性。而且,由于这样的市场是在闹市区的附近开办,所以,为城市的中心区带来了生机和活力,同时,地区的特色也得到进一步的发挥,农民可以进行有机蔬菜和多品种作物的生产。从这一点上来说,农贸市场在改变美国的饮食生活方面也起到了一定的作用(格拉兹,1998年,第199-201页)。

照片7·12 农贸市场,开展农产品本地生产本地消费运动的事例。由岐阜县农业合作社经营的可儿市"农产品交易市场"

照片7·13 圣诺泽的农贸市场(美国)

在日本,农贸市场主要由农业合作社负责经营,消费者也有着"不仅季节性的、凡是自己喜欢的农产品,在一年中都希望能够得到"这样的旺盛需求。然而,许多的农贸市场也确实进一步激发了地区农业、特别是小规模农户继续经营农业的积极性,同时也为其带来了经济上的好处。

有关买下城市内大规模绿地的做法,可见近年的镰仓市及埼玉县的见沼田圃等的若干事例。武藏野也在积极地进行平地林的保全等方面的工作。紧凑型城市的城市绿地和滨水区，作为重要的城市环境要素，在欧洲各国的规划中得到适当的定位。在德国的科隆，采用确保车轮状或者楔状绿地的做法，确保市区周边的绿地建设。另外，克莱茵花园（采用租用土地的方式经营家庭菜园和庭园的住宅区）在日本也是被大家所熟悉的城市内的生活居住地附近绿地利用的事例。

我们时常会听到"紧凑型城市政策是否意味着舍弃农村和山村？"这样的批评意见。紧凑型城市政策，其目的并不是舍弃农村和山村。相反，它所追求的不是市区无序蔓延式的城市开发，而是以提高城市的集聚性、保全城市周边的农田、山林和自然环境为目标的。日本的城市形态同欧美有所不同，具有市区、农田和绿地呈马赛克状交织组合的特征。如今的状况，其问题在于作为城市化结果的形态处于不稳定的状态。需要将市区内的农田、绿地在城市规划中进行适当的定位，并作出综合性的空间规划。为此，需要在评价农田的意义、作用及价值的同时，实现循环性生态系的再生。

(12) 采用市民参与及共同合作的方式，进行规划的制定与实施

培育热爱自己居住的地区，且乐于在此长期居住的人群，并使其成为城市规划建设的主要角色，正是今后城市规划建设的最大目标所在。人们能够继续在那里生活和居住，是可持续地区的条件之一。因此，需要拥有人们能够自己治理地区的组织结构、丰富的公共空间及居住环境。即使是对于给小环境带来变化的开发行为也要向地区的人们进行积极的情报提供，可以发表看法、提出意见和建议的机会的保障，作为市民代表的议会、议员的活动，以及作为专业人员的政府方面负责规划工作的职员和规划师的活动等，日本的规划制度尚远远滞后的运作体系，在欧美各国已经是成熟的惯常做法。

人们以力求使生活质量，即丰富的地区生活得以维持和持续这样的生活信条及资产保全为目的，积极地进行住宅和邻里空间的整顿建设与管理。近年来，在日本，以地区为基础的非营利组织（NPO）活动及市民参与的城市建设也得到了快速的发展。在丰富的地区的形成中，所谓的"市民意识"是必不可少的。因此，支撑人们自由活动的公共空间及设施也是重要的方面。

要实现紧凑型城市或者明确的城市的目标形象，需要有各种各样的利害关系者的协商和共识，以及市民、住民的支持和理解。笔者认为，如果不采用强权（譬如像封建时代那样的）就不能实现（几巴兹，2006年）这样的城市形象，并不是市民所希望的城市的形态和生活。因为，对于使实现可持续的丰富生活成为可能的城市建设来说，作为目标的城市形象终归只是实施过

程中所采用的手段、手法之一。

（13）综合运用多种手法，提高实施的效果

从在人口减少等城市开发需求整体降低的状况下，进行城市形态的整顿这一点上来说，除英国北部和前民主德国等的呈衰退状态的老工业城市的市区缩小事业外，日本的紧凑型城市政策在世界上也是并无先例的挑战。然而，紧凑型城市的建设，必须根据有效利用各自地区特性的手法和目标形象，努力进行各方面的工作。正如前面所讲述的那样，需要将土地利用、交通、住宅、商业、农业及其他方面的对策措施和所作的积极努力，在各自不产生矛盾的前提下实施和进行。

或许，通过将前面所讲述的12个方面的对策措施进行有效的配合使用，实现紧凑型城市建设、紧凑型城市的目标将会成为可能。将其在城市内所设想的位置进行应用，具体如图（图7·6）所示。

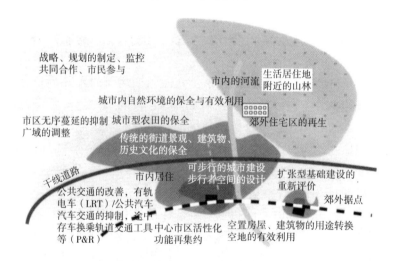

图7·6　地方自治体层面采用的紧凑型城市建设的手法

将在综合运用上述手法对现代城市进行紧凑化建设时，旨在评价所采用的政策措施或所取得的各项成果的指标作为新方法的尝试，进行整理与归纳，具体如表7·5所示。

表7·5　城市的紧凑化指标（草案）

指　标	数　值
1. 中心市区繁华兴旺	步行者人数及来街者人数增加、销售额增加、营业面积增加、空置店铺数减少、地价及房租上涨（稳定）

续表

指　　标	数　　值
2. 市内居住得到发展	人口、家庭户数、住宅户数的增加
3. 市内经济活跃	市内的就业者人数及新开业数量增加
4. 步行者空间及自行车利用空间得到整顿与建设	步行者专用空间的延长及面积的增加、步道的整顿与延长、自行车道路的整顿与延长
5. 步行可达的便利设施的充实	医疗设施、商业设施位于500m范围以内的家庭比率
6. 职住接近有所发展	通勤时间的缩短，采用步行及自行车交通手段的通勤者比率增加
7. 公共交通的充实	公共交通利用者人数增加（稳定），汽车行驶距离减少（汽油消费量降低），以汽车作为交通手段的通勤者比率下降，距住所250m范围内设有公共汽车站的家庭比率，距住所500m范围内设有铁路车站的家庭比率
8. 郊外分散开发得到抑制	DID人口密度的提高，控制市区化地区及空白地区的开发面积以及人口的相对下降，农田面积减少得到遏制
9. 扩张型城市基础整顿建设事业的重新评价	对已决定的城市规划及实施项目进行重新评价
10. 地区的历史文化空间的保全	实施保全的建筑物、设施（登记文化遗产等）的件数及地区的增加
11. 自然环境的保全	公园绿地面积及自然保全地区的增加

7·3　紧凑型城市的城市形象

日本与欧美各国的城市状况的不同点表现在紧凑型城市的目标和实施的方法等方面。城市形象由城市形态和城市活动所构成（图7·7）。

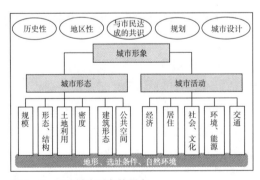

图7·7　形成城市形象的要素

(1) 日本、美国及欧洲各国的比较

◇ 精明增长与精明缩小

在城市扩大过程中，标榜精明增长的美国是以抑制原先型的城市向郊外

无序蔓延为目标的。在英国，应对东南部地区住宅需求的增加也成为重要的课题。在日本，作为城市缩小过程的城市形象，期待实现紧凑型城市的建设。也可以认为，规划师对于在规划上对城市形态进行调整的期待与实现行政经费的效率化的期待是一致的。然而，不能有效地抑制城市无序蔓延的日本的城市规划，如何才能够控制城市的缩小呢？

◇市区外轮廓线的控制与据点开发

与紧凑型城市相关联的城市形态的空间层次由三个层面构成，即城市的整体结构（大空间）、城市中心和邻里圈（中空间），以及街区单元（小空间）。如今，日本根据紧凑型城市理论所进行的市区轮廓线的控制，实际上似乎只是对郊外住宅区的衰退及荒废化，以及日后的绿地化作出推测。虽然邻里圈的重新构成在许多的城市总体规划方案中都有所描述，但是，缺乏具体的实施手法。另外，还可以看到一些试图通过大规模的据点再开发的实施，实现紧凑型城市的事例。

◇市区结构的保全与更新改造

在英国，对20世纪60年代大量供给的高层住宅和质量低劣的市区建筑进行拆除，根据市中心地区的公共空间的容量，抑制汽车交通的流入。然而，依然继续在为流入市中心的汽车交通修建道路的日本的城市建设，与此有着明显的不同。在欧洲，许多城市的城市中心地区都保留有中世纪城市的传统的市区结构。而在日本的场合，由于市区改造型的土地区划整理事业等的实施，这样的城市结构在很大程度上被改变。可是，譬如也有像犬山市的旧城下町地区和多治见市的织部大街那样，对以前决定的城市规划道路进行重新评价，在有效利用现有道路及对街道景观进行保全、修复的基础上，进行城市建设的转换这样的事例。

◇城市再生与中心市区活性化

以前的中心市区活性化规划的特征在于：从原建设省的立场出发进行的以城市基础整顿与建设为中心的硬环境建设事业和从原通产省的立场出发进行的以商业振兴为中心的软环境建设事业。然而，在许多地区，虽然制定了规划，也进行了基础设施整顿建设事业，并且还成立了城市管理组织（TMO），但是，很少有地区使之与活性化有机地结合在一起。

城市的中心地区的改观同城市整体的改观及产业结构的变化也有着密切的关系。在日本的2759处商业中心中，位于城市周边地区的有629处，位于郊外的有1418处，在城市外选址的占70%左右（2007年，源自购物中心协会网页）。虽然商店街衰退的主要原因涉及诸多方面，但是若依然采取以商业为中心的活性化政策，那么，抑制商店街的衰退将是很困难的事情。应该进一步谋求以包括选址条件在内的对历史积存的有效利用、采用与再开发相结合等手段实现居住功能的强化，以及以中心市区所具有的各种功能的再生为目标的综合的再生政策。

◇以人为本的公共空间与汽车优先的道路空间

在欧美的城市政策方面，有着试图将作为20世纪城市空间特征的、汽车利用优先的道路空间和城市结构，在以人类生活为中心的方向上加以变革这样的明确的方向性。城市中心区的经过精心设计的步行空间就是其象征。压制商店店主们的反对意见，用3天的时间，将以汽车为中心的干线道路改造成为步行者专用空间，并作为此后的划时代的城市规划的开端的库里蒂巴的案例，就是颇为典型的事例（服部圭郎，2004年）。

曾经试图取得并运行业已决定废止的民间会社的有轨电车，并最终决定放弃、将其废止的岐阜市的事例，充分地显示出日本城市规划所面临的课题，即对采用核算性原理的城市交通政策及期待汽车利用优先的短期的市民意识的迎合，以及将理想城市的应有状态与综合的交通规划和土地利用、城市结构紧密结合的战略的缺乏等诸多方面。

(2) 大城市型、城市圈型：网络状的紧凑型城市

还有一些紧凑型城市建设的事例是通过高密度住宅及复合功能的建设，构成大城市圈交通节点的据点式开发项目，并将其称为紧凑型城市模式。然而，这样的项目终归不过是城市的构成部分。还需要从如何才能够提高包括其周边在内的地区的可持续性这样的观点出发，对项目作进一步的评价。

由于日本地方城市的住宅是以低层为主体的，所以，在中小规模的城市，实现高密度是颇为困难的事情。欧洲的中世纪城市，基本上是由中层的集合住宅构成。这是因为如同简·雅各布斯所描述的城市形象是以纽约为典型事例那样，城市的热闹繁华、高密度以及复合功能集聚的魅力这样的特征在中小规模的城市是难于实现的事情。并且，由具有多样的特性的日常生活圈构成的紧凑型城镇的构想，向人们展示出充分发挥大城市所具有的特点的、紧凑型城市的一种类型。

◇紧凑型城市的理念与城市建设的课题

日本的大城市圈基本上都具有高密度居住、公共交通手段发达这样的紧凑型城市的特征。而另一方面，则需要应对伴随长距离通勤、在价格、质量及选址方面均适当的住宅的不足、绿地的不足、居住区的等级差别及分割、过于急剧的市区更新、地区个性的欠缺、杂乱的景观以及犯罪危险这样的城市化所产生的居住环境质量低下等问题。需要谋求同以城市紧凑化为支柱的规划、战略以及相关规划的整合。今后的城市规划建设将面临

如下的课题：

资源节约，环境污染的减轻、与自然共生、循环（作为生物的人类的存续）；

可持续的经济（城市的存续）；

多样的市民的共生（人类社会的存续）；

安全且高品质的生活（社会的目标）。

◇从竞争走向协调，分散的集中、集聚

在由于道路的整顿建设及汽车的普及、生活圈的广域化得到进一步发展的现代城市地区，仅仅依靠各自的城市，很难实现均衡的地区的形成。在不少地区还出现了拥有超出东京都的面积这样的广大行政区域的合并城市，在一个行政区域中，拥有多样的城市集聚、农村以及自然环境。城市间的竞争最终将导致无谓的投资和许多地区的荒废与衰退。可持续的城市圈的形成成为今后发展的目标。为此，需要进一步地促进具有地区历史、文化及自然特性的多样的城市的联合，提高其集聚的密度，并且，谋求同周边的自然环境和农业环境的循环与共生。同时，还要进一步做好连接城市间的公共交通服务的维持与提高。

◇城市内的多功能交流区

有人指出，今后的产业结构将以包括物质建设在内的、知识型创意文化的信息产业作为成长的中心。通过信息传播技术（ICT，Information and Communication Technology）的发展，居家办公也正在成为广泛的现实。然而，要创造具有新价值的信息、知识，就需要生活着的人类之间的相互交流。因此，需要拥有具有多种价值观的人们可以自由交流的城市空间。从事创意文化工作的人们集聚的城市，在经济上将会取得成功（Florida，2002年等）。

现在，中心市区及其周边的市内居住受到广泛的关注，并且，在政策上也试图加以促进。然而，不应该只是着眼于旨在弥补人口的减少和增加商业的销售额，以及对高龄社会的应对。具有创意文化思维和业务能力的人们居住在衰退的城市中心区的周边（中心区的边缘）及选址成本低廉的地区，在营造小规模工作空间并进行交流的同时，从事多样的创意文化产业，从而使得新的城市经济发展成为可能。

◇构成地区生活据点的次级紧凑型城市

在与城市形态相关联的空间层面方面，具有如下的规模：

国土层面的空间结构；

形成巨型城市群的城市区域＝城市圈；

城市、次级城市；

邻里地区、紧凑型城镇；

建筑、建筑用地。

如果城市规模达到某种程度以上，那么，不能仅由单一的中心、中心市区来支撑。20世纪60年代以前的城市空间构成，给人以有轨电车车站（约300m间隔）、小学校的配置这样的距离感，邻里地区的商店街为人们提供日常生活服务。如果要考虑应对高龄社会的生活圈，那么，就需要在市内设定若干的在步行圈范围内可以提供生活服务的次级地区，实施城市建设。以作为城市规划理论被大家所熟知的邻里住区论为基础，对存在于地区中的服务设施的配置进行研究和探讨。采用将城市中心区改善成为舒适、安全、可满足步行者空间需求的街区，从而恢复城市昔日热闹繁华的手法，是世界上进行城市再生建设时常用的手法。

(3) 中等规模城市型：绿色的紧凑型城市

◇传达城市的价值与记忆

在战争灾害和地震灾害的复兴过程中，根据道路的等级构成，通过土地区划整理事业的实施，形成了同样而无变化的市区。不考虑城市的规模和集聚程度等因素，在中心市区进行大面积的商业地区的指定，并且，城市规划道路的预定路线从市区横穿而过。旨在为汽车交通提供最大便利而改造建设的城市，没有自身的特点，且不宜于居住。

目前，试图重新评价、保全并有效利用传统的城市空间，譬如由狭窄小道所构成的地区的价值这一动向已经有所发展。近年来，以前未列入保存对象的具有地区价值的建筑物也作为登记文化遗产，让人们引以为豪。再有，通过发现传达城市记忆的空间和构筑物（譬如烟囱、工厂的围墙、拥有锯齿形屋顶的工厂厂房、拐角处的街道以及可眺望远处风景的坡道等）的价值，并在城市规划建设中加以有效利用，可以进一步地增强人们的居住意向，提高对城市建设的热情。在重视历史积存的时代所进行的城市建设中，采用对上述被继承的空间和物质加以珍惜、修复和改善的手法，显得尤为重要。

◇绿色的紧凑型城市

作为绿色的紧凑型城市应有的形态及政策，考虑有以下几个方面：

- 保全城市内外的自然环境及农田，并加以有效地利用；
- 维持并有效地利用公共空间和建筑的历史积存；
- 在车站周边等地区形成包括住宅在内的复合功能据点；
- 抑制日常生活中的汽车交通利用；
- 进行公共交通的维持和再生；

- 推进给人以热闹繁华、舒适、愉悦之感的城市中心区再生事业的进行；
- 进行日常生活圈内的城市服务设施的适当（再）配置；
- 避免城市设施（医院、行政设施、文化设施等）、住宅开发等进行较现状更为分散的选址；
- 谋求呈分散状态的城市功能的再集约；
- 生活居住地附近拥有自然环境的、符合人体尺度的生活空间；
- 可以享受步行的乐趣、依靠步行交通可以满足日常生活之需的城市。

终章

营造适合成熟社会的城市空间

(1) 谋求实现城市空间的范式转换

★变化的社会和空间

奥克兰大学名誉教授（新西兰）罗伯特·里代尔在《可持续的城市规划》（里代尔，2004年）中，从"开发伦理"的观点出发，就未来城市的理想状态进行了大篇幅的论述。他指出，21世纪应该从开发与发展的20世纪开始，对中世纪的价值观和生活、社会经济结构的卓越方面进行重新评价（表1）。在许多情况下，我们都可以切实地感受到上述的21世纪种种变化，在此，以通俗易懂的方式，对较为重大的范式转换方面的问题进行整理与归纳。

表1　变化的社会和空间

20世纪的贤明（精明）	21世纪的精巧（睿智）
力量：对自然的征服	智慧：与自然的共生
从上向下的命令结构	从下而上的知识共有
物质的发展	人类的发展
单一文化	复合文化
跨学科	多领域融合
国际	地区和地方
对外的从属	国家间的信赖
国家的干涉	地区的行动和成果
巨大的输出	适度的输出
军事的对应	非军事的态度
规范的科学	地球生物圈的科学
环境保全	环境防卫

续表

20世纪的贤明（精明）	21世纪的精巧（睿智）
硬件技术	软件技术
资源资本的开发	从资源利害方面的摆脱
大量生产	灵活的生产
土地利用分区规划	可持续的规划
汽车	步行、自行车、公共汽车、电车
废弃和忘却	修复、循环利用、再利用
从固定概念出发的娱乐	主体性的、多样的娱乐
城市扩大	城市活性化
市区无序蔓延（扩散）	集约、合并（统一）
再开发、改造	修复并有效利用（翻新改造）
强使人接受	支援
在工作场所的就业	居家的就业
电视广播网	地方的无线电广播
线内式的电话	移动电话
邮件	传真和电子邮件
影响评价	影响回避
易于丢弃的包装	可再利用的包装

（来源：里代尔，2004年，第23页）

然而，与里代尔提出的体现出21世纪精巧的城市形象的实现相比较，如今日本进行的以紧凑型城市为目标的城市政策方面的转换，尚处于不得不从原先的成长扩大型城市形成的方向进行转换的状况。其原因在于21世纪日本的许多城市和地区将面临人口减少的问题。另外，21世纪初，在城市规划领域导入了大城市圈外的市区化地区制度的选择制，以及基于城市再生政策的容积率缓和等的限制宽松政策。在其背景中，有着公共的财政危机和试图通过民间主导的城市开发进行诱导的经济振兴政策。可能还存在着对应人口减少或者成长的低下、采取限制宽松政策的应对。然而，这样的政策措施是否能够同人们引以为豪、深切留恋、喜爱的城市和地区以及自然环境的保全、环境共生这样的理想的城市及地区空间实现共存？

★ 范式转换

刚刚步入21世纪的日本社会，由于20世纪的技术革命，使得产业革命所带来的生产力得到进一步的发展。以20世纪末发生的泡沫经济及泡沫经济的崩溃，以及日本将要迎来的人口减少和高龄化社会为直接的契机，现代社会正在迎来长期的转换期。将这样的变化称为范式转换，在表2中，从技术、城市和社会基础，以及生活方式三个不同的领域对与成长期存在差异的如今的成熟期及再生期的特征进行了整理和归纳。

一言以蔽之，就是力图使现代的日本所拥有的较高生产力和高度便利性的城市基础设施，在更加符合人体的尺度（空间）和速度（时间）的方面进行回归；就是要尽可能地珍惜利用作为我们生活和生产基础的城市环境及自然环境；就是拥有数量上的扩大和物质方面的价值并不值得欣喜，要谋求创造各种各样的生命体能够共同生存的地区社会。如果从当今西方国家及欧盟（EU）的目标来讲，那就是要力求创造可持续的、具有包容性（各种各样的人群都被接受的、共生的）的地区社会。

表 2　现代城市社会的范式转换

领域	城市/社会成长期	成熟、衰退/再生期
技术体系	大量生产，计划生产 重视效率，高速度 高技术，低技术社会的生活感受 划一的	订单生产，根据需求 慢节奏生活，慢餐 低技术，高技术社会的生活感受 地区性、个性、历史及文化的重视
城市/社会基础	中央集权，行政优势 人口增加，对城市扩大的先行建设 重视流通，在新事物中发现价值 大规模的开发，郊外开发 以汽车交通为中心 对自然威力的束缚，城市与自然对立	地方自治，市民自治，非营利组织（NPO），合作 人口减少，高龄社会，紧凑型城市 重视历史积存，对现有物质的利用 小规模是美好的，市内再生 公共交通、步行交通及自行车交通的重视 对自然的力量加以利用，与自然共生
生活方式	消费生活，平行 浪费的 城市化，城市生活意向，流动性 大量消费，大量废弃 郊外单户独立住宅，宽敞的房屋 拥有房产的意向，土地神话，所有权优势 仅日本人生活的社区	自足的，自立的 简朴，避免浪费 田园生活，多样化 适量消费，循环再利用 市内居住，适当的住宅 房租和地价均下降，使用权优势 同外国人的共生

★城市规划、城市政策课题的变迁

甘布尔在《英国衰退的百年历史》（原著初版 1980 年）一书中的开头部分写道："英国现在正经历着 100 年的持续衰退"。英国的衰退是因国际经济竞争中的失败而产生的，并且，由于 20 世纪 70 年代的世界经济不景气导致了决定性的经济倒退，所以被人们称为"英国病"。城市中到处可见失业者，城市暴动时有发生，人们在努力寻求 19 世纪以来的工业城市的结构改变。

安·帕瓦指出，如今的英国，20 世纪 90 年代以后的城市再生取得了具体的成果，经济方面发展顺利。英国所面临的城市课题包括由 19 世纪后半期的城市化及工业化所导致的贫民区、20 世纪初的市区向郊外的无序扩张、第二次世界大战后的住宅供给不足、20世纪70年代的工业城市的衰退及内城问题、20世纪90年代以后的可持续发展问题、社会排斥的克服及城市和邻里地区的再生，以及在东南部地区运用紧凑型城市理念进行的新住宅的供给。上述的英国城市问题是"产业革命的创伤"（帕瓦，2007年，第105页）。

在先进国家中，唯一呈现城市继续扩大的是如今的美国，其面临的主要课题是城市的成长管理（精明增长）、处于衰退状态的城市中心区的再生，以及对城市无序蔓延的有效遏制。抑或由于日益严重的地球环境问题以及避免外交上的孤立，到2007年，大量消费资源能源的生活方式、城市结构以及交通系统的改革逐渐成为城市及环境政策的重要课题。

日本的情况又如何呢？日本当今所面临的主要课题是20世纪初建设的市内的低质量住宅区及贫民区、由于第二次世界大战后的战后复兴及20世纪60年代以后的快速城市化、郊外化发展所导致的无序开发及过于分散、过于集中或城市公害问题，以及20世纪90年代的中心市区的衰退与再生。在21世纪初的今天，能够应对今后的人口减少及高龄社会、实现高质量的生活、应对社会、经济及环境问题、有效利用历史资源及地区文化，以及可持续的城市及地区的重新规划与建设成为日本应该解决的主要城市课题。

如果从这200年间日本的人口变化及城市规划领域的主要课题来看，至20世纪90年代初的近代130年左右的时间里，如何应对城市的形成与扩大成为中心的课题。然而，在此之后，情况发生了很大的变化。城市的成熟以及城市的再生在日本也成为主要的课题。

（2）以营造繁华、宽敞舒适的城市空间为目标

★改变"规划文化"

"在21世纪初的时候，没有任何先进国家像日本那样，如此听任城市开发的宽松控制和市场原理的作用。因而，看到最近的状况，我甚至觉得规划文化在日本是否尚未建立牢固的根基"（第15页），西山康雄（2002年）在阐述这样观点的同时，从摆脱上述悲观论点的角度出发，通过国际间的比较，对于如何才能接受规划理念和规划手法这一问题进行了研究和探讨。

英国现在进行的以经济成长为目标的规划体系改革，试图通过由此所带来的城市、地区或者社会的环境改善，进一步促进经济的成长。与此相对，日本则试图将城市再生事业的本身作为经济发展的时机。即由于限制宽松政策的实施，日本的城市再生是以力求通过对民间资本的利用、吸引更加大量的投资、从而促进经济活性化发展为基本目标的。在此，所谓被作为实现目标的城市再生究竟意味着什么呢？规划的限制宽松政策与合作伙伴关系的确

立自然也会有所不同。如果不改变将城市开发作为经济开发或者投资的手段这样的日本的规划文化，那么，实现继承丰富历史积存的城市和地区空间将会是一件困难的事情。

我们还可以听到"要实现疲惫的地方经济的振兴，应该大力发展公共事业！"这样的呼声。然而，城市地区的成长期型的公共投资，果真能够营造可持续的地区社会吗？能够结合环境问题的解决，使人们的生活质量得到提高吗？

对于建筑及城市领域的专家来说，如何促进城市规划研究和城市设计的发展是当前亟待解决的重要课题。图1所示为进行设计主导的总体规划编制

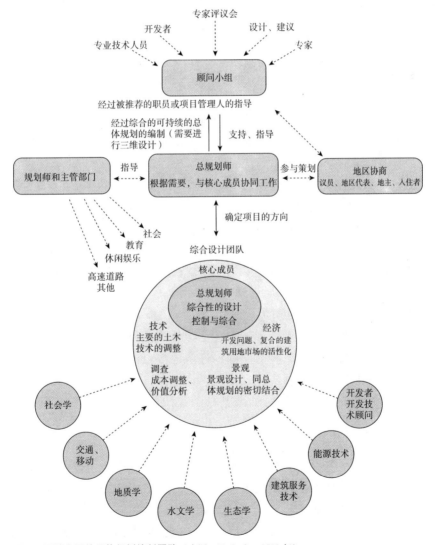

图1　设计主导的总体规划编制团队（来源：Neal ed.，2003年）

时的体制。其特点在于多领域专家的参与和协力工作,以及同各部门、各单位间的顺利调整。

要实现日本的紧凑型城市建设,不可缺少的是规划体系的改革以及国民的支持。然而,在人口减少、住宅市场缩小的过程中,对已经呈现市区无序蔓延状态的现实的城市及地区空间进行重新规划与设计,远比在城市成长、扩大过程中所进行的城市及地区空间的规划设计要困难得多。虽然欧洲老工业城市的城市空间的缩小手法(缩小城市)可以作为参考,但是由于土地及住宅保有形态等方面存在的差异,因此,在许多方面还难于直接地加以运用。然而,在日本,在20世纪90年代以后的城市空间方面,也可以看到快速的地价下降、城市中心区和市内的公寓建筑建设及人口的增加、车站周边的复合功能开发这样的新现象,我们可以将其理解为从以前的扩散型、扩大型市区形成的转变。

★日本紧凑型城市政策的现状

现在,让我们从近年来日本在城市规划建设方面所做的大量研究和实践的角度出发,对笔者在《紧凑型城市》(2001年)一书中归纳整理的有关日本式紧凑型城市的论述及构想的特征(第223-228页),进行重新的思考。

①"作为政府战略的定位的软弱"

现在,日本还没有像欧盟(EU)及欧洲各国那样,将紧凑型城市建设摆在"要实现可持续的发展,就必须实施紧凑型城市建设"这样的战略位置。只是通过对有关城市建设的三部法律法规进行修订这样的概略性的表述,在政府的层面上,明确了以紧凑型城市或者"集约型城市结构"为目标的方向。

②"以地方自治体为主导"

由于政府采取的预算措施和对相关法律法规的修正,使得以紧凑型城市为目标的方针政策得到进一步的明确,许多地方自治体积极加紧进行以紧凑型城市为目标形象的规划制定等方面的工作。在各地还可以看到像富山市等城市那样,在分析各个地区特征的基础上提出的"○○式紧凑型城市"的提案。

③"多样的目标"

通常,人们认为为了应对人口减少、高龄社会及中心市区的衰退,而确定采取对城市进行紧凑化建设的策略。要进行政策的转换,需要拥有充分的影响力和说服力。然而,若进行实际的规划编制,应该作为多样目标之一加以定位。即使是在人口减少时期,有些地区也会继续面临市区无序蔓延的发展,以及大城市周边地区等的人口、家庭户数增加等方面的问题。

④"对采用发展公共事业的手法的依赖"

由于严峻的财政状况,紧凑型城市化政策也在民间活力的有效利用、对期待取得成效的地区的政策集中、城市规划方面的土地利用限制的强化,以及中心市区活性化等方面,提出了诸如多功能化、设立有多样的主体共同参与策划的城市再生推进组织等手法,在此,可以将其评价为原有手法的转换。

⑤"批判性观点的软弱"

对政府方针政策的公众评论及对地方自治体规划的批评主要集中在以下方面:a 对郊外和农村、山村的忽略;b 对自由选址及自由经济活动的阻碍;c 对消费者、利用者作出选择的排除;d 作为研究者的基本观点,中心市区问题是现有商店街自身的问题等;e 居住区低密度化导致的环境改善效果;f 与改变城市结构相比,市民交通态度的改变对汽车交通量的削减更富有成效等。

上述的批评意见反映出紧凑型城市作为具体的政策措施,已经逐渐得到运用。希望各地区通过基于明确论据的、自由、民主的争论、研讨,能够制定、选择出适当的未来城市形象。在这个意义上来说,对上述批评意见进行认真的考虑和研究是十分重要的。

如上所述,在日本,各地正在加紧进行以紧凑型城市为目标的各项工作。然而,同欧美的潮流相比较,依然存在着很大的差距。我想,这或许是由于"紧凑型城市是从以往的过分依赖汽车交通的城市形成所进行的政策及规划的转换"这一点,尚未得到充分理解的缘故。

★日本式紧凑型城市的课题

紧凑型城市究竟是一时的流行,还是日本城市规划的划时代的到来?这与今后将采取的对策、规划以及实际成果的取得有着密切的关联。笔者认为,在此情况下,应该从以下几个方面对其作进一步的论证。

◇能否形成富于魅力的中心市区

①能否创造对市民和消费者颇具吸引力的商品、服务和氛围。

②能否产生出有成效的推进组织和主导权;能否实现开发、空间有效利用及景观形成等相关权利者间的调整及合作。

③能否实现郊外选址的大规模商店、路边店铺、旧有商店街以及车站周边这样四种形式商业聚集的平衡及有机的配合。

④能否制定并实施富于魅力的规划、空间设计及有效的对策;能否确保民间参与型规划的实施过程。

◇能否限制分散的开发及选址

①能否限制由"城市间竞争"导致的分散的设施选址。

②能否实现呈市区无序蔓延状态的郊外的再生。

③能否应对已经在郊外着手进行的项目的缩小与废止，以及住宅用地等开发预留地的缩小。

④能否通过采用建造市内公寓建筑等手法，控制市区的无序蔓延。

◇能否谋求政策的平衡

①如何才能改善未能成为"选择与集中"的对象的许多中小城市的城市结构。

②能否维持高龄化及人口减少现象不断加剧的郊外住宅区及农村、山村的可持续性。

③能否针对缺乏成长余力、且人口减少和高龄化现象不断加剧的中小城市的城市再生，制定相应的规划和对策，并推动其有效地实施。

④能否实现中心市区以外的人们生活居住地附近的生活服务中心（锚地）的再生。

★从"流行"向具体化方向的发展

中心市区的问题并不是商店街的问题，而是与城市和地区的存续相关联的重要问题。再有，对于今后仍将不断增加的高龄者来说，中心市区和人们住所附近的商店等生活服务设施的确保是可以令人无忧无虑地享受地区生活所不可缺少的。不能简单地判断这是为满足高龄者的市内居住之需而进行的建设。年轻阶层亦有着比高龄者更为强烈的市内居住指向。并且，高龄者出人意料地追求汽车交通所带来的移动的便利性。然而，如果健康的高龄者增加、多样的价值观和生活方式或者居住者指向更加广泛的话，或许，理想的城市和地区的形态也将会逐渐发生变化。

汽车交通便利的城市形态对于不能利用汽车的人们来说是极其不方便的。令如今逐渐趋于高龄化的郊外住宅区的住民深感忧虑的是当不能自由地驾驶汽车时的生活维持。当然，这其中也存在环境问题等伴随汽车利用所产生的各种各样的问题。不用说，高密度、集聚有各种各样城市功能的城市结构，在实现公共交通的便利性及经济核算方面也是有利的。从即使收入不是很高、也可以享受快乐时光这一点来说，高质量的市内公共、公益设施是高龄社会不可缺少的城市空间。

城市的紧凑化并不是简单地意味着郊外居住的衰退。如果从可持续性这一点来说，依赖汽车交通的单功能、低密度的郊外住宅区，必然会得到较低的评价。然而，在大城市，有半数人口居住的郊外住宅区，在被选择的同时，还有相当的部分得以维持，或许，这无论是对于居住者、还是对于社会整体的利益来说，都是令人满意的事情。

有关处于人口减少过程中的城市紧凑化政策及规划的事例，可见英国的老工业城市（曼彻斯特、利物浦等）。然而，上述城市的几乎所有的问题地区都是公营住宅区，采用公共的对策相对来说比较容易。在对于由单户独立住宅组成的居住区、各种城市设施的分散以及中心市区空洞化的应对方面，推行精明增长政策和新城市主义的美国模式与日本的情况比较接近。然而，现在，美国在人口及城市开发方面还依然处于成长过程阶段。

在今后人口减少和高龄社会发展的过程中，日本对城市重新进行紧凑化规划与设计、旨在使城市重现昔日的繁华与魅力所进行的种种努力，是世界上并无先例的挑战。紧凑型城市并不是万能的处方。这就是说在城市的紧凑化对策方面，还存在着不能应对的问题；紧凑化不只体现在量的方面，如果不伴随空间的质量设计的提高与适用，则可能会带来负面的效果。然而，我们还是真切地希望能够恰当地应对伴随城市紧凑化过程的诸多课题，在该方向上取得积极的进展。

★理想城市的条件及实现手法

以前的近代城市建设、现代城市建设是扩大成长型的。如何应对量的扩大是重要的课题。然而，今后必须向成熟型的城市建设方向进行转换。对于如今的成熟型城市社会来说，作为理想城市的条件，考虑有如下几个方面：

①能够享受城市文化的、安全、繁华的城市中心区。

②紧凑且非无序扩张状态的市区，有序、高效的土地利用。

③良好的住宅和居住环境的享受，优美的景观，高品质的公共空间。

④较少依赖私人汽车交通的生活。步行交通及自行车交通的舒适利用。

⑤资源、农田及自然的保全与利用，资源循环系统及产品的当地生产当地消费。

⑥资源保全的、以人为本的、地区指向的、持续的经济及企业活动。

⑦市民、住民及非营利组织（NPO）对城市建设的参与及合作。地区分权型的治理。

⑧地区的历史、文化与智慧的保全与继承。丰富的文化基础设施的形成。

⑨接受各种各样的人群且可以进行自由交流的宽容的地区社会。

要致力于谋求实现上述条件的城市建设、城镇建设，如何有效地利用地区存在的各种资源是摆在面前的重要课题。

在此，应该注意的是紧凑型城市终归只是方法和手段。它所追求的是可持续的城市和地区的实现，以及任何人、在任何地方都可以享受丰富生活的成熟社会。要创造和维持丰富的城市空间，所要求的规划与设计需要考虑以下几点：

①在实施以紧凑型城市为目标的政策时，需要根据各地区固有的历史及地理方面的选址条件，考虑到经济、社会及环境方面的诸条件的均衡。

②为了形成可持续的地区空间，有时也会出现紧凑化政策不能应对的情况。对城市成长过程中所形成的资本积存的有效利用具有重要的作用。

③需要进一步地思考部分与整体、地区与区域之间存在的关联。特别是在进行城市建成区内的大规模复合功能开发的场合，要谋求有助于地区的长期居住环境的提高。

④城市建设的目标就是使由不同阶层构成的市民能够享受丰富生活的条件的创造。因此，土地利用和公共空间的设计起着重要的作用。

(3) 以建设适合成熟社会的城市和地区为目标

★实现以城市再生为目标的良性循环周期

当我在高松市丸龟商店街振兴组合就其在地区活性化及再开发方面所做的工作进行采访时（2007年3月），留给我印象最深的是城市设计和地区管理。或许，人们可以在一起聚集、消遣、地区个性得以继承、景观优美、且对汽车和自行车的方便利用也作出充分思考的新的街道空间，可以成为日本城市整顿建设的一种模式（日本建筑学会编，2001年，第44－47页）。关于地区管理，主要是就"各个商店经营何种商品？采取怎样的方式进行经营？进行怎样的商店设计？"等事项进行交谈、说服及协同工作。商店街要战胜郊外购物中心及其他城市，唯有经营自己独有的商品。因此，"前店后厂"的产销模式能取得较好的效果。据说，古时候许多店铺都是采取这样的做法。而且，甚至包括同城市周边的农业和当地产业的结合，以及商店街周边的土地、建筑物的利用，试图实现最理想的空间利用或许也是新的地区自治的姿态吧。

由于随着时代的发展，城市的面貌及形态会发生变化，同时，也存在着地区的特点，因此，中心市区再生的方程式只能由各个地区编写完成。然而，不是管理人，却认为管理是一件重要的事情，在目前相继取得成功的各地进行的中心市区的再生及活性化事业中，一定存在有成为核心的、活跃的领导者团队、地区的管理人以及共同支持上述事业的人们。像有着上述的人群得以产生，并且能够开展活动这样的良性循环的城市中心区再生的事例，尽管数量不多，却已经开始在各地出现。

★实现新的城市中心的再生

在许多的郊外住宅区，以前可以听到孩子们欢声笑语的街道变得寂静了，住民的高龄化及人口减少的倾向十分显著。或许，今后在部分住宅区将开始出现"逃避郊区"这样的现象。郊外住宅区的再利用成为今后城市政策的重要课题。

另外,由于地价的下降、家庭规模的缩小及单身家庭的增加,以及城市型生活方式指向的加强等因素,城市中心区、车站附近及市内居住指向正在快速地增强。现在,在许多城市,中心市区的人口得到显著的恢复。在商业上竞争失败的中心市区,在居住者获得方面,出现了逆转性胜利这样的新局面。在许多城市,城市中心区居住被视作可以实现独自的生活方式的居住空间。

但是,由于考虑到将来的重建和与地区社区共存等因素,一般来说,(超)高层集合住宅形式并不是十分受欢迎。况且像办公建筑那样的超高容积的塔式公寓建筑,还拥有在城市的将来难于解决的问题。作为城市型住宅区来说,或许在建筑的地面部分营造出商业等的繁华氛围,其上层作为住宅利用这样的"商(办公)住混合型(底层为商店或办公用房,二楼以上用于居住)"的建筑形式应该成为主流。期待着新的城市型住宅及住宅区设计模式的出现。

对于再生方面的工作正处于摸索阶段的岐阜市柳濑商店街,每逢节日庆典的日子,大街上都挤满了熙熙攘攘的人群,十分热闹。虽然邻里的商店街是以提供生活中必需的物品为中心的服务的场所和人们进行交流的场所,但是中心市区应该作为不受汽车交通干扰的、可以尽情享受城市生活乐趣的场所及"节日庆典活动广场"(海道清信,2007年),进行重新改造与建设。就拿在西方国家等被认为很平常的城市型观光来说,作为可以体验像日本京都那样的传统文化和城市的繁华与乐趣的空间,城市中心区最先成为重要的、富于魅力的空间。由此,也可以招引支撑经济活动和文化活动的人们的移居和交流。所以,也可以成为创意城市的孵化场所。同时,人们可以自由地聚集、交流的开放空间,可以减轻社会的压力。

★成为催化剂的项目与实现计划

在美国呈衰退状态的城市商业区的再生计划中,将具有较强波及效果的核心项目称为催化剂(触媒)。在很多场合,它是指公共空间的整顿与建设。虽然城市设计并不仅仅是土地利用和景观设计,而是超出地区层面的三维的空间设计,但是它却描绘出那个地区以及地区未来的状态。然而,要实现上述所期望的城市和地区的状态,需要制定出添加了时间要素的计划。

在城市总体规划和中心市区活性化规划方面,也正在谋求采用此前未有的细致的现状分析和市民参与的手法,进行规划的制定工作。并且,积极采用多样的事业和事业手法的事例也在不断地增加。因此,今后需要的是战略性的实现计划。在旧金山的雷德伍德城（2007年9月现状调查），一直延伸到车站的城市商业区中的街道改造，成为了催化剂。以宽阔的步行道、街道两边的行道树、商店门前的车辆停放、道路交叉点的车道狭隘化等的设计为中心，通过采取对传统的建筑物进行保全以及对新的再开发建筑的设施诱导等手法，推进活性化建设的进行。

如果高质量的城市设计和战略性的实施计划不能成为车之两轮，则各种各样的公共投资和民间资金的投入就不能够发挥其应有的效果。在英国，将旨在推进再生事业进行的、有各种各样的组织参加的合作伙伴组织称为方向控制（汽车的方向盘）小组。战略、规划、计划及推进组织是城市再生过程中所不可缺少的。而且，实际对其起到牵引作用的是优秀的领导者团队，以及在政治、政策方面所进行的集中的努力。

★实现可持续的、高品质的城市空间和城市生活

或许通过此次有关城市规划建设的三部法律法规的修正（2006年），日本的城市将能够进一步地提高可持续性；将能够从以前的扩大扩散型城市建设向具有紧凑形态的城市的方向进行转变，重新进行城市规划的编制，并实现城市的再生；在人口减少等城市开发需求整体低迷的状况下，新项目的选址总体上将会有所减少。然而，当前，相对于建筑现状而言，与欧洲各国相比，日本建筑物的新建与更新的数量较多的状况，短时期内还将会继续。因此，在法律层面上能够有效地运用新的手法，使得地区和地方自治体获得了前所未有的可能性。

此次有关城市规划建设的三部法律法规的修正，确实给日本的城市建设带来了新的方向性和新的结构变化。然而，即使假定存在本书前面所阐述的那样的原理，那么，它究竟是怎样的具体的城市形象？各个城市需要通过进一步的深入探索来决定。虽然制度也是文化的反映，但是对其进行具体的应用，却与行政及市民、企业的意向相关联。同时，具体的空间形态也与优秀的城市设计的适用有着密切的关系。

对于与城市建设相关联的所有的专业人员来说，虽然，如今的时代是使我们肩负更沉重责任的时代，但是也是期待得出答案的令人愉悦的时代。

参考文献

日文文献（以作者姓名的日文发音为序，笔者撰写的相关论文及著作另列）

【あ行】
- 愛知県犬山市都市整備部監修（2006）『よみがえれ城下町』風媒社
- 青木仁（2007）「道路整備中心の 20 世紀型まちづくりから 21 世紀の持続型街づくりへ」『都市計画』(265)
- 青山吉隆編（2000）『職住共存の都心再生』学芸出版社
- 秋山孝正・山本俊行（2004）「鉄道がクルマに破れた都市」『鉄道でまちづくり－豊かな公共領域がつくる賑わい』学芸出版社
- 芦原義信（1979）『街並みの美学』岩波書店
- 阿部成治（2001）『大型店とドイツのまちづくり－中心市街地活性化と広域調整』学芸出版社
- 阿部成治（2002）「学びながら計画したフライブルクの拡大住民参加－フォーラム・ヴォバーンの軌跡」『日本建築学会大会梗概集』(F-1 分冊) p.101
- 家田仁・岡並木編（2002）『都市再生・交通学からの解答』学芸出版社
- 五十嵐敬喜・小川明雄（2003）『都市再生を問う』岩波新書
- 石田頼房（1990）『都市農業と土地利用計画』日本経済評論社
- 石田頼房（2004）『日本近現代都市計画の展開―1868 ～ 2003』自治体研究社
- 磯村英一（1991）『都市問題読本－ 21 世紀への提言』ぎょうせい
- 磯村英一（1997）『未来の都市への挑戦』ぎょうせい
- 今井幸彦編著（1968）『日本の過疎地帯』岩波新書
- 石見良太郎（2004）「『場所』と『場』のまちづくりを歩く・イギリス編・日本編」麗澤大学出版会
- 宇沢弘文他（2003）『都市のルネッサンスを求めて－社会的共通資本としての都市・1』東京大学出版会
- エネルギー文化研究所（2003）「特集・大阪のコスモロジー」『CEL』(Vo.65)
- 大阪市立大学経済研究所編（1971）『大都市の衰退と再生』東京大学出版会
- 大西隆（2004）『逆都市化時代－人口減少期のまちづくり』学芸出版社
- 岡部明子（2003）『サステイナブルシティ―EU の地域・環境戦略』学芸出版社
- 岡部明子（2006）「持続可能な都市社会の本質－欧州都市環境緑書に探る」千葉大学『公共研究』(2 巻 1 号)
- 岡部明子（2007a）「ドイツ縮小都市対策としての『perforation 穿穴』－コンパクトシティを批判的に考察する」『松山大学　地域研究ジャーナル』(第 17 号)
- 岡部明子（2007b）「EU のサスティナブルシティ政策― 2000 年以降の展開」『季刊まちづくり』(15 号) 学芸出版社
- 奥平耕造（1976）『都市工学読本－都市を解析する』彰国社
- 奥平耕造（1982）『都市・地域解析の方法』東京大学出版会
- 小田光雄（1997）『郊外の誕生と死』青弓社

【か行】
- 角橋徹也（2003）『オランダの空間計画の特質に関する研究（学位請求論文）』
- 川添登（1985）『都市空間の文化』岩波書店
- 春日井道彦（1999）『人と街を大切にするドイツのまちづくり』学芸出版社
- 春日井道彦（2006）「ドイツの大型集客施設の郊外立地規制の現況」『日本不動産学会誌』(No.77)
- 片木克男（1998）「初期郊外住宅市街地における高齢者の居住行動に関する研究」『日本建築学会中国支部研究報告集』(21 巻)

- 片木克男（1999）「食料品スーパー利用圏の階層特性について－生活利便施設利用からみた地方中小都市圏の居住地構造に関する研究⑴」『日本建築学会中国支部研究報告集』（22 巻）
- 金沢市市史編纂委員会編（1999）『金沢市史・資料編 18、絵図・地図』
- 金澤町家継承・活用研究会（2007）『金澤町家の継承・活用に向けて－2006 年度活動報告書』
- 金沢市弥生公民館（1995）『弥生の明日のために』
- 「特集　コンパクトシティの可能性と中心市街地」『季刊まちづくり』（13 号、2007）
- 北村隆一（2004）『鉄道でまちづくり－豊かな公共領域がつくる賑わい』学芸出版社
- 北山孝雄＋北山創造研究所（2005）『このまちにくらしたい　うずるまち』産経新聞出版
- 経済産業省産業構造審議会（2005）『合同会議中間報告・参考資料集（案）』（12 月）
- 小泉秀樹・西浦定継（2002）『スマートグロース－アメリカのサスティナブルな都市圏政策』学芸出版社
- 国土交通省（2002）『市街地整備研究会第二次中間報告』
- 国土交通省（2003a）『社会資本整備審議会都市計画部会・良好な市街地及び便利で快適な都市交通をいかに実現・運営すべきか』
- 国土交通省（2003b）『政策課題対応型都市計画運用指針（案）』
- 国土交通省（2004）『大都市圏におけるコンパクトな都市構造に関する調査』
- 国土交通省国土計画局（2004）『国土利用の再編・集約化のあり方調査報告書』
- 小宮昌平・吉田秀夫（1979）『東京問題』大月書店

【さ行】
- 佐々木喜美代（2002）「夢のアジト－自己実現の場としての大名－」『アジア都市研究』（Vol.3、No.1）九州大学Ｐ＆Ｐアジア都市研究センタープロジェクト研究体
- 佐藤圭二ほか（2005）「住宅戸数密度による居住地像の研究」『住宅総合研究財団研究論文集』（No.32）
- 佐藤滋（2007）「都市の物語」『都市計画』（265）
- サントリー不易流行研究所編著（1999）『変わる盛り場－「私」がつくり遊ぶ街』学芸出版社
- 渋谷和久（2007）「まちづくり三法改正とコンパクトなまちづくり」『コンパクトなまちづくり－改正まちづくり三法による都市構造改革』㈶都市計画協会編、ぎょうせい、p.2-97
- 島村昇（1989）『金沢の家並み』鹿島出版会
- 清水馨八郎・服部二郎（1970）『都市の魅力』（SD 選書）鹿島出版会
- 杉江頼寧・牧野浩志・佐藤俊雄（2002）『広島の都心戦略・交通戦略』㈳中国地方総合研究センター
- 鈴木浩（2007）『日本版コンパクトシティ－地域循環型都市の構築』学陽書房

【た行】
- 多治見市（2007）『多治見市持続可能な地域社会づくりに伴う調査研究』
- 谷直樹（2005）『町に住まう知恵・上方三都のライフスタイル』平凡社
- 谷口孚幸ほか（1996）『地球環境都市デザイン』理工図書
- 中部地方整備局（2004）『街なか居住研究会報告書』
- 塚田博泰（1991）『2001 年の東京』岩波新書
- 土井勉（2004）「鉄道が築いた都市」『鉄道でまちづくり－豊かな公共領域がつくる賑わい』学芸出版社
- 東北産業活性化センター編（2006）『コンパクトなまちづくりの時代へ－人口減少社会における都市のあり方』日本地域社会研究所
- ㈶都市計画協会編（2007）『コンパクトなまちづくり－改正まちづくり三法における都市構造改革』ぎょうせい
- 都市構造改革研究会他編（2003）『都市再生と新たな街づくり』エクスナレッジムック
- 都市再生本部（2001）『都市再生に取り組む基本的考え方』
- 戸谷英世・成瀬大治（1999）『アメリカの住宅地開発―ガーデンシティからサスティナブルコミュニティへ』学芸出版社

- 富山市（2004）『コンパクトなまちづくり事業調査研究報告』

【な行】
- 内藤正明・今川朱美(1999)「環境共生とは何か－その理念と都市・地域づくりの方向」1999年度日本建築学会研究協議会資料『環境共生時代の都市・地域計画』
- 中井検裕（2006）「中心市街地活性化と都市計画法等の改正」『季刊まちづくり』(12号)学芸出版社
- 長浜商工会議所『長浜のまちづくり』http://www. nagahama. or. jp/machi/machi-top. html
- 中道久美子・島岡明生・谷口守・松中亮治（2005）「サステイナビリティ実現のための自動車依存特性に関する研究」『都市計画学会論文集』（No.37-42）p.40-37
- 中野節子（1995）「栄華を極める加賀百万石の城下町」『金沢・北陸の城下町』太陽コレクション・城下町古地図散歩1
- 中村良夫（2006）「子どもたちへのメッセージ」『建築雑誌』（6月号）、日本建築学会、p.5
- 中村雄二郎（2001）『西田幾多郎(1)』岩波書店
- 名古屋市（2006）『産業の名古屋2006』名古屋市経済局
- ㈶名古屋都市センター（2002a)「特集・都市の産業とまちづくり」『アーバン・アドバンス』（No.27)
- ㈶名古屋都市センター（2002b)『都心居住促進のための調査研究―名古屋都心部における居住スタイルについて』
- ㈶名古屋都市センター（2003）『都心居住促進のための調査研究(2)』
- 西村雄都（1991）「伝統都市「金沢」における住民生活」二宮哲雄編著『金沢―伝統・再生・アメニティ』お茶の水書房
- 西山夘三（1968）『西山夘三著作集・地域空間論』勁草書房
- 西山夘三（1990）『歴史的景観とまちづくり』都市文化社
- 西山康雄（2002）『日本型都市計画とは何か』学芸出版社
- 日本建築学会編（2003）『建築設計資料集成、地域・都市Ⅰ－プロジェクト編』丸善
- 日本建築学会編（2004）『建築設計資料集成、地域・都市Ⅱ－データ編』丸善
- 日本住宅会議（2003）「特集：[都市再生]をめぐって」『住宅会議』(Vol.57)
- ㈶日本地域開発センター（2002)「特集：都市再生と21世紀の都市社会」『地域開発』（Vol.448)
- ㈳日本都市計画学会（2003）「特集：都市再生政策は都市空間をどのように変えるか」『都市計画』(Vol.51)
- ㈳日本不動産学会（2002）「特集都市再生と環境配慮」『不動産学会誌』（No.61)
- 農林水産省（2007）『平成19年度版・食料・農業・農村白書―21世紀にふさわしい戦略産業をめざして』
- 野村総合研究所（2003）『地方の自主性・主体性を生かした国支援・特例のあり方に関する調査』

【は行】
- 服部圭郎（2004）『人間都市クリチバ―環境・交通・福祉・土地利用を統合したまちづくり』学芸出版社
- 原田純考編（2001）『日本の都市法Ⅰ』東京大学出版会
- 原田伴彦（1968）『日本町人道－市民的精神の源流』講談社現代新書
- 平井泰之（2007）「インクルーシブデザインとワークプレースプロダクティビティ」『建築雑誌』(7月)日本建築学会
- 平松守彦（1990）『地方からの発想』岩波新書
- 福川裕一ほか（2005）『持続可能な都市－欧米の試みから何を学ぶか』岩波書店
- 古谷誠章（2006）「[サスティナブルな都市再生]への問題提起」菊竹清訓編『循環型未来都市－サスティナブルシティ』美術出版社

【ま行】
- 町田忍（2003）「昭和三十年代のまちづくりがブーム－「一昔前の日本」に強い郷愁感」『月間地域づくり』（8月号）㈶地域活性化センター

- 松永安光（2005）『まちづくりの新潮流－コンパクトシティ、ニューアーバニズム、アーバンビレッジ』彰国社
- 水島信（2006）『ドイツ流街づくり読本・ドイツの都市計画から日本の街づくりへ』鹿島出版会
- 蓑原敬ほか（2000）『都市計画の挑戦』学芸出版社
- 蓑原敬（2000）『街は要る！』学芸出版社
- 蓑原敬（2003）『成熟のための都市再生－人口減少時代の街づくり』学芸出版社
- 蓑原敬（2007）「間戻の思想― 21世紀のまちづくり思想に欠けているもの」『季刊まちづくり』（16号）学芸出版社
- 宮尾尊弘（1995）『現代都市経済学第2版』日本評論社
- ㈶民間都市開発推進機構編集（2004）『欧米のまちづくり・都市計画制度』ぎょうせい
- 宗田好史（1999）『にぎわいを呼ぶイタリアのまちづくり』学芸出版社
- 本康宏史（編、1998）『イメージ・オブ・金沢』能登印刷出版部

【や行】
- 矢作弘（2005）『大型店とまちづくり－規制進むアメリカ、模索する日本』岩波新書
- 矢作弘（2006）「都市計画法改正、分権、まちづくり」「特集新しい時代のまちづくり」『都市問題研究』（第59巻第1号）
- 山口二郎（2005）『ブレア時代のイギリス』岩波新書
- 山崎不二夫ほか編（1978）『現代日本の都市スプロール問題』大月書店
- 山田ちづ子（2005）「東京一極集中「再燃」の実像－「都心回帰」か「空洞化」か』成長主義を超えて』日本経済評論社
- 山本恭逸編著（2006）『コンパクトシティ－青森市の挑戦』ぎょうせい
- 山本雅之（2005）『農ある暮らしで地域再生－アグリ・ルネッサンス』学芸出版社
- 吉永明弘（2006）「［場所の感覚］をめぐる学際的な対話」『公共研究』（3巻3号）千葉大学
- 養老孟司（2001）『脳と自然と日本』白日社
- 横森豊雄（2001）『英国の中心市街地活性化－タウンセンターマネージメントの活用』同文館

【ア行】
- ウィッチャーリー著、小林文次訳（1980）『古代ギリシャの都市構成』相模書房
- エンゲルス、浜林政夫訳（2000）『英国における労働者階級の状態（上下）』新日本出版社（初版1845年）

【カ行】
- カルソープ、ピーター、倉沢訳（2004）『次世代のアメリカの都市づくり－ニューアーバニズムの手法』学芸出版社
- ギャンブル、A著、都築忠七・小笠原欣幸訳（1987）『イギリス衰退100年史』みすず書房
- ゴッドマン、Jほか編（1993）「オックスフォードの最近の発達」『メガロポリスを越えて』鹿島出版会

【サ行】
- ジェイコブス、J著、黒川紀章訳（1969、原著1961）『アメリカ大都市の死と生』鹿島出版会
- ジーバーツ、トマス著、蓑原敬監訳（2006）『都市田園計画の展望－「間にある都市」の思想』学芸出版社
- ストイロフ、ゲオルギ著、菊竹清訓編（2006）「アジアにおける循環型未来都市を求めて」『循環型未来都市－サスティナブルシティ』美術出版社

【タ行】
- タン、アンソニー著、三村浩史ほか訳（2006）『歴史都市の破壊と保全・再生－世界のメトロポリスに見る景観保全のまちづくり』海路書院
- チェン、D・D・T著（2001）「都心回帰で変わる市街地計画」『日経サイエンス』（3月号）

【ハ行】

- ハイデン、ドロレス著、後藤春彦・篠田裕見・佐藤俊郎訳 (2002、原著1995)『場所の力―パブリックヒストリーとしての都市景観』学芸出版社
- ヒス、トニー著、谷村秀彦・樋口明彦訳 (1996、原著1990)『都市の記憶―「場所」体験による景観デザインの手法』井上書院

【マ行】

- マンフォード、L著、生田勉訳 (1969)『歴史の都市　明日の都市』新潮社
- メドウズ、ドネラ、H著、枝廣淳子訳 (2005)『成長の限界・人類の選択』ダイヤモンド社

【ラ行】

- ランドリー、チャールズ著、後藤訳 (2002)『創造的都市』日本評論社
- リフキン、ジェレミー (2006)『ヨーロピアン・ドリーム』NHK出版
- ル・コルビュジエ著、樋口清訳 (1967)『ユルバニスム』(SD選書) 鹿島出版会

外国文献

【A】

- ADC (American Dream Coalition) (2003): *The Journalists' Guide to the American Dream*（ジャーナリストのためのアメリカンドリームガイド）
- American Planning Association (APA, 2006): *Planning and Urban design Standard*, Wiley（計画とアーバンデザイン基準）

【B】

- Barker, Kate (2004): *Review of Housing Supply, Delivering Stability: securing our Future Housing Needs, Final Report-Recommendations*（住宅供給のバーカーレビュー）
- Barker, Kate (2006): *Barker Review of Land Use Planning, Final report-Recommendations*（土地利用のバーカーレビュー）
- Barton, Hugh (2000): *Sustainable Communities- The Potential for Eco-Neighbourhood*, Earthscan（持続可能なコミュニティ）
- Barton, Hugh (2002): *The Neighborhoods as Ecosystem, Sustainable communities-The potential for Eco-Neighborhoods*, ed. by Hugh Barton, Earthscan Publications ltd.（エコシステムとしての近隣）
- Beatry, T. (2000): *Green Urbanism-Learning from European Cities*, Island Press（グリーンアーバニズム－ヨーロッパ都市の経験から学ぶ）
- Buck, Nick and et al (2002): *Working Capital-Life and labour in Contemporary London*, Routeledge（働く首都―今日のロンドンの生活と労働）
- Biddulph, Michael, Bridget Franklin and Malcolm Tait (2003): *From concept to completion-A critical analysis of the urban village*, TPR, 74 (2)（コンセプトから実施へ―アーバンビレッジの批判的分析）
- Burton E. (2000): *The Compact City-Just or Just Compact? A Preliminary Analysis, Urban Studies*, Vol. 37, No. 11（コンパクトシティ―ちゃんとしたコンパクト？）
- Burton, E. and Mitchell, L (2006): *Inclusive urban design; Street for life*, Architectural Press（インクルーシブ・アーバンデザイン）

【C】

- CABE (2000): *By Design-Urban Design in the Planning System*, DETR（デザインによる―計画システムにおけるアーバンデザイン）
- CABE, UCL and DETR (2001): *The value of urban design*（アーバンデザインの価値）
- CABE (2002): *The value of good design*（良いデザインの価値）
- CABE (2003a): *The use of urban design codes, Building sustainable communities*（アーバン・デザインコードの利用―持続可能な居住地を造る）
- CABE (2003b): *The councillor's guide to urban design*（議員のためのアーバンデザインガイド）

- CABE (2005): *Design Coding, Testing its use in England*, ODPM & English Partnerships（デザインコード－英国における利用をテストする）．
- CABE(2006): *The principles of inclusive design*（インクルーシブデザインの原則）
- Carmona, M. et al (2002): *From Design Policy to Design Quality*, RTPI（デザイン政策からデザインの質へ）
- Carmona, M et al (2003): *Public Spaces Urban Spaces, The Dimensions of Urban Design*, Architectural Press（パブリックスペース、アーバンスペース）
- Castells, Manuel (1993): *European Cities, the Informational Society and the Global Economy*, The City Reader (ed. By LeGates & Stout), Routledge（ヨーロッパ都市：情報化社会とグローバル経済）
- Center on Urban and Metropolitan Policy (2003): *Sprawl without Growth*, The Upstate Paradox（成長を伴わないスプロール）
- Clark, Michael (2005): *The compact City: European Ideal, Global Fix or Myth ?*, GBER, Vol. 4, No. 3, pp.1-11（『世界建造物環境レビュー』）
- Commission of the European Communities (2000): *Green Paper on the Urban Environment*（都市環境に関する緑書）
- Crawford, J. H. (2000): *Carfree Cities*, Utrecht International Books（カーフリーシティ）
- Cullingworth, John Barry (2002): *Town & Country Planning in the UK*, 13th Edition, Routledge（英国の都市農村計画）
- Curdes, Gerhard (1997): *Stadtstructur und Stadtgestaltung*, Kohlhammer（都市構造と都市形態）
- Cuthbert, Alexander R (2006): *The Form of Cities-Political Economy and Urban Design*, Blackwell Publishing（都市の形態：政治経済と都市のデザイン）

【D】
- DPZ (Duany Plater-Zyberk & Company) (2005): *Smart Code (V. 8), SMARTCODE V6. 5, A Comprehensive Form-Based Planning Ordinance*
  http://www. tndtownpaper. com/images/SmartCode6.5. pdf（スマートコード）
- Driver, S. and Martell L. (1998): *New Labour- Politics' After Thatcharism*（ニューレーバー－サッチャリズム後の政治）

【E】
- Eaton, Ruth (2002): *Ideal Cities-Utopianism and the (Un) Built Environment*, Thames & Hudson（理想都市）
- Elson, M. (1986): *Green Belt- Conflict Mediation in the Urban Fringe*, Heinemann（グリーンベルト）
- European Environment Agency (EEA, 2003): *Urban Sprawl in Europe- The Ignored Challenge*, European Commission（欧州における都市スプロール－無視された挑戦）
- ENERGIE (2000): *Sustainable Urban Design*, ENERGINE publication（持続可能なアーバンデザイン）

【F】
- Florida, Richard (2002): *The rise of the creative class*, Basic Books（創造階級の登場）
- Florida, Richard (2003): *Cities and the Creative Class*, Routledge（都市と創造階級）
- Frey, Hirdebrand (1999): *Designing the city-Towards a more sustainable urban form*, E & FN SPON（都市をデザインする）

【G】
- Gilg, Andrew W. (2005): *Planning in Britain-Understanding & Evaluating the Post-War System*, SAGE Publications（英国における計画－第二次大戦後のシステムの理解と評価）
- *Global Built Environment Review, Compact Cities and Sustainability*, Ed. by Micheael Clark, Vol. 4, No. 3, www. edgehill. ac. uk/gber, 2005（コンパクトシティとサステナビリティ）
- Gratz, Roberta Brandes (1998): *Cities Back from the Edge - new life for downtown*, John Wiley & Sons Inc.（エッジから戻る都市）

- Gratz, Roberta Brandes (2003): *Authentic urbanism and the Jane Jacobs legacy*, Peter Neal (ed. 2003) *Urban Villages and the making of Communities*, The Prince's Foundation, Spon Press（本物のアーバニズムとジェーン・ジェイコブスの遺産）

【H】
- Hall, Peter (1996): *The City of Theory, The City Reader*, ed. By LeGates & Stout, Routledge（都市の理論）
- Hall, Peter (2002): *Urban regional Planning*, Fourth Edition, Routledge（都市・地域計画）
- Hall, Peter (2003): *Smart growtg on two continents, Urban Villages and the making of Communities*, ed by Peter Hall, The Princes Foundation（二つの国のスマートグロース）
- Hill, Dilys M. (2000): *Urban Policy and Politics in Britain*, st. Marchin's Press（英国における都市政策と政治）
- Hoering, Uwe et al (2001): *Right of Way-When roads become an extension of living room, Down to Earth, Vol. 10, No 4*, July 15, 2001（正しい方法－道がリビングルームの延長になるとき）

【I】
- Ibelings, H. (1999)：*20th Century urban design in the Netherlands*, Nai Publishers（20世紀オランダのアーバンデザイン）
- Imrie and Thomas (ed, 1999): *British Urban Policy*, SAGE（英国の都市政策）
- Imrie, Rob and Mike Raco (ed. 2003)：*Urban Renaissance? New Labour, community and urban policy*, The Policy Press（アーバンルネッサンス？－ニューレーバー、コミュニティ、都市政策）

【J】
- Jane Jacobs (1961): *The Death and Life of Great American Cities*, Modern Library Edition（アメリカ大都市の死と生）
- Jenks M. et al (ed, 1996): *The Compact City-A Sustainable Urban Form?*, E & FN SPON（コンパクトシティ－持続可能な都市形態か？）
- Jenks, M. et al. (2000): *Achieving Sustainable Urban Form*, E & FN SPON（持続可能な都市形態へ）
- Jenks M. et al. (2000): *Urban consolidation and the benefits of intensification, Compact cities and Sustainable Urban development*, Roo and Miller ed., Ashgate（都市の固化と強化の便益）
- Jenks, M. and Dempsey N. (2005): *The Language and Meaning of Density, Future Forms and Design for Sustainable Cities*, Jenks and Dempsey ed., Architectural Press（密度の言葉と意味）

【K】
- Klaassen & Paelinck (1979): *The Future of Large Towns*, Environment and Planning A（大都市の将来）
- Krier, L (1990): *Urban Components in Paradakis*, A. and Watson, H. (1990, eds), *New Classism*: Ommnibus Edition, Academy Editions（パラダキスの都市要素）
- Kostof, Spiro (1991): *The City Shaped-Urban Patterns and Meanings through History*, Litlle, Brown and Company（形づくられた都市）
- Kostof, S. (1992): *The City Assembled- The Elements of Urban Form through History*, Thames and Hudson（集合した都市－歴史における都市形態要素）

【L】
- Landry, Charles (2000): *Creative City, A Toolkit for Urban Innovation*, Earthcan（創造都市－都市の革新のための道具箱）
- Litman, Todd (2007): *Land Use Impact on Transport-How Land Use Factors Affect Travel Behavior*, Victoria Transport Policy Institute（交通への土地利用の影響）

【M】
- Marker, Brian (2005): *Foundation of the Sustainable compact City*, GBER Vol. 4 No. 3, pp.19-23（持続可能なコンパクトシティの基礎）
- Marshall, T. (2004)：*Transforming Barcelona*, Routledge（変遷するバルセロナ）

- Morris, A. E. J (1994): *History of urban form, Before the industrial revolution*, Longman （都市形態の歴史—産業革命以前）
- Morris, Eleanor Smith (1997): *British Town Planning and Urban Design-Principles and Policy*, Longman （英国の都市計画とアーバンデザイン－その原則と政策）

【N】
- NAHB, National Association of Home Builders (2005a): *Talking Points on Compact Development*, http://www. nahb. org/generic. aspx?genericContentID=17373 （コンパクトな開発についてのポイント）
- NAHB (2005b): *Mixed use and compact development introduction*, http://www. nahb. org/generic. aspx?genericContentID=16945 （複合機能とコンパクトな開発の導入）
- Neal, Peter (2003): *Urban Villages and the Making of Communities*, Spon Press （アーバンビレッジとコミュニティの形成）
- Nederveen, A. A. Jan, L. Molenkamp and S. Sarkar (1997): *A critical overview of the policy on car free cities in the Netherlands*, http://www. sepa. tudelft/jann/CFree-ACSP97. htm （オランダのカーフリーシティ政策に関する批判的レビュー）
- NEF (2002): *Ghost Town Britain*, New Economics Foundation （ゴーストタウン英国）
- Neppl, Markus et al (1997): *Phantom oder Wirklichkeit, Die Suche nach dem stadtebaulichen Leitbild eines autofreien Wohnquartiers GWL-Terrein in Amsterdam Westerpark* （インターネットより取得）
- Nobis, Claudia (1999): *Flanieren statt exerzieren: Von der Kaserne zum Stadtteil von morgen-Freiburger Strategien zur Forderung alternativer Mobilita Vortrag auf der Fachkonferenz autofrei wohnen am 3.9.99 in Berlin*, http://www. autofrei-wohonen. de/texte/k399wagner. rtf

【O】
- Oldenburg, Ray (1991): *The Great lace*, Paragon House （グレートプレース）

【P】
- Peck and Ward (2002): *City of Revolution- Restructuring Manchester*, Manchester University （革新都市—マンチェスターの再構築）
- Pemer, Male (2003): *Developing Stockholm as a sustainable compact city in a network region* （持続可能なコンパクトシティとしてのストックホルムの発展）
- Pendall, Rolf (2003): *Sprawl Without Growth- The upstate Paradox*, The Brookings Institution（成長なしのスプロール）
- Power, Anne and Houghton, John (2007): *Jigsaw Cities-Big places, small spaces*, The Policy Press （ジグソーシティー大きな場所と小さな空間）

【R】
- Ravetz, Joe (2000): *City Region 2020-Integrated Planning for a Sustainable Environment*, Earthcan （都市地域 2020）
- Riddell, Robert (2004): *Sustainable Urban Planning*, Blackwell Publishing- Tipping the Balance, Blackwell Publishing （持続可能な都市計画）
- Roberts, P. and Skyes H. (ed. 2000): *Urban Regeneration-A Handbook*, SAGE Publications Ltd. (都市再生ハンドブック）
- Robson B. (1999): *Vision and Reality- Urban Social Policy, British Planning 50 Years of Urban and regional policy*, ed. By Cullingworth, The Athlone Press （夢と現実－都市社会政策）
- Roo, G. de and D. Miller (2000): *Introduction-Compact cities and sustainable development, Compact cities and Sustainable urban development*, p.1, Ashgate （コンパクトシティと持続可能な開発）
- Rowley, Trevor (1980): *The Oxford region*, Oxford University Department for External Studies （オックスフォード地域）

【S】
- Salingaros, Nikos A (2005): *Principles of Urban Structure*, Faculty of Architecture, Delft University of Technology, Techne Press（都市形態の原理）
- Salingaros, Nokos A. (2006): *Compact City Replace Sprawl*, http://www. math. utsa. edu/~salingar/compactcity. html（スプロールに代わるコンパクトシティ）
- Scheurer, J. (2000): *Car-Free housing in European cities-A survey of Sustainable Development Projects*, http://wwwistp. murdoch. edu. au/reserach/carfree. html（欧州都市のカーフリー住宅供給－持続可能な開発プロジェクトの調査）
- Scheurer, J. (2001): *Residential Areas for Households without Cars-The Scope for Neighborhood Mobility Management in Scandinavian Cities*（自動車なしの世帯のための居住地－スカンジナビア都市の近隣移動マネジメントの展望）
- Schoon, Nicholas (2001): *The Chosen city*, Spon Press（選ばれた都市）
- SEERA (2004): *Town Centre Future: The need for Retail Development in South east England, Vol. 1*, South East England Regional Assenbly, DTZ, Pieda Consulting（タウン・センターの将来－英国南東部の商業開発の需要）
- Shaftoe, Henry (2002): *Community Safety and Actual Neighborhoods, Sustainable Communities-The potential for Eco-Neighborhoods*, ed. by Hugh Barton, Earthscan Publications ltd.（コミュニティの安全と現実の近隣－持続可能なコミュニティ）
- Spaans, Marjolein (2006): *Recent changes in the Duch planning system/Towards a new governance model?*, TPR, 77 (2)（オランダの計画システムの最近の変化）
- Stead, D. (2001): *Relationships between land use, socio-economic factors and travelpatterns in Britain, environment and Planning A, 32*, p.489-506（英国における土地利用・社会経済要素と移動パターンの関係）
- Study Tour (2000): *Home Zones-Reconciling People, Places and Transport*（ホームゾーン－人々、場所と交通との調和）

【T】
- Teaford, J. C. (2008): *The American Suburb-The Basics*, Routledge（アメリカの郊外）
- Thornley, A. (1993); *Urban Planning under Thatcherism-The challenge of the market*, Routledge（サッチャー政権下の計画システム－市場の挑戦）
- Travers T. (2001): *Density Means Better Cities, Cities for the new Millenium*, ed. By Echenique and saint, Spon Press（密度はよい都市を意味する）

【U】
- Urban Design Associates (2003): *The Urban design Handbook-Techniques and Working Methods*, W. W. Norton & Company（アーバンデザインハンドブック－技術と使用法）
- Uberarbeitete Fassung eines Vortrages auf dem Verkehrspsychologie-Kongres Dresden (1996): *Autofreies Wohnen-Berichit uber ein Pilotprotekt*, http://www. vpp. de/Saarland. htm（カーフリー住宅）
- URBED (2000): *354-Organic cities, Manchester: URBED*, http://www. urbed. coop/（有機的都市）
- URBED (2004): *Neighbourhood Revival-Towards More sustainable Suburbs in the South East*（近隣活性化）
- U. S. Department of Housing and Urban Development, Office of Policy Development and Research（米国住宅都市開発省、政策開発調査事務所）: *Smart Code in Your Community, A Guide to Building Rehabilitation Codes*（あなたの居住地でのスマートコード、再生建設コードのガイド）

【V】
- VTPI, Victoria Transport Policy Institute (2005a): *Smart Growth Reforms-Changing Planning, Regulatory and Fiscal Practices to Support More Efficient Land use*, http://www. islandnet. com/~litman/（スマートグロース改革）
- VTPI (2005b): *Promoting public health through Smart Growth-Building healthier communities through trabsportation and land use policies and practices*（スマートグロースで人々の健康を増進する）

- VTPI (2005c): *Evaluating Criticism of Smart Growth* (スマートグロース批判の評価)

【W】
- Wheeler, Stephan (1998): *Planning Sustainable and Livable Cities, The City Reader* (Legates & Stout ed.), second edition, Routledge, 2000 (持続可能で住み良い都市を計画する)

■英国政府的有关资料
- DoE (1996): *Town Centre Regeneration*, HMSO (タウンセンターの再生)
- DoE (1999): *Towards an Urban Renaissance* (アーバンルネサンスに向けて)
- DETR (2000): *Our Towns and Cities: The Future-Delivering an Urban Renaissance* (我々の町と都市－未来、アーバンルネサンスをもたらす)
- DTLR (2001): *Planning Green Paper: Delivering a Fundamental Change* (計画緑書－抜本的な変化をもたらす)
- DTLR (2001): *By design-better place to live* (デザインによる－住むためのより良い場所)
- ODPM, Office of the deputy Prime Minister (2002a): *Age of Commercial and Industrial Property Stock 2000* (商業・産業不動産ストックの時代)
- ODPM (2002b): *Mixed-Use development, Practice and Potential* (複合機能開発－実際と可能性)
- ODPM (2003a): *Sustainable communities : building for the future* (持続可能な居住地－未来のための建設)
- ODPM (2003b): *The Planning System and Crime Prevention* (計画システムと犯罪防止)
- ODPM (2003c): *Good Practice Guide on Planning and Access for Disabled People* (障碍者のための計画とアクセスに関する優良事例)
- ODPM (2003d): *Sustainable Communities : delivering through planning-second progress report* (持続可能なコミュニティ)
- Department for Transport (DfT, 2005): *Home Zone-Challenging the future of our streets* (ホームゾーン・通りの未来に挑戦する)
- ODPM (2004a): *Policy Evaluation of the Effectiveness of PPG6* (PPG6の効果の政策評価)
- ODPM (2004b): *The English Indices of Deprivation 2004* (Revised) (英国の貧困指標)
- ODPM (2004c): *The Single Regeneration Budget: overview* (統合再生補助金－レビュー)
- ODPM (2004d): *Good Practice in Managing the Evening and Late Night Economy* (夜の経済のマネジメントにおける優良事例)
- ODPM (2005a): *Previously-developed land that may be available for development-England 2004* (開発可能な既存宅地)
- ODPM (2005b): *Planning Policy Statement 6-Planning for Town Centres* (計画政策ステートメント－タウンセンター計画)
- ODPM (2006): *State of the English Cities-Urban Research 21* (英国都市の状況－都市調査21)
- DCLG, Department for Communities and Local Government (2006a): *Design Coding in Practice, An Evaluation*, 2006.6 (デザインコードの実際－評価)
- DCLG (2006b): *Preparing Design Codes, An Practice Manual*, 2006.11 (デザインコードを用意する－実施マニュアル)
- DCLG (2007): *Planning for a Sustainable Future*, White paper (持続可能な未来へのプランニング)

■欧盟（EU）的有关资料
- Commission of the European Communities (CEC, 2004): *Towards a Thematic strategy on the urban environment* (都市環境のテーマ戦略へ)
- EU (1999): ESDP, *European Spatial Development Perspective* (ヨーロッパ空間開発の展望)
- The Working Group on Urban Design for Sustainability to the European Union Expert Group on the Urban Environment (Working 2004): *Final Report-Urban Design for Sustainability* (サステナビリティのためのアーバンデザイン)

■各地区的有关资料
〈英国东南地方协商会〉
- South East England Regional Assembly（英国南東地方議会）：*Town Centre Futures: The Need for Retail Development in South East England, Volume 1: Main Report*、2004 年 11 月（タウンセンターの未来－南東地方小売業発展のニーズ）

〈牛津〉
- *Cultural justice and addressing "social exclusion"：a case study of a Single regeneration Budget project in Blacbird leys*, Oxford (Zoe Morrison, 2003): Rob Imrie and Mike Raco, *Urban Renaissance?, New Labour, community and urban policy*, The Policy Press

〈伦敦〉
- GLA (2002): *A city of villages-Promoting a sustainable future for London's suburbs*, 2002.8（村の都市－ロンドン郊外の持続可能な未来の促進）
- GLA (2003): *Housing for a Compact City*（コンパクトシティへの住宅供給）
- GLA (2004a): *London Plan*（ロンドン計画）、青山訳（2005）『ロンドンプラン』都市出版
- GLA (2004b): *London Thames Gateway- Development and Investment Framework*（ロンドン・テームズゲートウエイ－開発と投資フレーム）

〈伦敦・金斯克洛斯〉
- Argent St George (2004): *King's Cross Central, Implementation Strategy, London and Continental railways and Exel*
- Islington and Camden (2004): *King's Cross Opportunity Area Planning & Development Brief*

〈曼彻斯特〉
(1) *Manchester City Region Spatial Strategy*, AGMA, 2006.9
(2) *Northwest regional Economic Strategy 2006*
(3) *Local Development Scheme 2006-2009*, Manchester City Council Final
(4) *Statement of Community Involvement-local Development Framework*, Manchester City Council, 2006.4
(5) *Implementing the GMSA Business Plan*, Greater Manchester Strategic Alliance, 2006.10
(6) *Manchester City region Development Programme 2006*, NRDA, One North East, Yorkshire Forward, 2006
(7) *Greater Manchester Economic Development Plan 2004/05-2006/07*
(8) *Regional Planning Guidance for the North West (RPG13)*, ODPM, 2003.5
(9) *Sharing the Vision-A strategy for greater Manchester*, AGMA
(10) *The North West Plan-Submitted Draft Regional Spatial Strategy for the North West of England*, NWRA, 2006.1
(11) Williams G. (2003): *The Enterprising City Centre- Manchester's development Challenge*, Spon Press（シティセンターの企業化－マンチェスターの開発の挑戦）
(12) Peck and Ward (2002): *City of Revolution-Restructuring of Manchester*

〈哥本哈根〉
(1) Jorgensen John: *Copenhagen-Evolution of the Finger Structure*
(2) Cahasan & Clark: *Copenhagen, Denmark, 5 Finger Plan*
(3) Metropolitan Copenhagen, Wikipedia
(4) Illeris Sven, (2004): *How did the population in the Copenhagen region change 1960-2002?*
(5) *Copenhagen Transportation Projects*, http://urbantransport-technology.com/
(6) *Compendium of Planning System in the Baltic Sea Region, Denmark*, http://vasab.leomtief.net/counties/
(7) Hermansson Johan, *Greater Copenhagen, "The Finger Plan"*（インターネットより取得）
(8) HUR, *Greater Copenhagen Authority-Developing leading city region in the Nordic countries*（インターネットより取得）

(9) *EUC, Comet-Project, Information for Investor, Copenhagen region, Denmark's Urban Heart*（インターネットより取得）
(10) City of Copenhagen, *Figures and facts-Inhabitants by city districts*, http://www. sk. kk. dk/english/
(11) *Copenhagen (Denmark)*, http://progress-project. org/progress/
(12) Copenhagen: *land use and transportation planning*, http://eaue. de/winuwd/135. htm
(13) *Case Study*, http://www. intro. nl/transland/
(14) Kupiszewski et al (2001): *Working paper 01/02, Internal Migration and regional population dynamics in Europe: Denmark Case study*
(15) Danish Forest and Nature Agency: *The new map of Denmark*, http://www. sns. dk/udgivelser/2006/ 87-7279-728-2/
(16) *CTT-Center for Trafik og Transport*, http://www. ctt. dtu. dk/
(17) *Copenhagen Malmo 2004*

〈斯德哥尔摩〉

(1) Hall Thomas, (1991): *Urban Planning in Sweden, Planning and Urban Growth in the Nordic Countries*, edited by Thomas hall, E & FN SPON
(2) RUFS2001, *Regional development Plan for the Stockholm Region*, Office of Regional Planning and Urban Transportation, 2002
(3) スェーデン統計局、http://www. scb. se
(4) ストックホルム市ホームページ、http://www. usk. stockholm. se/internet/ *Vision & Strategies 2010 around the Baltic, Sweden*, http://vasab. leontief. net/countries/sweden. htm
(5) RTK (2003): *Munich-Stockholm Comparison of the two regions' planning system and contents*, RPV & Regional Planning and Urban Transportation Stockholm County Council

〈荷兰〉

・Rigolett: *The car free city-research report*, http://www. xs4all/˜rigolett/CFDOC. HTM

作者撰写的与本书相关联的论文及著作
■ 论文
- 「コンパクトシティの欧州モデルについて―持続可能な都市形態論とわが国における動き―」『日本不動産学会誌』（15巻2号）2002、p.8-17
- 「コンパクトシティの意味と可能性」『CLE』（Mar.）2002、p.28-33
- 「コンパクトな都市をつくる意味―都市計画と交通の関係を見直す」『新都市』（56巻9号）2002、p.5-11
- 「カーフリーハウジングの特性と手法についての調査研究」（松本滋共著）『総合学術研究論文集』（No.1）名城大学総合研究所、2002、p.34-45
- 「都市の再生が目指すべき地域像と計画論」『100万都市の再生論とその都市像』日本建築学会研究協議会資料、2003、p.11-20
- 「英国北部の旧工業大都市における都市再生―持続可能な都市をめざして」『地域開発』（Vol.463）2003.4、p13-20
- 「コンパクトシティは何をめざすか」『建築とまちづくり』（No.312）2003、p.9-13
- 「ポスト郊外型都市像としてのコンパクトシティの可能性と実現方策」『アーバン・アドバンス』（No.30）㈶名古屋都市センター 2003、p.15-27
- 「英国生まれのコンパクトシティ・日本に応用すると」『水の文化』（No.15）2003、p.9-13
- 「都心居住と郊外居住のインタラクション―選択可能な住宅の時代」『都市再生と住環境政策』（日本建築学会PD資料）2004、p.57-64
- 「名古屋都市圏における郊外住宅団地居住者の住環境評価と定住意識―郊外居住地の持続可能性に関する研究―」『日本建築学会大会梗概集』（F-1分冊）2004、p.13-16
- 「コンパクトシティ―日米欧の空間計画の流れから」『サステナブルシティ・リージョン』日本建築学会PD資料、2004、p.23-30
- 「都市のかたちと高齢期の暮らし―コンパクトシティの考え方」『公共建築』（46巻、No.180）2004、p.28-29
- 「郊外住宅団地の課題と住民による町づくり―可児市を中心に」（金子修共著）『自治研ぎふ』（75号）2004、p.27-38
- 「オースティンモデルによる地域経済発展とスマートグロース(1)～(4)」（村山隆英他共著）『地域開発』2004.8-11連載
- 「米国における持続可能な地域発展を目的とする地域振興型NPOの活動とその形成過程に関する研究―シリコンバレー・フェアファックス・オースティンの比較考察から―」（村山隆英共著）『都市計画学会論文集』（No.40-3）2005、p.61-66
- 「ポリセントリック・アーバン・パターンと遷移する大都市空間構造」『サステナブルシティ・リージョンの提言に向けて』（日本建築学会大会PD資料）2005、p.56-61
- 「多様性とアーバンデザイン―アムステルダム東部港湾地区を事例として―」（後藤良子共著）『地域開発』（Vol.488）㈶地域開発センター、2005、p.50-56
- 「中心市街地再生とコンパクトシティ―人口減少・高齢社会の切り札となるか？」『産業立地』㈶産業立地センター、2005.11、p.9-14
- 「コンパクトなまちづくり―欧米の取り組みと我が国の挑戦」『地域づくり』㈶地域活性化センター、2005.11
- 「欧州から学ぶ日本型コンパクトシティ構想」『グローバルネット』（181号）㈶地球・人間環境フォーラム、2005.12、p.2-3
- 「都市の記憶を伝えるモノを調査研究する意味」『都市の記憶を伝えるモノを活かすまちづくり』日本建築学会東海支部都市の記憶委員会、2006、p.3-10
- 「人口及び産業構造からみた都市の成長性と中心性の考察―東海3県の都市特性の研究」（クオン・ジョヒン共著）『都市情報学研究』（No.11）2006、p.47-56

- 「これからの都市とすまい方－まちなか居住と郊外居住」『アーバン・アドバーンス』(No.38) ㈶名古屋都市センター、2006.1、p.13-22
- 「コンパクトシティは過去それとも、未来の都市？」『区画整理』㈳街づくり区画整理協会、2006.7、p.6-17
- 「豊かな暮らしを支える空間の価値を高めるために」『会報・あいち』(10号) ㈳全日本土地区画整理士協会愛知県支部』2006、p.17-20
- 「コンパクトシティで持続可能な都市・地域へのリ・モデリングを」『SRI』(No.83) ㈶静岡総合研究機構、2006、p.16-28
- 「郊外住宅団地における空き地・空き家の実態調査―岐阜県可児市・多治見市を対象として」(前田幸栄他共著)『日本建築学会大会梗概集』(F-1分冊) 2006、p.1049-1050
- 「空き地・空き家実態からみた郊外住宅団地の持続可能性についての考察―名古屋都市圏・可児市と多治見市における実態調査より」(片山直紀他共著)『都市住宅学』55号、2006、p.70-75
- 「コンパクトシティを世界にアピール：オリンピック開催都市ロンドン」『CHIKAI』(No.293) 2007、p.18-29
- 「中心市街地活性化とまちなか居住―コンパクトシティの視点から」『自治フォーラム』(Vol.572) 2007、p.13-18
- 「欧州における都市の形成と再生―持続可能な都市圏のデザイン」『地域研究ジャーナル』(17号) 松山大学、2007、p.2-29
- 「今後のまちづくりの指標・コンパクトシティ」『商工ジャーナル』(387号) 2007.6、p.46-49
- 「中心市街地活性化への挑戦・連戦連敗を超えて」『地域開発』2007.9、p.10-15

■著作
- 『コンパクトシティ―持続可能な社会の都市像を求めて』学芸出版社、2001
- 『サステイナブル経営―みんなが生き続けるシステムと戦略』(共著) 日本地域社会研究所編・発行、2004
- 『シリーズ地球環境建築・専門編1 地球環境デザインと継承』(共著) 日本建築学会編、彰国社、2004
- 『入門・都市情報学』(共著) 日本評論社、2004
- 『環境と文化のまちづくり』(共著) 松山大学、2005
- *Future Forms and Design for Sustainable Cities* (共著) ed. By Mike Jenks and Nicola Dempsey, Architectural Press, 2005
- 『創造都市への展望―都市の文化政策とまちづくり』(共著) 学芸出版社、2007a
- 『西山夘三の住宅・都市論』(共著) 日本経済評論社、2007b
- *World Cities and Urban Form* (共著) ed. by Mike Jenks, Daniel Kozak and Pattaranan Takkanon, Routledge, 2007c

日中对照词汇

【英文缩写】

CIAM，シアム・近代建築国際会議	近代建筑国际会议
CO_2	二氧化碳
EU，欧洲連合	欧盟
EU 資金	欧盟资金
GWLテライン	GWL 住宅区
IBAエムシャーパーク	IBA 埃姆夏公园
IPCC，気候変動に関する政府間パネル	政府间气候变化专门委员会
LRT，新型路面電車	新型有轨电车
PPS，計画政策ステートメント	规划政策报告
TMO，タウン・マネージメント組織	城市管理组织
TOD，公共交通指向型開発	公共交通指向型开发

【あ】

アーケード	拱顶
アーバンデザイン	城市设计
アーバンビレッジ	都市村庄
アーバンルネサンス戦略	城市复兴战略
アーヘン	亚琛
アイデンテイテイ	个性
青森市	青森市
アクセシビリティ	可达性
芦原義信	芦原义信
アスナル金山	阿斯纳尔金山
アスワット報告書	厄斯瓦特报告
アフォーダブルハウス	拥有可负担得起的适称价格的住宅
アムステルダム	阿姆斯特丹
アメリカ建築家協会，AIA	美国建筑师协会
アメリカンドリーム	美国梦
アン・パワー	安・帕瓦
イーストマンチェスター	曼彻斯特东部地区
飯田市	饭田市
伊賀市	伊贺市
石川県	石川县
犬山市	犬山市
インクルーシブデザイン	包容性设计

259

インナーシティ	内城
インフォーマル	不拘形式的，非正式的
ウイーラー	维拉
ウイゼンショー	威森肖
英国労働党	英国工党
エコロジカルフットプリント	生态足迹
大垣市	大垣市
大坂	大阪（现在）
大須商店街，名古屋	大须商店街
オースティン	奥斯汀
オースマン	奥斯曼
岡部明子	冈部明子
オックスフォード	牛津市
温暖化ガス	具有温室效应气体

【か】

カーシェアリング	汽车共同利用组织
カーフリーシテイ（団地）	无车化城市（住宅区）
拡張型都市づくり	扩张型城市建设
拡張型都市計画	扩张型城市规划
カスバート	卡斯巴特
片町	片町
金沢	金泽
可児市	可儿市
ガバナンス	治理
カリングワース	卡林格沃斯
川添登	川添登
環境共生	环境共生
既成市街地開発	城市建成区开发
既存不適格	既成违章
北村隆一	北村隆一
木下勇	木下勇
岐阜市	岐阜市
京都市	京都市
キングスクロス	金斯克罗斯
近代西洋都市	近代西方城市
近代都市計画	近代城市规划
郡上市八幡町	郡上市八幡町
熊本市	熊本市
クラーセン・パーリンク	克拉森、帕林克
倉吉市	仓吉市
グリーン・コンパクトシティ	绿色的紧凑型城市
グリーンベルト	绿带

クリチバ	库里提巴
ゲリッド型の町割	格网型的街区划分
クルデス	库鲁迪斯
グレーター−マンチェスター−	大曼彻斯特
クローン・タウンセンター	克隆城市中心区
グロス密度	毛密度
計画文化	规划文化
ゲーティッドコミュニティ	用外墙围合的社区
現代美術館	现代美术馆
郊外	郊外
郊外住宅	郊外住宅
格子状の町割	方格状的街区划分
交通行動	交通行动
交通政策	交通政策
高密度	高密度
高齢化	高龄化
高齢者	高龄者
ゴーストタウン	被遗弃的城市
国連	联合国
戸数密度	户数密度
コペンハーゲン	哥本哈根
コミュニティ地方政府省，DCLG	社区与地方政府部
混雑料金制度	交通拥挤附加费制度
コンテンツ	内容
コンパクトシティ	紧凑型城市
コンパクトシティのパラドックス	紧凑型城市的反论

【さ】

盛り場	聚集的场所
サステナブルデベロップメント	可持续发展
佐世保市	佐世保市
サッチャー政権	撒切尔政权
サッチャリズム	撒切尔主义
札幌市	札幌市
佐藤圭二	佐藤圭二
サリンガロス	萨林卡洛斯
ジエイコブス・J	简・雅各布斯
シェフィールド	谢菲尔德
ジェントリフィケーション	贵族化
自治体社会主義	自治体社会主义
室数密度	室数密度
シティ・コア	城市核心区
シティリージョン	城市圈、城市区域

ジーバーツ	狄巴图
市民参加	市民参与
社会主義的	社会主义的
社会的な包摂，ソーシャルインクルージョン	社会包容
シャフト	沙弗特
自由主義経済万能論	自由主义经济万能论
住宅価格	住宅价格
縮小都市，シュリンキングシティ	缩小城市
城下町	城下町
商業施設	商业设施
商店街	商店街
乗用車	乘用车
触媒，カタリスト	催化剂
ショートサイクル戦略	短循环周期战略
人口集中地区，DID	人口集中地区
人口密度	人口密度
スコット報告書	斯科特报告
スプロール	城市无序蔓延
スペース，空間	场地
スマートグロース	精明增长
スマートコード	精明规则
生活の質	生活品质
成長の限界	成长的界限
世界自然保護基金，WWF	世界自然保护基金会
世界都市	世界城市
選択と集中	选择与集中
千里ニュータウン	千里新城
ゾーニング	分区规划

【た】

大規模商業施設	大规模商业设施
第三段階の都市化	第三阶段的城市化
第三の場所	第三场所
大店立地法	大规模店铺选址法
大ロンドン庁	大伦敦政府
タウンセンター活性化	城市中心区活性化
タウンセンターマネージメント協会	城市中心区管理协会
タウンセンターマネージャー，TCM	城市中心区管理人
ダウンゾーニング	限制城市无秩序地开发
高さ規制	高度限制
高松市	高松市
宅地価格	住宅用地价格
竹原	竹原

多治見市	多治见市
谷直樹	谷直树
田原市	田原市
タボール	塔博尔
多様性	多样性
地域マネージメント	地区管理
チェントロ・ストリコ	历史性城市中心区
地価	地价
地球環境問題	地球环境问题
中心市街地	中心市区
中心市街地活性化	中心市区活性化
中心市街地活性化法	中心市区活性化法
中世都市	中世纪城市
通勤圏	通勤圈
デザインガイドライン	设计准则
デベロッパー	开发者
テームズゲートウェイ	泰晤士河河口
デュッセルドルフ	杜塞尔多夫
テレワーク	居家办公、远程办公
都市環境緑書	城市环境绿皮书
都市計画システム	城市规划体系
都市計画道路	城市规划道路
都市圏	城市圈
都市再生	城市再生
都市像	城市形象
都市内農地	城市市区内的农田
都市の記憶	城市的记忆
都市の発展段階説	城市的发展阶段论
都心マンション	城市中心区公寓建筑
都心モール	城市中心区商业步行街
土地利用	土地利用
トニー・ヒス	托尼・希思
トニー・ブレア	托尼・布莱尔
土木学会	土木学会
富山市	富山市
豊田市	丰田市
ドロレス・ハイデン	德洛雷斯・海登

【な】

仲町観音通り	仲町观音大街
名古屋市	名古屋市
名古屋都市圏	名古屋城市圈
七尾市	七尾市

新潟県	新潟县
西山康雄	西山康雄
二地域居住	两地居住
日常生活圏	日常生活圏
日本商工会議所	日本商工会议所
日本モデル	日本模式
ニューアーバニズム	新城市主义
ニュータウン	新城
ニューディール・フォア・コミュニティ	社区新政
ニューマン・ケンワージー	纽曼・肯沃迪
ニューヨーク北部	纽约北部地区
ニューレーバー	新工党
ネット密度	净密度

【は】

バウンドベリ	邦德贝里
白山市	白山市
馬車道	马车道
場所性	场所性
バートン・E	E・巴顿
ハフモデル	胡佛模型
パブリックスペース	公共空间
バーミンガム	伯明翰
パラダイムシフト	范式转换
バルセロナモデル	巴塞罗那模式
パルマノヴア	帕尔玛诺维亚
ピーター・ホール	彼得・霍尔
平等主義	平等主义
ビルバオ	毕尔巴鄂
ファーマーズマーケット	农贸市场
フインガープラン	手指形态规划
フェズ	非斯
福井県	福井县
福井市商工会議所	福井市商工会议所
福岡市博多・大名地区	福冈市博多・大名地区
複合機能開発，MXD	复合功能开发
ブラウンフィールド	褐色地块
ブリストル市	布里斯托尔市
ブリンドリ・スペース	布林德里地区
プレース，場所	场所
フロリダ	佛罗里达
ペダナイルズロフト	佩达奈尔斯阁楼
ペドシェド	步行圏

ポリセントリックパターン	多中心模式
ボンネルフ	庭园化生活区

【ま】

マーケットタウン	集市小镇
マーシャバルドン村	马萨巴尔顿村
マーストリヒト条約	马斯特里赫特条约
まちづくり三法	有关城市规划建设的三部法律法规
まちなか居住	市内居住
まちなかと郊外	市内与郊外
マンチェスター	曼彻斯特
マンチェスターモデル	曼彻斯特模式
水島信	水岛信
三つのT	3T
密度	密度
御堂筋	御堂筋
メリーランド州	马里兰州
モビリティ	移动性

【や】

柳ヶ瀬	柳濑
ユニバーサルデザイン	通用型设计
ヨーロッパモデル	欧洲模式
横安江町商店街	横安江町商店街
米子市	米子市

【ら】

ラベツ	拉贝兹
ランドスタット	兰斯塔德
リーミングスパ	利明格斯帕
リトマン	里特曼
リフキン・J	J・利弗金
リモデリング	更新改造
ル・コルビュジエ	勒・柯布西耶
レイ・オルデンバーク	雷・奥尔登巴克
レイモンド・アンウィン	雷蒙德・昂温
レディング市	雷丁市
レトロフィット	翻新改造
ロバート・リデル	罗伯特・里代尔
路面電車	有轨电车

【わ】

ワークショップ	专题研讨会

后记——代答谢词

笔者此前所著的《紧凑型城市》（学艺出版社，2001年）一书，是围绕"究竟何为紧凑型城市"这一课题，以欧美的相关文献为中心，在对资料进行认真阅读分析的基础上，归纳整理而成的。在此之后，从2002年4月，我有幸在紧凑型城市研究的先导者简克斯教授的悉心指导下，在牛津布鲁克斯大学进行了为期一年的学习。此间的学习生活，使我在能够进一步地深入了解以英国为首的欧洲城市的发展历程、城市政策以及市民生活方面取得很大的收获。回国之后，我曾多次在研究会、专题研讨会或者相关期刊杂志上，就"紧凑型城市"方面的问题，撰写文章或者发表演讲。而且，我还切实地感受到，通过对有关城市规划和建设的三部法律法规的修正（2006年5月），使得紧凑型城市作为旨在抑制市区无序蔓延和促进中心市区活性化的城市形象得以定位，并且，在一定程度上也有助于相关政策的形成。

此次，通过对前书出版之后所撰写的若干文章进行重新的编辑修改并归纳成为本书的内容，使我得以对此间自己曾经思考及阐述的问题进行回顾与整理。同欧洲一样，紧凑型城市一词在日本也给人以极其深刻的印象。或许可以认为，这是使任何人都易于懂得和理解的、从应对以前的快速的成长社会及城市化过程的城市规划、城市对策进行方向转换的城市形象。然而，易于理解与在各个地区实际进行具体化操作之间存在着很大的距离。目前，全国的各地方自治体正积极着手进行有关对新对策的理解及使之具体化方面的工作。虽然部分地区还只是停留在对"紧凑型城市"或者"紧凑的城镇建设"一词进行理解的状况，但是以实现新的城市形象为目标的挑战也已经在各地开始展开。本书得以编写完成，在很大程度上借助于上述的实践活动及所取得的实际成果。

另外，专业技术人员所采用的规划手法和城市设计的提示相对落后。现在，对于城市规划研究者来说，不仅要进行面向学会的、经过细致分析研究的论文写作，而且，还要积极地谋求面向市民和社会的、就今后城市和地区的理想状态所作的创意性的提示。

在进行前书的编写工作时，相关文献和情报资料的缺乏成为很大的障碍，但是，此次则相反，情报资料数量之多是辛劳之根源，在某个层面上来说，也是过分追求之烦恼。如果进入互联网，在谷歌（Google）的网页上输入关键词，轻点鼠标，那么，转瞬之间，国内外的大量的情报、资料就会呈现在眼前，还可以对其加以保存。如果在亚马逊网站（Amazon.com）上进行书籍的订购，那么，数周内，外国的书籍就可以送达手中。新的出版信息还以短信的方式进行发送。如果拜托名城大学城市情报学部图书馆的藤塚先生，那么，就可以索取到国内外的各种相关文献。我所采用的情报收集方式，对于任何人来说，都是可以做到的简单事情。

世界的形势在不断地变化、发展之中，日本也是如此。本书中提出的主题涉及广泛，且深入。虽然在交谈中不可能全部了解相关的各种动向，但是我还是在不断地担心是否漏掉重要的事情和事件。如何将许多的情报联系在一起加以理解？什么是重要的事情？哪些是真实的？应该如何进行恰当的评价？哪些是应该作为研究课题加以探究的？今后，希望能在以多样的价值观和评价轴来理解复杂现实的同时，将自己所知晓的以及相关的想法和建议毫无顾忌地与大家进行交流。

借助紧凑型城市这一魔法般的语言，得以访问日本和世界的各种各样的城市，并且能够同许多杰出的人士会面，这对于我来说，是最为宝贵的。有幸同头脑清晰、颇具独创精神的冈部明子先生（千叶大学），性格开朗直爽且颇具自信心的矢作弘先生（大阪市立大学大学院），对问题具有广泛深入见解的蓑原敬先生（城市规划师），从交通和土地利用的角度进行紧凑型城市研究的谷口守先生（冈山大学），大学时代同窗的川上光彦君（金泽大学）和间野博君（广岛县立大学），以及其他许多的研究人员，活跃在城市设计第一线的后藤良子（UG都市建筑）及诸位技术顾问，在地区振兴整备公团工作期间曾经一同共事的城市机构和中小机构的诸位同仁，国土交通省和经济产业省等国家机关以及爱知县、岐阜县、多治见市等许多行政机关的工作人员，以及在各地为城市建设付出艰辛的许多商业界人士及城市管理人相识、并共同进行探讨和交流，成为本书出版过程中不可缺少的经验。从与承蒙一起进行日常研究活动的佐藤圭二先生（中部大学）、以鹤田佳子先生（岐阜高专）为首的户数密度研究会、以三宅醇先生（东海学园大学）为首的都市住宅学会东海支部的诸位先生及西山夘三纪念文库的友人们所进行的讨论中，受益匪浅。虽然我不能记住所有人的名字，但是，在此，谨向曾经谋面，并给予我热情支持与帮助的人们表示衷心的感谢。

承蒙学艺出版社的前田裕资先生继前书之后，在对本书的出版给予极大帮助的同时，对书中的章节构成以及全书的内容提出了恰当的意见和建议。承蒙编辑部的井口夏实先生负责本书的编辑工作，在力求使读者能够方便地阅读涉及插图、照片以及英文引用文献等诸多方面的内容进行版面设计的同时，认真仔细地阅读书稿，并提出具体的指导意见，使得本书终于得以付梓出版。在此，表示诚挚的谢意。

再有，对于成为本书基础的调查研究活动，除笔者所在的名城大学的一般研究经费之外，还得到了科学研究经费补助资金（"从居住区可持续性的角度出发，对人口减少过程中的城市空间发展模式的探讨"2005～2007年）及大林都市研究振兴财团（2001～2003年）等对研究活动提供的支持和帮助。

最后，对在日常生活中给予我支持和帮助的我的妻子昭惠再次表示深深的感谢。

海道清信
2007年12月

与迈克·简克斯夫妇的合影
摄于英国牛津市市内的饭店。2007年8月

海道清信

1948 年	生于日本石川县金泽市
1970 年	京都大学工学部建筑学科毕业
1975 年	京都大学大学院工学研究科建筑学专业博士课程学分取得，退学
1975 年	进入地区振兴整备公团工作
1995 年	从地区振兴整备公团辞职，担任名城大学都市情报学部副教授
2002 年	名城大学都市情报学部教授，至今（英国牛津布鲁克斯大学 OCSD 客座研究员，2002 年度）
	专业：城市规划（城市整备论，地区生活空间规划论），工学博士，一级建筑士
主要著作	《新・国际比较 日本观察》（共著，中央法规，1991 年）
	《社会现象的统计分析——手法与实例》（共著，朝仓书店，1998 年）
	《实现地区共生的城市建设》（共著，学艺出版社，1998 年）
	《紧凑型城市》（学艺出版社，2001 年）
	《对创意城市的展望——城市的文化政策与城市建设》（共著，学艺出版社，2007 年）
	《西山夘三的住宅・城市论——其现代性验证》（共著，日本经济评论社，2007 年）